高职高专"十一五"规划教材

# 日用化学品检测技术

陈少东　赵　武　主编

U0285821

化学工业出版社

·北　京·

本书以适应行业的标准化之需为编写标准，主要内容包括香料、香精的检测，化妆品的检测，牙膏的检测，油脂的检测，合成洗涤剂的检测，肥皂的检测，涂料和颜料的检测，胶黏剂的检测，以及相关产品的一些实训项目，本书的检测项目、原理和方法具体内容与企业生产一线的检测接轨，以现行国家标准、行业标准、ISO标准来安排实训项目的检测，操作规程可靠、实用。

　　本教材主要适用于高职高专日用化学品专业、工业分析与检验专业、商检技术专业和精细化工专业的学生选用。本书还可作为日化企业培训教材或生产技术人员、科技工作者阅读的参考资料。

**图书在版编目（CIP）数据**

日用化学品检测技术/陈少东，赵武主编．—北京：化学工业出版社，2009.4（2023.3重印）
ISBN 978-7-122-04829-5

Ⅰ．日…　Ⅱ．①陈…②赵…　Ⅲ．日用化学品-检测
Ⅳ．TQ072

中国版本图书馆 CIP 数据核字（2009）第 024412 号

责任编辑：蔡洪伟　陈有华　　　　　　文字编辑：孙凤英
责任校对：凌亚男　　　　　　　　　　装帧设计：尹琳琳

出版发行：化学工业出版社（北京市东城区青年湖南街13号　邮政编码100011）
印　　装：三河市延风印装有限公司
787mm×1092mm　1/16　印张15¾　字数395千字　　2023年3月北京第1版第8次印刷

购书咨询：010-64518888　　　　　　　售后服务：010-64518899
网　　址：http://www.cip.com.cn
凡购买本书，如有缺损质量问题，本社销售中心负责调换。

定　　价：38.00元

# 高职高专商检技术专业"十一五"规划教材
## 建设委员会
### （按姓名汉语拼音排列）

| | | | | | |
|---|---|---|---|---|---|
| 主　任 | 李斯杰 | | | | |
| 副主任 | 丛建国 | 戴延寿 | 韩志刚 | 郎红旗 | 杨振秀 |
| 委　员 | 丛建国 | 戴延寿 | 丁敬敏 | 傅高升 | 郭　永 |
| | 韩志刚 | 蒋锦标 | 孔宪思 | 赖国新 | 郎红旗 |
| | 李斯杰 | 李小华 | 林流动 | 刘庆文 | 吕海金 |
| | 穆华荣 | 荣联清 | 王建梅 | 魏怀生 | 吴云辉 |
| | 熊　维 | 薛立军 | 杨登想 | 杨振秀 | 杨芝萍 |
| | 尹庆民 | 余奇飞 | 张　荣 | 张晓东 | |

# 高职高专商检技术专业"十一五"规划教材
## 编审委员会
### （按姓名汉语拼音排列）

| | | | | | |
|---|---|---|---|---|---|
| 主　任 | 韩志刚 | 杨振秀 | | | |
| 副主任 | 丁敬敏 | 刘庆文 | 荣联清 | 荣瑞芬 | 魏怀生 |
| | 杨芝萍 | | | | |
| 委　员 | 曹国庆 | 陈少东 | 陈　微 | 丁敬敏 | 高剑平 |
| | 高　申 | 韩志刚 | 黄德聪 | 黄艳杰 | 姜招峰 |
| | 赖国新 | 黎　铭 | 李京东 | 刘冬莲 | 刘丽红 |
| | 刘庆文 | 牛天贵 | 荣联清 | 荣瑞芬 | 孙玉泉 |
| | 王建梅 | 王丽红 | 王一凡 | 魏怀生 | 吴京平 |
| | 谢建华 | 徐景峰 | 杨学敏 | 杨振秀 | 杨芝萍 |
| | 叶　磊 | 余奇飞 | 曾　咪 | 张彩华 | 张　辉 |
| | 张良军 | 张玉廷 | 赵　武 | 钟　彤 | |

# 高职高专商检技术专业"十一五"规划教材
## 建设单位
### （按汉语拼音排列）

北京联合大学师范学院
常州工程职业技术学院
成都市工业学校
重庆化工职工大学
福建交通职业技术学院
广东科贸职业学院
广西工业职业技术学院
河南质量工程职业学院
湖北大学知行学院
黄河水利职业技术学院
江苏经贸职业技术学院
辽宁农业职业技术学院
湄洲湾职业技术学院
南京化工职业技术学院
萍乡高等专科学校
青岛职业技术学院
唐山师范学院
天津渤海职业技术学院
潍坊教育学院
厦门海洋职业技术学院
扬州工业职业技术学院
漳州职业技术学院

# 前　言

　　日用化学品和人民生活息息相关，它包括洗涤用品、感光材料、香精香料、化妆品、电池、三胶、火柴、油墨、牙膏等行业。随着人们生活水平的提高和消费观念的变化，国内日化产品的生产和消费规模增长迅速。近年来，日用化学品行业根据国家产业政策和市场需求，稳步发展，新的生产企业如雨后春笋般涌现。

　　本书的编写正是基于国内日化行业众多，然而在相关的院校尤其是高职院校的日化专业中却很难找到合适的教材的基础上提出的。本书的编写以标准为主线，能很好地适应行业的标准化之需。同时可满足相关院校同类专业对日用化学品检测技术的教材所需。本书的内容选择与组织具有一定的前瞻性与实用性。

　　本书主要适用于日用化学品、工业分析、商检技术和精细化工等专业教学使用。此外，也可作为日化企业培训教材或生产技术人员、科技工作者阅读的参考资料。

　　本书检验项目、原理和方法具体，内容与企业生产一线的检验接轨，以现行国家标准、行业标准、ISO 标准来安排实训项目的检测，操作规程可靠、实用。全书强化标准化意识，突出对学生实际检测技能的培养，通过系统的学习，学生的理论知识与实际操作能力将会得到很大程度的提高，毕业后可以直接胜任企业同类产品质检岗位的工作，增强了学生的岗位适应能力，减少了企业岗前再培训的投入。

　　为了增加可读性及拓展学生能力，本书安排了大量的阅读材料。在内容编排上，先安排必要的理论知识，然后切入实训操作，融"教、学、做"为一体。我国加入 WTO 后，我国的日化行业将不可避免地与国际市场接轨，为了增加读者的适应能力，本书还精选了一些与行业检测或产品进出口有关的专业英语词汇、国际标准或外文技术资料作为阅读材料。对当前该学科的国内外发展状况、普及程度、应用前景等在阅读材料中也有所涉及。

　　为了便于教学、自学与实训，书中对每种产品的实训都安排了"产品简介"、"实训要求"，在各章后编写了相应的"习题"，读者可自行检测学习效果，巩固所学的知识。本书内容安排有较大的弹性，可以按不同的教学要求适当取舍。

　　本书由广西工业职业技术学院陈少东、河南质量工程职业学院赵武主编，广西工业职业技术学院陈福北、河南质量工程职业学院李旭东、漳州职业技术学院林祥福也参与了本书的编写工作。参加本书编写的人员均具备双师素质，他们除了有着丰富的教学经验之外，有的同志还有着在企业一线从事生产与检验的实际工作经历，他们在企业的工作经验为本书能更好地适应企业的检验岗位之需打下了良好的基础。本书共八章，其中第一章由陈福北编写，第二章由林祥福编写，第三章由陈少东编写，第四、七、八章由李旭东编写，第五、六章由赵武编写。全书由陈少东统稿，陈福北协助，并作必要的调整、修改。

　　在编写过程中，编者参考了有关资料和书籍，吸收了有关学者的一些观点，在此对相关作者表示衷心的感谢。

　　本书所引用的标准截至本书出版时均为有效版本，但随着科技的发展，这些标准都有被修订的可能。如在使用本书过程中，相关的产品标准有新版的，请采用新的标准进行产品检测。由于编者学识水平和经验所限，疏漏之处在所难免，恳请业内专家学者、广大读者给予批评指正。

主编

**2009 年 2 月**

# 目　录

# 第一章 香料、香精的检测

【学习目标】

1. 了解香料、香精的定义及分类。
2. 了解香料、香精的标准化管理情况。
3. 掌握香料、香精的样品采集及制备。
4. 掌握一些常见香料、香精的检测方法。

## 第一节 香料、香精的发展史及其分类

### 一、香料、香精的发展简史

香料、香精工业是为加香产品配套的重要原料工业。其产品广泛用于食品、饮料、卷烟、洗涤用品、化妆品、牙膏、医药、饲料、纺织、皮革、塑料等工业产品中。20 世纪 50 年代中期，我国整个香料工业开始萌芽。目前，全国香精、香料行业总企业数约 700 家，其中 2/3 为香料生产企业，1/3 为香精或香精、香料并举企业，从业人员 5 万余人，2003 年，全国香料、香精（香料约 9 万吨，香精约 9 万吨）销售收入约 120 亿元。据全国香料香精工业信息中心、中国香料香精化妆品协会主办的国内外香化信息（第 253 期）报道，近年来，国际香料、香精贸易销售情况呈不断增长的趋势，扣除美元贬值的影响，全球销售额年平均增长率达到 4%～8%。2003 年全球香料香精的总销售额为 163 亿美元，2004 年为 176.6 亿美元，2005 年为 160 亿美元，2006 年为 180 亿美元，2007 年为 199 亿美元。

我国有着丰富的天然香料资源，是世界最大的天然香料生产国，具有原料成本低的优势。据 1979 年统计，我国芳香植物有 56 科 380 余种，主要分布在粤、桂、滇、闽、川、浙等南方各省。天然香料已能生产 100 余种，合成香料已达 600 余种。出口香料品种达 50 余种，如龙脑、薄荷脑、香兰素、香豆素、松油醇、苯乙醇、洋茉莉醛、酮麝香、桂皮油、香茅油等在国际市场上很受青睐。

### 二、香料及其分类

香料是一种能被嗅觉嗅出香气或味觉尝出香味的物质。它由天然香料、合成香料和单离香料 3 个部分组成。香料是主要用来配制香精或直接给产品加香的物质，属于高附加值的精细化工产品，主要用于食品、日用化工品、烟、酒、化妆品和医药等行业内产品的加香。如应用于化妆品、洗涤用品、香皂、洁齿用品、熏香、空气清新剂等日用产品的加香；在食用方面主要应用于食品、烟用、酒用、药用等；其他应用领域主要有：塑料、橡胶、人造革、纸张、油墨、工艺品、涂料、饲料、引诱剂等。

（一）天然香料

按其来源，天然香料可以分为动物性天然香料和植物性天然香料两种。

**1. 动物性天然香料**

动物性天然香料是动物的分泌物或排泄物。动物性天然香料有十几种，但能够形成商品和经常应用的只有麝香、灵猫香、海狸香和龙涎香 4 种。

**2. 植物性天然香料**

植物性香天然香料是用芳香植物的花、枝、叶、草、根、皮、茎、籽或果实等为原料，用水蒸气蒸馏法、浸提法、压榨法、吸收法等方法，生产出来的精油、浸膏、酊剂、香脂、香树脂和净油等，例如：八角茴香油、肉桂油、香茅油、桉叶油、留兰香油、薄荷油、山苍籽油、玫瑰油、茉莉浸膏、香荚兰酊、白兰香脂、吐鲁香树脂、水仙净油等。

**（二）单离香料**

使用物理或化学方法从天然香料中分离出来的单体香料化合物称为单离香料。

例如，在薄荷油中含有 70%～80% 左右的薄荷醇，用重结晶的方法从薄荷油中分离出来的薄荷醇就是单离香料，俗称薄荷脑。由于从天然精油分离出来的单离香料绝大多数用有机合成的方法可合成出来，因此，单离香料与合成香料除来源不同外，并无结构上的本质区别。

**（三）合成香料**

通过化学合成的方法制取的香料化合物称为合成香料。目前世界上合成香料已达 5000 多种，常用的产品有 400 多种。合成香料工业已成为精细有机化工的重要组成部分。

合成香料分类方法主要有两种：一种是按官能团分类，另一种是按碳原子骨架分类。

**1. 按官能团分类**

分为酮类香料，醇类香料，酯、内酯类香料，醛类香料，烃类香料，醚类香料，氰类香料以及其他香料。如芳樟醇、樟脑、叶醇、苯甲醛、洋茉莉醛等。

**2. 按碳原子骨架分类**

分为萜烯类、芳香类、脂肪族类、含氮、含硫、杂环和稠环类以及合成麝香类。如香叶醇、橙花醇、月桂烯醇、糖硫醇、紫罗兰酮、柠檬醛、香茅醛等。

### 三、香精及其分类

香精亦称调和香料，是一种由人工调配出来的含有两种以上香料的混合物。它们具有一定的香型，调和比例常用质量分数表示。天然香料及合成香料由于香气香味比较单调，多数都不能单独直接使用，而是将香料调配成香精以后，才用于加香产品中。香精的分类有多种方法。如按用途分可分为日用香精、食用香精和工业用香精三大类；按香型可分为花香型和非花香型两大类；按形态分可分为液体香精和粉末香精两大类，而液体香精又可分为水溶性香精、油溶性香精和乳化香精三种。

### 四、香精的基本组成

根据香料在香精中的作用一般可分为主香剂、辅助剂、头香剂和定香剂四大类。

**1. 主香剂**

主香剂是构成香精主体香韵的基础，它代表着香精的特征，可由一种香料或两种乃至几十种香料组成。

**2. 辅助剂**

主要用于弥补主香剂的香气不足，使香精的香气变得优雅、清新、协调，使香精的主体香韵体现得更为鲜明突出。辅助剂常可分为和合剂与修饰剂两种。和合剂的香气与主香剂属于同一类型，其作用在于增强主香剂的香气，加强香精的主要香气特征。修饰剂在香精中起修饰作用，使之发出特定效果的香气（味）、调整香气，使香精增添某种新风味。如何选用比较好的和合剂与修饰剂往往是调香工作的一种技巧。

**3. 头香剂**

有时也叫顶香剂，一般由比较容易挥发的原料组成，其作用在于使整个香精的香气更为突出，其香气也就是人们闻嗅香精时最初片刻所闻到的香气，即所谓的头香。

### 4. 定香剂

是沸点较高的物质，它可以是一种香料，也可以是一种没有香气或香气极弱的物质，可分为动物性定香剂（如龙涎香、灵猫香等）、植物性定香剂（如净油、浸膏之类）、合成定香剂（如苯甲酸苄酯）。其主要作用是延缓香精中某些较易挥发香料组分的挥发速度，使香精的香气特征或香型能保持较稳定、持久，或使香精在整个挥发过程中都带有某种香气（味）。

 **【阅读材料 1-1】**

#### 我国天然香料的主要产品

我国是世界上香料植物资源最丰富的国家之一。全世界发现含有精油植物有 3000 多种，但在国际市场上有名录的天然香料大约有 500 种左右，有工业化生产和商品化的不过 100～200 种（属于近 60 个科的植物）。据不完全统计，我国有分属 62 个科的 400 余种香料植物，目前已生产的约有 200 多种天然香料，其主要商品见表 1-1。

**表 1-1　我国的主要天然香料商品名录**

| 品种 | 年产量/t | 品种 | 年产量/t | 品种 | 年产量/t |
|------|---------|------|---------|------|---------|
| 薄荷油 | 5000～7000 | 香茅油 | 1000～2000 | 黄樟油 | 约 1000～2000 |
| 桉叶油 | 2500～3500 | 茴油 | 800～1000 | 香叶油 | 150～350 |
| 留兰香油 | 400～600 | 桂油 | 400～800 | 香根油 | 100～150 |
| 山苍籽油 | 1000～2000 | 柏木油 | 1000～2000 | 芳油 | 100～200 |

这些精油产品年产量均占世界产量的相当份额，许多品种已居世界前列，如薄荷油、桉叶油、山苍籽油、桂油、茴油的年产量居世界第一。因此，无论在香料植物资源上，还是目前已形成商品的天然香料的品种和数量上，我国在国际上已成为天然香料生产大国之一，香料、香精品种有近千种，其中天然香料（精油、浸膏、净油和酊剂等）约 200 多种。

摘自《世界农业》，2004，5：56～57.

## 第二节　香料的安全性和标准化管理

所谓标准是指在一定的范围内获得最佳秩序，对活动或其结果规定共同的和重复使用的规则或特性的文件。标准一般由技术主管部门批准，以特定形式发布，作为共同遵守的准则和依据。

根据《中华人民共和国标准化法》的规定，我国的标准分为国家标准、行业标准、地方标准和企业标准四级。国家标准（GB）是指在全国范围内使用的标准；行业标准是指全国性的各行业范围内统一的标准，它是指在没有国家标准又需要在全国某个行业范围内统一的技术要求的情况下制定的行业标准，作为对国家标准的补充，当相应的国家标准实施后，该行业标准即自行废止；地方标准（DB）是指在没有国家标准和行业标准而又需要在省、自治区、直辖市范围内统一的情况下制定的地方标准；企业标准是指由企业制定的，对企业范围内需要协调统一的技术要求、管理要求和工作要求所制定的标准。

### 一、国际上对香料、香精的安全性和标准化管理概况

国际上对食用香料的立法和管理主要依靠行业组织，而非政府。行业自律是食用香料管

理的基础，目前国际上有国际标准组织（ISO）、食品香料工业国际组织（IOFI）、国际日用香精工业协会（IFRA）和美国的"食品香料和萃取物制造者协会（FEMA）"、"国际日用香精研究院（REFM）"、美国食品和药品管理局（FDA）等机构，对香料工业安全性的立法起了很重要的作用。经"FEMA"审定后认为安全的食用香料已达 1800 多种。

### 二、我国的香料、香精标准

我国现有 260 个专业标准化技术委员会。食用香料香精行业所属的技术委员会有两个，分别是：SAC/TC257/SCI——全国香料香精化妆品标准化技术委员会香料香精分技术委员会，SAC/TC11/SCI——全国食品添加剂标准化技术委员会食品香料分委员会。

#### 1. 食用香料、香精标准

我国现有食用香料、香精标准 83 个（由 SAC/TC257/SCI 和 SAC/TC11/SCI 归口），其中方法标准 39 个、产品国家标准 24 个、产品行业标准 20 个。另外正待报批产品行业标准 3 个（麦芽酚、咸味食品香精和甲基环戊烯醇酮）。

#### 2. 我国的食用香料、香精标准法规和管理

分类：天然、天然等同和人造香料三大类。

形式：肯定表。至 2004 年已列入 GB 2760 的食用香料共有 1293 种，只有列入此表的食用香料才允许使用。

### 三、香料、香精检测的特点

香料产品的用途极其广泛，在不同的领域有不同的质量标准，而且同一产品根据其销售的途径不同也存在着不同的技术要求，所以香料的检测具有多样性与特殊性的特点，在具体的检测中要根据产品质量性质确定其执行标准，选用合适的检测标准与方法，按相关标准要求进行检测。此外，由于香料往往是作为配套加香的产品使用的，所以香味及色泽指标的检测在质量检测中显得十分重要，不可忽略；对于一些容易串味的样品，取样后要分开保存，以免气味相互串杂。

对于香精的检测，在生产中除了对香精本身的质量进行检测之外，对香（原）料的质量也要进行检测，对食用香精往往还需要依照食品添加剂使用卫生标准的规定进行相关检测。

 【阅读材料 1-2】

#### 我国肉桂油国际标准（ISO 3216：1997）

1 目的 本国际标准规定了我国肉桂油（*Cinnamomum aromaticum* Nees, syn *Cinnamomum cassia* Nees ex Blume,）的某些特性，以便对其质量进行评估。

2 引用标准 下列标准所包含的条文，通过在本标准中引用而构成为本标准的条文。本标准出版时，所示版本均为有效。所有标准都会被修订，使用标准的各方应探讨使用下列标准最新版本的可能性。

ISO210. 精油——包装和贮存通用要求

ISO211. 精油——容器的标签和标记通用要求

ISO212. 精油——取样方法

ISO279. 精油——20℃ 时相对密度的测定（参比法）

ISO280. 精油——折射率的测定

ISO875. 精油——乙醇中溶混度的评估

ISO1242. 精油——酸值的测定

ISO1279. 精油——羰值的测定——盐酸羟胺电位滴定法

ISO11024-1. 精油——色谱图像通用要求——第 1 部分：标准中色谱图像的建立

ISO11024-2. 精油——色谱图像通用要求——第 2 部分：精油色谱图像的利用

ISO11025. 中国肉桂油——反式肉桂醛含量的测定——毛细管柱气相色谱法

3 定义 用水蒸气蒸馏法从主要生长在我国南方的肉桂叶、茎和嫩枝中获得的精油。

4 技术要求

4.1 外观：流动液体。

4.2 色泽：黄色至红棕色。

4.3 香气：特征性的、肉桂醛样的香气。

4.4 相对密度（20℃ /20℃）：1.052～1.070。

4.5 折射率（20℃）：1.4600～1.4650。

4.6 70%（体积分数）乙醇中溶混度（20℃）：1 体积试样混溶于不超过 3 体积 70%（体积分数）乙醇中，呈澄清溶液。

4.7 酸值：≤15.0mgKOH/g。

4.8 羰值：≥339.5mgKOH/g，相当于以肉桂醛计羰基化合物含量为 80%。

4.9 反式肉桂醛含量（气相色谱法）（%）：≥70。

4.10 色谱图像：成分见表 1-2。

表 1-2 色谱成分

| 成 分 | 最低 /% | 最高 /% | 成 分 | 最低 /% | 最高 /% |
|---|---|---|---|---|---|
| 反式肉桂醛 | 70 | 88 | 水杨醛 | 0.2 | 1 |
| 丁香酚 | — | 0.5 | 苯乙醇 | — | 0.5 |
| 香豆素 | 1.5 | 4.0 | 乙酸肉桂酯 | — | 6 |
| 反式邻甲氧基肉桂醛 | 3 | 15 | 肉桂醇 | — | 1 |
| 乙酸邻甲氧基肉桂酯 | — | 2 | 苯乙烯 | | 0.15 |
| 苯甲醛 | 0.5 | 2 | 苯乙醛 | | 0.7 |
| 苯乙酮 | | 0.1 | 顺式肉桂醛 | | 0.7 |

4.11 闪点：见附录 B。

5 取样方法见 ISO 212。试样的最小量为 50mL。

6 试验方法

6.1 20℃ 时的相对密度：见 ISO 279。

6.2 20℃ 时的折射率：见 ISO 280。

6.3 70%（体积分数）乙醇中溶混度的评估（20℃）：见 ISO 875。

6.4 酸值：见 ISO 1242。测定时以酚红为指示剂。

6.5 羰值：见 ISO 1279 第一法。试样量 1.2～1.5g。静置时间 15min。

6.6 反式肉桂醛含量（毛细管柱气相色谱法）：见 ISO 11025。

6.7 色谱图像：见 ISO 11024-1 和 ISO 11024-2。

7 包装、标签和贮存见 ISO/TR210 和 ISO/TR211。

摘自《香料香精化妆品》，2001，6：35～37. 徐易译.

<h2 align="center">第三节 香料的取样及试样制备</h2>

在香料的检测中，香料的取样与制备是十分重要的技术工作，它是保证检测结果可信性、准确性的前提，所以在香料的分析与检测过程中一定要重视样品的取样与制备工作，不

仅要做到所采取的样品能充分代表原物料，而且在操作和处理过程中还要防止样本变化和污染。

## 一、取样

所谓取样，往往是指从香料中取出在性质和组成上具有代表性的一小部分香料（称作样品），对于香料精油的取样，可以参照 ISO 212－1973（E）的相关规定，严格按照操作程序进行样品的取样工作。取样工作中经常会遇到不少困难。这些困难往往与容器的数量和容量、样品的物理状态、存在有固态的天然成分和析离的杂质等因素有关，为了取得有代表性样品，取样方法要有相应的变化。必要时可以辅以相应的精油取样工具如：搅拌器、抽油器、底部和表层取样器、中心取样器、区层取样器、活栓、泵、虹吸管、玻璃取样管等。所取得的样品应存放于玻璃容器内，容器用塞子塞紧密封，如有必要，瓶塞用锡纸或聚乙烯薄膜包好。黏稠状或呈固态的样品应使用广口瓶贮存。

为了确保取样的准确性，取样前还需做好检查、均匀化工作。

### （一）检查

取样前要先对该批货物每个包装容器内的货物检查其外观是否一致。如呈液态，要检查该批精油中是否部分或全部含有离析出的固态物、水分或其他杂质；对于桶装的货物，采样时要注意用取样管从不同的角度探测是否存在着"桶中套桶"或"半截桶"等弄虚作假现象；如由于容器的原因，上述情况不能直接查明时，可用适当工具抽取部分样品，这部分样品应有表层和底部的，从而可以达到正确检查的目的。如容器在底部或桶口具有活塞，则底部或表层的样品可以从此取出。

### （二）均匀化

要切实保证从每个容器取出的样品有足够的代表性，取样前可按下述方法进行均匀化。

（1）如果系液态产品，要充分摇晃容器，并用搅拌器或通入氮气、脱氧空气使其均匀化。

（2）如呈固态或黏稠状，或是固相与液相混合组成时，在可能的条件下，把它们摇晃使其均匀，将容器置于较高温度处或加温使货品全部液化，加热的最高温度在有关的香料产品标准中有相关的规定。当不能达到全部液化时，可用适当工具取出一系列局部样品，把这些局部样品集中一起，使其混合均匀后，再从中取出 3 个有代表性的样品。

### （三）取样方法

#### 1. 液体的如精油类货物的取样

对于大容量容器（槽、槽车等）盛装的香料货物，可在每个容器内，从精油上层表面算起的不同深度，采取 5 个数量大致相等的局部样品。

（1）10％总深度；

（2）1/3 总深度；

（3）1/2 总深度；

（4）2/3 总深度；

（5）90％总深度。

将每个容器内所取得的 5 个局部样品集中起来，混合均匀，再从其中取出 3 个有代表性的样品。每个代表性样品的最小量在每个香料标准中都有相应规定。代表性样品 1 个作为分析用；1 个给商品售出者，需要时，可作为核对分析使用；1 个归采样者保存，作为备用，或者为了其他正当理由所需用。

2. **固体的取样**

采样前，首先应根据物料的类型、采样的目的和采样原则，确定采样单元样品数、样品量、采样工具及盛装样品的容器等。然后，按照标准要求的取样方案进行操作。必要时可辅以采样铲、采样探子、气动采样探子、采样钻和真空探针等取样工具。取样的样品数及采样量参照相关的标准执行。对于散装物料：当批量少于 2.5t 时，采样为 7 个单元（或点）；当批量为 2.5～80t 时，采样为 20 个单元；当批量大于 80t 时，采样为 40 个单元。

3. **样品的包装和标签**

代表性样品应盛装于紧密塞好的容器中，瓶塞应牢固捆扎并用货物所有者和采样者的封条印封好。为了防止样品被调包，取样者应妥善保管好样品，以防万一。为了符合国际上对危险品的携带与运输规定，容器内上部的空隙应为容器体积的 5%～10%，视所采用运输方法而定。所有容器均应贴有标签，标签上至少要注明下述内容，用以保证样品的确实可靠：

（1）样品编号和名称；

（2）精油的规格和数量；

（3）精油所有者的单位（姓名或其委托的代表者）；

（4）取样日期；

（5）容器的数目、种类和标记；

（6）委托单位或委托代表的地址；

（7）取样监督人的姓名。

样品保存期一般为 6 个月以上。

## 二、样品的制备

在样品的制备方面，ISO 356：1996 及 GB/T 14454.1—93 标准对供实验室分析用的香料（精油、单离及合成香料）试样的制备做出一般性指导。

**（一）对固体样品的制备**

一般包括以下基本操作。

（1）破碎　可用研钵或锤子等手工工具粉碎样品，也可用适当的装置和研磨机械粉碎样品。

（2）筛分　选择目数合适的筛子，手工振动筛子，使所有的试样都通过筛子；如不能通过筛子，则需重新进行破碎，直至全部试样都能通过。

（3）混匀　可通过手工或机械方法进行混匀。

（4）缩分

① 手工法　常用的方法为堆锥四分法。

② 机械方法　用合适的机械分样器缩分样品。

**（二）精油的试样制备**

1. **仪器和试剂**

（1）烘箱　能控制在熔化样品的最低温度。在此温度，可把呈固体或半固体的精油在 10min 内熔成液体，该温度通常高于预计的香料凝固点约 10℃。

（2）折光仪。

（3）脱水剂　新干燥的、中性的无水硫酸钠或无水硫酸镁。把中性无水硫酸钠或无水硫酸镁在 180～200℃加热，干燥到恒重，研磨成粉，保存在密封的干燥瓶内。

**2. 操作步骤**

（1）如精油在室温呈固体或半固体，则置样品于烘箱中，控制在合适的温度使呈液状。操作过程中，在精油含有醛类化合物的场合，需要避免空气进入盛有精油的容器。要做到这点，可把塞子松开一些，但不要取下。把液状的精油倒入预经在烘箱内加温的干燥玻璃瓶中，装入量不超过该容器体积的三分之二。

（2）如精油在室温时是液体，则在同样温度把它倒入玻璃瓶中，装入量不超过该容器体积的三分之二。

（3）加脱水剂于以上玻璃瓶中，加入量约为精油重量的 15%，至少在 2h 内，不时地强力摇动。

（4）过滤试样，如为经过熔化成液体的油样，过滤应在保温条件下进行。过滤后试样应清澈透明。用折光仪按规定操作测定折射率。

（5）为了检查脱水剂作用，再加入 5%脱水剂至过滤试样中，重复上述操作，并测定折射率，如前折射率应无变动。

精油的试样制备应在试样分析前进行。否则，过滤后的油样必须保持在预经干燥、密封的容器内，置于阴凉处，避开强光。

某些情况下，在有关的产品标准中将规定要用柠檬酸或酒石酸与精油一起搅动，除去使精油变色的苯酚金属盐。

**（三）单离及合成香料试样的制备**

一般只需过滤除去不溶杂质。操作按 2.（4）条进行，但不加入脱水剂。需要进行脱水、脱色的样品，在有关的香料产品标准中会有相关的规定。

 **【阅读材料 1-3】**

### 天然香料常用术语

（1）Absolute（净油）　用乙醇萃取浸膏、香脂或树脂所得到的萃取液，经过冷冻处理，滤去不溶的蜡质等杂质，再减压蒸馏去乙醇，所得到的净油。是调配化妆品和香水的佳品。

（2）Balsam（香膏）　香料植物由于生理或病理原因，渗出的带有香成分的膏状物。

（3）Concrete（浸膏）　是一种含精油和植物蜡等呈膏状的、浓缩的非水溶剂萃取物，先用挥发性有机溶剂浸提香料植物，再蒸馏回收，残留物即为浸膏。

（4）Essential Oil（精油）　亦称香精油，是植物性天然香料的主要品种，对多数植物性原料，主要用水蒸气蒸馏法和压榨法制取精油。

（5）Oleoresin（油树脂）　用溶剂萃取天然辛香料，再蒸除溶剂后得到的具有特征香气或香味的浓缩萃取物。

（6）Pomade（香脂）　用精制的动植物油脂吸收鲜花中的芳香成分后得到的油脂。

（7）Resin（树脂）　分为天然树脂和经过加工的树脂。天然树脂是植物渗出来的萜类化合物因受空气氧化而形成的固态或半固态物质。经加工的树脂是指将天然树脂中的精油去除后的制品。

（8）Resinoid（香树脂）　用烃类溶剂浸提植物树脂类或香膏类物质而得到的具有特征香气的浓缩萃取物。

（9）Tincture（酊剂）　乙醇溶液，是以乙醇为溶剂，在室温或加热条件下浸提植物原料所得。

摘自刘梅森，何唯平．香精香料基本原理及发展趋势［J］．中国食品添加剂，2003，5：5～10.

## 第四节　香料、香精的检测项目

香料、香精的分析目的主要在于分析香料、香精的成分组成、含量，判别香气质量，以及对天然与合成香料生产、销售过程中进行质量控制等。随着仪器分析手段的不断进步，香精、香料的分析方法取得了很大进展，一些新颖的检测方法如气相色谱法（GC）、质谱（MS）、气相色谱-质谱联用（GC-MS）、薄层色谱（TLC）和高压液相色谱（HPLC）、GC或 HPLC 分离法配合傅里叶红外光谱（如 GC/FTIR）、二维核磁共振谱（$^1H$-$^1HNMR$，$^1H$-$^{13}CNMR$），也日渐应用于香料、香精的分析中去，使得香料、香精检测手段日臻完善，但是鉴于设备及标准的限制，目前在香精、香料生产企业中常用的检测手段仍为常规的检测方法和气相色谱法。现分述于后。

### 一、香气的评定

（一）方法提要

通过评香，评定试样的香气是否与标准样品相符，并注意辨别其香气浓淡、强弱、杂气、掺杂和变质的情况。标准样品由国家主管部门授权审发，并根据不同产品的特性定期审换，一般为一年。香气评定方法可参照 GB/T 14454.2—93《香料香气评定法》。

（二）香气评定的方法和步骤

在空气清新无杂气的评香室内，先将等量的试样和标准样品分别放在相同而洁净无臭的容器中，直接或用辨香纸进行评香。辨香纸可用质量好的无臭吸水纸（厚度约 0.5mm），将其切成宽 0.5～1.0cm、长 10～15cm 的纸条。

**1. 液体香料**

可用辨香纸分别蘸取容器内试样与标准样品约 1～2cm（两者必须接近等量），然后用嗅觉进行评香。蘸取样品后，除立刻进行辨香之外，还应辨别其在挥发过程中全部香气是否与标准样品相符、有无异杂气。

**2. 固体香料**

固体香料的试样和标准样品可直接（或擦在清洁的手背上）进行香气评定。香气浓烈者可选用适当溶剂溶解并稀释至相同浓度，然后蘸在辨香纸上按液体香料的方法进行评香。

（三）结果的表示

香气评定结果可用分数表示（满分为 40 分）或选用纯正（39.1～40.0 分）、较纯正（36.0～39.0 分）、可以（32.0～35.9 分）、尚可（28.0～31.9 分）、及格（24.0～27.9 分）和不及格（24.0 分以下）表述。

### 二、物理常数的测定

物理常数的测定一般是指通过物理的方法测定香料、香精的特征，常包括熔点、沸点、冻点、折射率、旋光度、相对密度、乙醇中溶混度、蒸发残留物的测定等项目。

（一）熔点的测定

熔点一般可用毛细管法测定或熔点仪的方法测定。测定试样开始熔化的温度称为熔点，试样从开始熔化至全部熔化时的温度范围称为熔程。其原理以加热的方式使熔点管或熔点仪中的试样不断升温，通过目测法观察初熔的温度及熔程。纯的固体有机物往往都有固定的熔点，如果待测香料中含有杂质，则熔点通常会降低，且熔程也会相应增大，因此，熔点的测定可以定性地检测物质的纯度。具体操作方法可参见 GB/T 14457.3—93《单离及合成香料熔点测定法》。

（二）冻点的测定

冻点是指香料在过冷下由液态转变为固态释放其熔化潜热时，所观察到的恒定温度或最高温度。物质由液态转变为固态的过程称为凝固。当液态的物质冷却到一定的温度时，便开始凝固，且温度保持恒定，此时的温度称为凝固点。由于香料是一个混合物，在液态转变为固态时没有一个固定的凝固点，而是一个范围，该范围就是香料的冻点。冻点的测定装置见图 1-5，冻点与香料的主成分含量往往成一定的比例，故常用于一些香料的收购环节的快速检测以及一些香料商品的检测。其主要适用于大茴香油、黄樟油素含量在 69％以上的黄樟油精油、单离及合成香料的测定，桉叶素含量在 45.6％以上的精油、单离及合成香料的测定。具体的操作方法参见 GB/T 14454.7—93《香料　冻点的测定》及 ISO 1041：1973《精油　冻点的测定》。

（三）沸程的测定

液体的饱和蒸气压与标准大气压达到平衡时的温度称为沸点。沸程是温度范围。大部分香料有比较固定的沸程，记录、观察用蒸馏方法测定已知温度范围的被测物的馏出体积，即可检定该被测物沸程。纯净的有机物常有一定的沸点，如果含有杂质，常会使沸点变动较大，令沸程改变，所以测量沸程也可以定性地检验物质的纯度。常适用于在蒸馏过程中化学性能稳定、沸点在 30～300℃范围内的液体单离及合成香料的测定。具体的操作方法可参见 GB/T 14457.2—93《单离及合成香料　沸程测定法》。

（四）折射率的测定

精油的折射率是指在一个恒定的温度下，当具有一定波长的光线从空气射入精油时，入射角的正弦与折射角的正弦所形成的比例。折射率的大小取决于物质的性质，不同物质有不同的折射率，对同一种物质而言，折射率的大小取决于该物质的浓度大小，故测定折射率的大小可反映其均一程度和纯度。测定时一般采用可直接读出从 1.3000～1.7000 的折射率、精密度为 ±0.0002 的阿贝型折光仪。测定前先清洗已经过校正的折光仪的棱镜表面（可用脱脂棉花先后蘸取易挥发溶剂如纯净乙醇和乙醚轻擦，待溶剂挥发，棱镜完全干燥），将恒温水浴与棱镜连接，调节水浴温度，使棱镜温度保持在所要求的操作温度上，用滴管向下面棱镜加几滴试样，迅速合上棱镜并旋紧（试样应均匀充满视野场而无气泡）。静置数分钟，待棱镜温度恢复到所要求的操作温度上，对准光源，由目镜观察，转动补偿器螺旋使明暗两部分界线明晰，所呈彩色完全消失。再转动标尺指针螺旋，使分界线恰通过接物镜上"×"线的交点上。准确读出标尺上折射率（至四位小数）。

折射率随入射光的波长改变而改变，同时温度的改变也会引起折射率的变化，一般而言，温度每改变 1℃其折射率就相应地改变 $3.5 \times 10^{-4} \sim 5.5 \times 10^{-4}$，在实际工作中为了方便，常取 $4 \times 10^{-4}$ 作为换算因子，如果测定温度不是 20℃，需加上温度较正系数 $\pm 0.0004/℃$，在温度 $t$ 时测得的折射率换算成 20℃的折射率（$n_D^{20}$）可按下式计算：

$$n_D^{20} = n_D^t + 0.0004(t-20)$$

高于 20℃测定时，每升高 1℃，需加温度较正系数 0.0004/℃，如 21℃测定时测得为 1.5520，则其实际值为 1.5520+0.0004＝1.5524；同理，如低于 20℃测定时，每低 1℃需减温度较正系数 0.0004/℃。如 19℃测定时测得为 1.5520，则其实际值为 1.5520－0.0004＝1.5516。

更具体的操作方法参见 ISO 280：1998《折射率的测定》及 GB/T 14454.4—93《香料折射率的测定》。

（五）相对密度的测定

精油在 20℃时的相对密度是指在 20℃时，一定容积的精油质量与 20℃时同样容积的蒸馏水的质量之比，其表示符号为 $d_{20}^{20}$。各种物质都有一定的相对密度，当物质纯度或浓度变化时，其相对密度也随之改变，故测定相对密度是检测物质纯度或溶液浓度大小的一种方法。

### 1. 测定原理

在 20℃时，先后称量密度瓶内同体积的精油和水的质量，计算出试样的相对密度。

### 2. 仪器

玻璃密度瓶（5mL 或 25mL）；标准温度计（10~30℃，具有 0.2℃ 或 0.1℃ 的分刻度）；分析天平。

### 3. 测定步骤

（1）密度瓶的准备　仔细地清洗密度瓶（装置见图 1-1），然后依次用乙醇和丙酮进行清洗，用干燥的空气流使密度瓶的内壁干燥。如有必要，用干布或滤纸拭干外壁。当天平柜与密度瓶的温度达到平衡时，盖上玻璃小帽，称量密度瓶和玻璃小帽的质量，精确到 1mg。

（2）蒸馏水的称量　用新煮沸并冷却至稍低于 20℃ 的水注入密度瓶内。再将该密度瓶浸入恒温至（20±0.2）℃的水浴中＞30min 后，用滤纸吸去由毛细管溢出的水，盖上玻璃小帽，并用干布或滤纸擦干密度瓶的外部。当天平柜与密度瓶的温度达到平衡时，称取连同玻璃小帽的密度瓶的质量，精确到 1mg。

（3）精油的称量　将该密度瓶倒空，按（1）方法将其洗净并干燥。然后用试样代替水，按（2）进行操作。

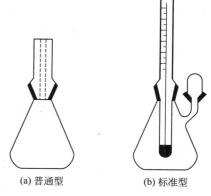

(a) 普通型　　　(b) 标准型

图 1-1　测定相对密度的装置

### 4. 测定结果的表述

相对密度（$d_{20}^{20}$）按下式计算：

$$d_{20}^{20} = \frac{m_2 - m_0}{m_1 - m_0}$$

式中　$m_0$——空密度瓶的质量，g；

　　　$m_1$——装入水后密度瓶的质量，g；

　　　$m_2$——装入精油后密度瓶的质量，g。

平行试验结果的允许差为 0.0004。

本方法适用于测定在 20℃ 时呈液体状态的精油的相对密度。更为具体的操作方法可参见 GB/T 11540—89《单离及合成香料　相对密度的测定》及 ISO 279：1988《精油　在 20℃时相对密度的测定（参比法）》。

### （六）旋光度的测定

香料的旋光度（$\alpha_D^t$）用角的度数或千分弧度来表示。它是指在规定的温度条件下，用与钠光谱 D 线一致、波长为（589.3±0.3）nm 的光线，穿过厚度为 1.00mm 的香料液层时所产生的偏振面（若其他厚度的液层进行测定时，其 $\alpha_D^t$ 值应换算为 1.00mm 的值）。香料在溶液中的旋光度称为比旋度（$[\alpha]_D^t$）：即香料溶液的旋光度 $\alpha_D^t$ 除以单位体积中香料的质量的商。

香料的旋光度是香料中比较重要的物理性质之一，其常可用于鉴别香料的来源是天然还是合成的，如在樟脑油的检测中常用此方法检测天然樟脑油是否掺杂有合成品，合成樟脑与天然樟脑的主要区别在于旋光性，合成樟脑通常为外消旋体，其比旋光值为 −1.5~+1.5。另外在不同的用途中，对香料旋光度的要求也不一样，例如大茴香油，如果应用于药用原料，按药典要求其旋光度为−1～+1，而在其他用途中其标准值为−2～+2。有关旋光度的测定方法可参见 ISO 592：1998《精油　旋光度的测定》及 GB/T 14454.5—93《香料　旋光度的测定》的相关规定。

一般测定步骤为：接通光源待仪器稳定后，用水或溶剂校正旋光仪的零点。如有必要，可将试样的温度调至（20.0±1.0）℃或其他指定的温度（该温度将在有关的产品标准中规定），然后将试样注入旋光管中（必须防止管中有气泡）。将装满试样的旋光管放入（20.0±0.5）℃或指定温度的水浴中保持 20min，取出。用滤纸擦干水滴，将管子放入旋光仪中，根据仪器上的刻度读出相应的旋光度，取三次读数的平均值，即得试样的旋光度。

（七）乙醇中溶混度的测定

溶混度是指在 20℃时，当一个体积的某种精油放入 V 体积已知浓度的乙醇水溶液中呈澄清透明状，将此浓度的乙醇溶液再渐渐加至乙醇体积为 20，仍能保持澄清透明时，则认为精油能与 V 体积和更多体积的该浓度的乙醇水溶液溶混。乙醇水溶液通常使用乙醇和水的混合液，乙醇的含量（体积分数）可以是 50%、55%、60%、65%、70%、75%、80%、85%、90%、95%。

乙醇中溶混度与含氧化合物及烃类的比例有关，如果香料油含氧化合物成分较多而烃类成分较少，则该香料可溶解于较低浓度的乙醇溶液中；如果所检测的香料在较高浓度的乙醇溶液中才能溶解，则说明该香料中含烃类成分较多。因此通过乙醇中溶混度的测定可以大致知道香料中含氧化合物成分与烃类成分的比例。具体的测定方法可参见 ISO 875：1999《精油　乙醇中溶混度的评估》及 GB/T 14455.3—93《精油　乙醇中溶混度的评估》。

（八）蒸发后残留物的定量评估

蒸发后残留物是指将待检的香料按标准规定的时间，置于沸水浴上加热，蒸去其中挥发性的部分后所得到的残留物，蒸发后残留物以质量分数表示。蒸发后残留物是衡量香料产品纯度的一个指标。

测定精油的蒸发后残留物时，一般称取精油试样（5±0.05）g（精确至 0.001g）于预先干燥并称重的蒸发皿中，把蒸发皿置于水浴上，加热使水浴稳定沸腾，在稳定大气流中并不间断的情况下，一直保持到产品标准中所规定的时间，然后把蒸发皿外壁擦干放入干燥器内，冷却至室温，称重（精确至 0.001g）。

测定单离及合成香料的蒸发后残留物时，一般称取试样 2g（精确至 0.0002g）于一预先烘干至恒重的蒸发皿中，把蒸发皿置于水浴上，加热使水浴稳定沸腾，在稳定大气流中并不间断的情况下，一直保持到产品标准中所规定的时间，待试样充分挥发，把蒸发皿移至 105℃烘箱中烘 1～2h，取出，移入干燥器内，冷却至室温，称重，并继续烘至恒重。

更具体的测定方法可参见 ISO 4715：1978《精油　蒸发后残留物的定量评估》及 GB/T 14454.6—93《香料　蒸发后残留物含量的评估》的相关条款。

（九）色谱含量的测定

色谱法是根据混合物中不同组分在流动相和固定相之间有不同分配系数，当两相作相对运动时，这些组分在两相间反复进行多次的分配，从而产生很好的分离效果，使混合物得以充分分离。以气体为流动相的色谱法称为气相色谱。气相色谱采用不与被测物作用的气体（氮、氢、氦、氩）作载气，载着欲分离的样品通过色谱柱中固定相，使试样各组分分离，然后进入检测器检测，再记录处理数据，获得色谱图，然后通过内标法、外标法或峰面积归一化法等方法确定各组分的相对含量，再通过与相关的标准图库中的谱图相比较，从而确定所测样品所含的组分及相对含量。

　　近年来，随着色谱技术的不断发展，气相色谱柱由填充柱发展为高效毛细管柱，由单根色谱柱转化为多维色谱，以及色谱-质谱联用、多维质谱等新技术的出现为香精和香料的分析提供了更为广阔的发展空间。目前，毛细管气相色谱法已广泛应用于精油组分分析，能对芳香油中复杂的组分进行有效的分离，所给出的典型色谱图也已被有效地用于鉴别掺假。ISO 公布了多种利用气相色谱法测定芳香油中某些组分的方法标准，我国对肉桂油、柏木油、山苍籽油、大茴香油、香茅油、桉叶油、丁香油、樟脑等多种香料也规定了气相色谱法测定的方法标准。品种不同的香料其主要化学成分的极性大小往往不一样，为了达到有效的分离，所以在色谱的选择上也要根据其极性选择不同极性的色谱柱。具体的检测可参见相关的检测标准，但是由于气相色谱法仅对挥发性组分能起有效的分离，故在一定程度上影响了其在香料检测上的应用。有关色谱图像的建立及利用的具体内容可参见 ISO 11024-1《精油——色谱图像通用要求第 1 部分：标准中色谱图像的建立》、ISO 11024-2《精油——色谱图像通用要求第 2 部分：精油色谱图像的利用》、GB/T 11538—2006《精油　毛细管柱气相色谱分析　通用法》及 GB/T 11539—89《单离及合成香料　填充柱气相色谱分析　通用法》。

### 三、化学常数的测定

（一）香料含酚量的测定

适用于酚类为主要成分的香料如丁香油、丁香罗勒油、丁香酚含酚量的测定。

**1. 测定原理**

把一定体积的香料含有的酚类化合物转化成水溶性的碱性酚盐，然后测出未被溶解的香料体积。

**2. 主要的仪器与试剂**

（1）颈部带刻度的醛瓶（见图 1-2，125mL 或 150mL，颈部长约 15cm，具 10mL 刻度和 0.1mL 分刻度。刻度的零线应稍高于圆柱形颈部的底处，圆锥形壁和垂直颈部构成的角度约为 30°）；移液管（2mL，10mL）；锥形瓶（100mL）；分液漏斗（250mL）。

（2）酒石酸（粉末状）；氢氧化钾 [不含氧化硅和氧化铝，5%（质量分数）水溶液]；二甲苯（分析纯，加适量氢氧化钾溶液于分液漏斗中，振摇，分层后取上层二甲苯备用）。

**3. 测定步骤**

用移液管吸取 10mL 经制备的试样于醛瓶中，并加入 75mL 5%（质量分数）的氢氧化钾水溶液（不含氧化硅和氧化铝），在沸水浴中加热 10min，并至少振摇 3 次，然后沿瓶壁缓缓加入氢氧化钾溶液，再加热 5min，使未溶解的油层完全上升到醛瓶有刻度的颈部，为了便于分离附着在壁上的油滴，可用两手旋转醛瓶和轻敲瓶壁。静置使分层，冷却至室温，读取油层的体积。

**4. 测定结果的表述**

按下式计算香料含酚量的体积分数 $X$（%）：

$$X = \frac{V - V_1}{V} \times 100\%$$

式中　$V$——试样体积，mL；

　　　　$V_1$——试样未被溶解部分的体积，mL。

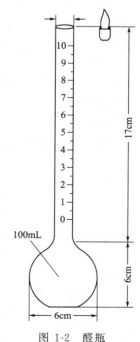

图 1-2　醛瓶

试验结果允许差为 1%。

更为具体的含酚量测定方法见 GB/T 14454.11—93《香料　含酚量的测定》及 ISO 1272：2000《精油　酚类含量的测定》。

### （二）羰基化合物含量的测定

羰基化合物在香料中占比较大的比重，如香茅油、山苍籽油、肉桂油、柠檬桉油、留兰香油、紫罗兰酮等天然及合成香料中就富含羰基化合物。在山苍籽油中柠檬醛的含量达 75% 以上，在香茅油中香茅醛含量达 35%，而在柠檬桉油中香茅醛含量高达 75%。测定醛类及某些酮类香料羰基化合物含量的化学方法有中性亚硫酸钠法、盐酸羟胺法、游离羟胺法三种。

#### 1. 中性亚硫酸钠法

本方法由于设备要求不高且简单易行，所以在生产上常用于山苍籽油、肉桂油收购环节的检测。但是，由于山苍籽油中除了主成分柠檬醛外，还有其他的羰基化合物，而这些成分对测定结果有一定的影响，所以本方法测定的柠檬醛含量与气相色谱法所测定的含量往往有 2%～7% 的偏差，而且这种偏差的大小与产地有一定的关联。

（1）测定原理　用中性亚硫酸钠溶液与醛或酮在沸水浴中反应释放出氢氧化钠，逐渐用酸中和使反应完全。

（2）主要的仪器与试剂

① 仪器　移液管（10mL）；醛瓶（150mL，瓶颈上有 0～10mL 刻度，并具有 0.1mL 的分刻度，见图 1-2）。

② 试剂　中性亚硫酸钠饱和溶液（以酚酞为指示剂，在澄清的亚硫酸钠饱和溶液中加入 30% 亚硫酸氢钠溶液使呈中性。该试剂在使用时必须新鲜配制并过滤）；乙酸溶液（1：1）；酚酞指示液（1% 乙醇溶液）。

（3）测定步骤　用移液管吸取干燥并经过滤的试样 10mL，注入醛瓶中。加入 75mL 中性亚硫酸钠饱和溶液，振摇使之混合，加入 2 滴酚酞指示液，随即置于沸水浴中不断振荡。当粉红色显现时，加入数滴乙酸溶液，使瓶内混合液的粉红色褪去，重复加热振荡。当粉红色不再显现时，再加入数滴酚酞指示液，继续加热 15min。如不再显现粉红色时，取出，冷却至室温。如仍有粉红色显现，则再加热振荡并滴加乙酸溶液至粉红色褪去。取出，冷却至室温，当油层与溶液完全分开后，加入一定量的中性亚硫酸钠饱和溶液，使油层全部升至瓶颈刻度处，读取油层的体积（mL）。为了便于分离附着在壁上的油滴，测定时可用两手旋转醛瓶或轻敲瓶壁，静置使分层。

（4）测定结果的表述　按下式计算醛或酮含量的体积分数 $X$（%）。

$$X = \frac{V - V_1}{V} \times 100\%$$

式中　$V$——试样的体积，mL；

　　　$V_1$——油层的体积，mL。

平行试验结果的允许差为 1%。

更为具体的测定方法见 GB/T 14454.13—93《香料　羰基化合物含量的测定　中性亚硫酸钠法》。

#### 2. 盐酸羟胺法

精油的羰值是指中和 1g 精油在与盐酸羟胺经肟化反应释放出的盐酸所需的氢氧化钾质量（mg）。盐酸羟胺法适用于较易转化为肟化合物的醛类（如山苍籽油中的柠檬醛、香茅油中的香茅醛、橘子油、圆柚油、柠檬草油)、酮类以及甲基酮类的羰值或酮基化合物含量的测定。

(1) 测定原理　试样通过与盐酸羟胺反应将羰基化合物转化成肟,用氢氧化钠标准溶液滴定反应中释放出的盐酸。

(2) 主要的仪器与试剂

① 仪器　锥形瓶 (250mL,具磨口瓶塞);量筒 (50mL);滴定管 (50mL,有 0.1mL的分刻度);分析天平;pH 计 (有 0.1pH 的分刻度);磁力搅拌器。

② 试剂　精制乙醇 (95%,可用蒸馏的方法获得);中性精制乙醇 (95%);盐酸羟胺溶液 (0.5mol/L);氢氧化钠标准溶液 (0.1mol/L);氢氧化钠标准溶液 (0.5mol/L);溴酚蓝指示液。

(3) 测定步骤　称取一定量的试样 (精确至 0.0002g),置于 250mL 锥形瓶中,加入 5mL 中性乙醇和 2 滴酚酞指示液,滴加 0.1mol/L 氢氧化钠溶液以中和游离酸。用量筒加入 50mL 0.5mol/L 盐酸羟胺溶液,摇匀,在室温静置 1h (或按有关产品标准的规定)。用 0.5mol/L 氢氧化钠标准溶液滴定至与试剂盐酸羟胺溶液相同的黄绿色,或滴定至和试剂盐酸羟胺溶液同样的 pH 值。记录所用的氢氧化钠标准溶液的体积 $V$。

(4) 测定结果的表述

① 精油的羰值　以 1g 精油耗用氢氧化钾的质量 (mg) 表示,按下式计算。

$$羰值 = 56.1 \frac{V}{m} c$$

式中　$c$——氢氧化钠标准溶液的浓度,mol/L;

　　　$m$——试样的质量,g;

　　　$V$——测定中所耗用的氢氧化钠标准溶液的体积,mL。

② 单离、合成香料的羰基化合物含量　以指定的醛或酮的质量分数表示,按下式计算。

$$羰基化合物含量(\%) = \frac{M_r V}{10m} c$$

式中　$M_r$——有关香料产品标准中所规定的醛或酮的相对分子质量;

　　　$c$——氢氧化钠标准溶液的浓度,mol/L;

　　　$V$——测定中所耗用的氢氧化钠标准溶液的体积,mL。

平行试验结果的允许差:羰值为 1mgKOH/g;羰基化合物含量 0.5%。更为具体的测定方法见 ISO 1279:1996《精油　羰值的测定　盐酸羟胺电位法》及 GB/T 14454.16—93《香料羰值和羰基化合物含量的测定　盐酸羟胺法》。

**3. 游离羟胺法**

本方法适用于含有羰基化合物,尤其是酮类 (但甲基酮类除外) 和采用 ISO 1279 盐酸羟胺中规定的方法时不易转化为肟化合物的精油品种,如柠檬桉油中香茅醛的测定。值得注意的是,本法不适用于含有大量酯类或对碱敏感组分的试样。

(1) 测定原理　试样通过与盐酸羟胺和氢氧化钾混合物所释放出的游离羟胺反应,将羰基化合物转化成肟。用盐酸标准溶液滴定剩余的碱,通过耗用盐酸标准溶液的体积 $V$ 换算羰值和羰基化合物含量。除用常规的酸碱滴定法外,可用比色滴定法或电位滴定法进行滴定。

(2) 主要的仪器与试剂

① 仪器　皂化瓶 (150mL,具磨口瓶塞,并配有至少长 1m、内径 10mm 的玻璃管,作

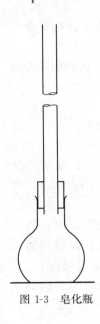

图 1-3 皂化瓶

回流冷凝器使用，仪器形状参见图 1-3）；锥形瓶（250mL，具磨口瓶塞）；滴定管（50mL 和 100mL，有 0.1mL 的分刻度）；分析天平；pH 计（有 0.1pH 的分刻度）；磁力搅拌器。

② 试剂　精制乙醇（95%）；中性精制乙醇（95%）；羟胺溶液；氢氧化钠标准溶液（0.1mol/L）；氢氧化钾乙醇溶液（0.5mol/L）；盐酸标准溶液（0.5mol/L），溴酚蓝指示液。

（3）测定步骤　称取一定量的试样（精确至 0.0002g），置于 250mL 锥形瓶或 150mL 皂化瓶中，加入 5mL 中性乙醇和 2 滴酚酞指示液，滴加 0.1mol/L 氢氧化钠溶液以中和游离酸。用滴定管准确加入 75mL 羟胺溶液于上述玻璃瓶中，摇匀，在室温静置 1h（或按有关产品标准中规定的时间静置或回流）。用 0.5mol/L 盐酸标准溶液滴定至与空白试验相同的绿黄色，或滴定至和空白试验同样的 pH 值，记录所用的盐酸标准溶液的体积 $V$。

（4）测定结果的表述

① 精油的羰值按下式计算。

$$羰值 = 56.1 \frac{V_0 - V}{m} c$$

式中　$c$——盐酸标准溶液的浓度，mol/L；

　　　$m$——试样的质量，g；

　　　$V_0$——空白试验中所耗用的盐酸标准溶液的体积，mL；

　　　$V$——测定中所耗用的盐酸标准溶液的体积，mL。

② 单离、合成香料的羰基化合物含量　以指定的醛或酮的质量分数表示，按下式计算。

$$羰基化合物含量（\%） = \frac{M_r (V_0 - V) c}{10 m}$$

式中　$M_r$——有关香料产品标准中所规定的醛或酮的相对分子质量。

$c$，$m$，$V_0$ 和 $V$ 的意义同精油的羰值计算公式。

平行试验结果的允许差为：羰值为 1mgKOH/g，羰基化合物含量为 0.5%。

更为具体的测定方法见 GB/T 14454.17—93《香料　羰值和羰基化合物含量的测定　游离羟胺法》和 ISO 1271：1983（E）《精油　羰值的测定　游离羟胺法》。

（三）醇含量的测定

香料中的醇有伯醇、仲醇及叔醇，测定时应根据不同的醇采取不同的方法进行相应的检测，一般是通过乙酰化法酯值的测定来间接测定醇的含量。

**1. 伯醇或仲醇含量的测定（乙酰化法）**

（1）测定原理　在乙酸钠存在下，用乙酐使伯醇或仲醇乙酰化成酯，经分离、干燥后进行皂化，用酸标准溶液进行滴定，计算其含醇量。

（2）主要的仪器与试剂

① 仪器　锥形瓶（25mL）；移液管（50mL）；皂化瓶（耐碱玻璃制造，150mL，具有冷凝器或长约 1m、直径约 10mm 之空气冷凝管）；滴定管（50mL，刻度为 0.1mL）；分析天平；乙酰化瓶（仪器形状参见图 1-4，

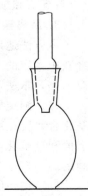

图 1-4　乙酰化瓶

100mL，具有长约 1m、直径约 10mm 之空气冷凝管）；量筒（10mL、50mL）；分液漏斗（250mL）。

② 试剂　乙酐（纯度不少于 98%，沸程为 138～141℃）；乙酸钠（无水，新熔化并经粉碎）；氯化钠饱和溶液；碳酸钠-氯化钠溶液（称取 2g 无水碳酸钠，用氯化钠饱和溶液溶解之，再以氯化钠饱和溶液稀释至 100mL，过滤后备用）；无水硫酸镁或无水硫酸钠（应呈中性，新干燥并经粉碎）；酚酞指示液；氢氧化钾乙醇溶液 $[c(KOH)=0.5mol/L]$；盐酸或硫酸标准溶液 $[c(HC1)$ 或 $c(\frac{1}{2}H_2SO_4)=0.5mol/L]$。

（3）测定步骤

① 乙酰化　量取 10mL 试样、10mL 乙酐和 2.00g 无水乙酸钠，置于 100mL 乙酰化瓶中（所用仪器应预经干燥），连接空气冷凝管，放在合适的加热装置上缓缓加热沸腾 1h（或按有关的产品标准中规定的温度和时间进行）；取出冷却后，通过空气冷凝管加入 50～60℃ 的蒸馏水 50mL，并时时振摇保持 15min。冷却后倾入分液漏斗中，静置分层，放去酸水溶液，加入 50mL 氯化钠饱和溶液，充分振荡混合，静置使其分层，放去水溶液。继用碳酸钠-氯化钠溶液与氯化钠饱和溶液各 50mL 依次洗涤。最后用蒸馏水洗涤数次，每次 50mL，直至洗液呈中性为止。将所得乙酰化试样置于 25mL 锥形瓶中，加入 3g 无水硫酸镁或无水硫酸钠干燥，并不时振摇至乙酰化试样透明为止，用干燥滤纸过滤备用。

② 皂化　称取干燥乙酰化试样约 2g（精确至 0.0002g）于皂化瓶中，用移液管准确加入 50mL 氢氧化钾乙醇溶液（0.5mol/L），连接空气冷凝管或冷凝器，在沸水浴上回流 1h（或按有关的产品标准中规定的时间回流）。冷却至室温，取下空气冷凝管或冷凝器，加 5～10 滴酚酞指示液，用盐酸或硫酸标准溶液滴定至粉红色消失为止（如皂化后溶液色泽较深，滴定前可加蒸馏水 50mL）。同时不加试样按上述操作程序进行空白试验。

（4）测定结果的表述　含醇量的质量分数 $x(\%)$ 按下式计算：

$$x=\frac{M_r(V_0-V_1)c}{10[m-(V_0-V_1)c\times0.042]}$$

式中　$V_0$——空白试验所耗用盐酸或硫酸标准溶液的体积，mL；

$V_1$——滴定试样所耗用盐酸或硫酸标准溶液的体积，mL；

$c$——盐酸或硫酸标准溶液的浓度，mol/L；

$M_r$——醇的相对分子质量；

$m$——乙酰化试样的质量，g；

0.042——与 1.00mL 盐酸标准溶液相当的以克表示的乙酸酯与醇的质量之差数。

平行试验结果的允许差为 0.5%。更为具体的测定方法见 GB/T 14457.6—93《单离及合成香料　伯醇或仲醇含量的测定　乙酰化法》。

**2. 叔醇含量的测定**

含叔醇的精油，例如芳油、芳樟醇及松油醇等，叔醇与乙酐吡啶往往不能反应完全，故不能用乙酐吡啶法测定其醇含量。可用氯乙酰-二甲基苯胺法加以测定。

（1）测定原理　在二甲基苯胺存在下，用氯乙酰和乙酐使叔醇乙酰化成酯，经分离、干燥后进行皂化，用酸标准溶液进行滴定，通过耗用酸标准溶液的体积换算其含醇量。

（2）主要的仪器与试剂

① 仪器　定碘瓶（100mL）；量筒（10mL、25mL、50mL 和 100mL）；保温箱或恒温水浴 [能将温度控制在（50±1）℃]；分液漏斗（250mL）；锥形瓶（25mL）；移液管

（50mL）；皂化瓶（150mL，具有冷凝器或长约 1m、直径约 10mm 之空气冷凝管）；滴定管（50mL，刻度为 0.1mL）；分析天平。

② 试剂　$N,N$-二甲基苯胺（新蒸馏，沸程为 192.5～193.5℃）；氯乙酰（纯度不少于 99%）；乙酐（纯度不少于 98%，沸程为 138～141℃）；无水硫酸镁或无水硫酸钠（应呈中性，新干燥并经粉碎）；硫酸溶液（5%）；碳酸钠溶液（10%）；氯化钠饱和溶液；氢氧化钾乙醇溶液 $[c(KOH)＝0.5mol/L]$；盐酸或硫酸标准溶液 $[c(HCl)$ 或 $c(\frac{1}{2}H_2SO_4)＝0.5mol/L]$；酚酞指示液。

（3）测定步骤

① 乙酰化　量取预经无水硫酸镁或无水硫酸钠干燥的试样 10mL，置于 100mL 定碘瓶中，用冰水冷却至少 10min。加入 20mL 二甲基苯胺，摇匀后，在冰水中再冷却 15min。加入 8mL 氯乙酰和 5mL 乙酐，继续冷却 10min。移入 20℃ 保温箱中（或恒温水浴中）静置 30min，浸入（50±1）℃ 的水浴中（或保温箱中）保持 4h，瓶底离浴底不少于 10mm，液面必须低于水面 20～30mm。取出，冷却后倾入分液漏斗中，用冰氯化钠饱和溶液洗涤 3 次，每次 75mL。继续用 25mL 硫酸（5%）洗涤 5 次，以洗去二甲基苯胺 [检查二甲基苯胺是否完全洗净，可将几滴酸层洗液加到重铬酸钾溶液中检测。如加入洗液后 5min，重铬酸钾溶液色泽不变（与空白对照）即视为洗净]。用 10mL 碳酸钠溶液（10%）洗涤 1 次和 50mL 氯化钠饱和溶液洗涤 2 次，最后用蒸馏水洗涤数次，每次 50mL，直至洗液呈中性为止。将所得乙酰化试样置于 25mL 锥形瓶中，加入 3g 无水硫酸镁或无水硫酸钠干燥，并不时振摇至乙酰化试样透明为止，用干燥滤纸过滤备用。

② 皂化　称取干燥乙酰化试样约 2g（精确至 0.0002g）于皂化瓶中，用移液管准确加入 50mL 氢氧化钾乙醇溶液（0.5mol/L），连接空气冷凝管或冷凝器，在沸水浴上回流 1h（或按有关的产品标准中规定的时间回流）。冷却至室温，取下空气冷凝管或冷凝器，加 5～10 滴酚酞指示液，用盐酸或硫酸标准溶液滴定至粉红色消失为止（如皂化后溶液色泽较深，滴定前可加蒸馏水 50mL）。同时不加试样按上述操作步骤进行空白试验。

（4）测定结果的表述　含醇量的质量分数 $x(\%)$ 的表述同前述伯醇或仲醇含量的测定（乙酰化法）。

更为具体的测定方法见 GB/T 14457.8—93《单离及合成香料　叔醇含量的测定　氯乙酰-二甲基苯胺法》。

（四）酸值的测定

酸值是指中和 1g 精油中所含的游离酸时所需氢氧化钾的质量（mg）。

（1）测定原理　用标准碱溶液去中和游离酸。

（2）主要的仪器与试剂

① 仪器　锥形瓶（100mL 或 250mL）；滴定管（25mL 或 50mL，刻度为 0.1mL）；分析天平。

② 试剂　中性分析纯乙醇或中性精制乙醇 [95%（体积分数）]；酚酞指示液；氢氧化钠标准溶液 $[c(NaOH)＝0.5mol/L；0.1mol/L]$。

（3）测定步骤　称取适量试样 2g（精确至 0.0002g）于 100mL 或 250mL 锥形瓶中，加入 20mL 95% 乙醇和 3 滴酚酞指示液，用氢氧化钠标准溶液滴定至粉红色，维持 10s 不褪色，即为终点。锥形瓶中的溶液可以留作测定酯值用。

（4）注意事项　如测定酸值时，氢氧化钠标准溶液用量超过 10mL，则需减少试样重做，或改用 0.5mol/L 氢氧化钠标准溶液来滴定；在测定醛类产品之酸值时，则掌握到粉红色呈现即为终点，因活泼的醛类基团在滴定时极易氧化成酸；对于色泽较深的试样，可多加中性乙醇稀释；如果所测精油含有酚类或带酚基团的化合物时，要用酚红代替酚酞作指示剂。在测定甲酸酯类如甲酸香叶酯、甲酸苄酯等香料的酸值时，由于该类化合物遇碱极易水解，使酸值偏高，因此在测定此类试样时，应保持在冰水浴中进行滴定；在测定水杨酸酯类的酸值时，要用 50％的乙醇代替 95％的乙醇，并用酚红为指示剂。

（5）测定结果的表述

$$酸值 = \frac{Vc \times 56.1}{m}$$

式中 $V$——滴定试样所耗用氢氧化钠标准溶液的体积，mL；

$c$——氢氧化钠标准溶液的浓度，mol/L；

$m$——试样的质量，g；

56.1——氢氧化钾的相对分子质量。

本方法适用于单离及合成香料中单一酸类含量的测定及酸值的测定，不能应用于含有内酯的精油。更为具体的测定方法见 GB/T 14457.4—93《单离及合成香料 酸值或含酸量的测定》及 ISO 1242：1999《精油 酸值的测定》。

（五）酯值的测定

酯值是指中和 1g 精油所含的酯类化合物在水解时所释放的酸所需的氢氧化钾的质量（mg）。

酯类化合物存在于如卡南加油、巴拉圭橙叶油、意大利香柠檬油、法国熏衣草油等许多天然香料及合成香料中，酯值是衡量酯类化合物质量的一个重要参数。ISO 709：2001 及 GB/T 14455.6—93 对精油酯值的测定有详细的规定。

**1. 精油酯值的测定**

（1）测定原理 在规定的条件下，用标准氢氧化钾乙醇溶液加热水解精油中酯类化合物，然后滴定过量的碱，通过耗用盐酸标准溶液的体积来计算酯值。

（2）主要的仪器与试剂

① 仪器 皂化瓶（耐碱玻璃磨砂瓶口，容量 100～250mL，配有一根至少 1m 长、内径为 1cm 的磨砂口玻璃管，作为回流冷凝管，必要时可用回流冷凝器代替）；量筒（5mL）；滴定管（容量 25mL，刻度为 0.1mL）；分析天平。

② 试剂 氢氧化钾乙醇溶液 [$c$(KOH)＝0.5mol/L]；乙醇 [20℃时为 95％（质量分数），在酚酞或酚红指示剂存在下用 0.5mol/L 氢氧化钾溶液中和过的]；0.5mol/L 盐酸标准溶液；酚酞 [2g/L 的 95％（体积分数）乙醇溶液]；酚红 [0.4g/L 的 20％（质量分数）乙醇溶液，精油成分中含有酚基团时用]。

（3）测定步骤 在皂化瓶内盛有从测定精油酸值留下的溶液中 [见本节（四）测定酸值（3）] 用滴定管加入 25mL 氢氧化钾乙醇溶液，并加入几粒沸石或瓷片。接上玻璃管，置于沸水浴上，按被测精油产品标准中规定的时间加热回流，冷却，取下玻璃管，加入 5 滴酚酞指示液（如精油中含有酚或酚基团化合物时，则改用酚红指示液），过量的氢氧化钾用盐酸标准滴定液滴定。用 5mL 乙醇代替试样，在同等测定条件下做空白试验 [注意：本法不适用于含有内酯或较多醛类的精油。对酯值高的精油，要适当增加氢氧化钾乙醇溶液的体积，使 $V_0 - V_1$ 至少等于 10mL，对酯值低的精油，应增大试样的用量]。

（4）测定结果的表述

① 酯值 $= \dfrac{(V_0-V_1)c\times 56.1}{m}$

② 酯的质量分数：$w(酯) = \dfrac{(V_0-V_1)cM_r}{1000m}\times 100\%$

式中　$V_0$——空白试验所耗用的盐酸标准溶液的体积，mL；

　　　$V_1$——滴定试样所耗用的盐酸标准溶液的体积，mL；

　　　$c$——盐酸标准溶液的浓度，mol/L；

　　　$m$——酸值测定中所用试样的质量，g；

　　　56.1——氢氧化钾的摩尔质量。

平行试验结果的允许差：酯值在 10mgKOH/g 以下为 0.2mgKOH/g；含酯量在 10% 以下为 0.2%；酯值在 10~100mgKOH/g 为 0.5mgKOH/g；含酯量在 10% 以上为 0.5%；酯值在 100mgKOH/g 以上为 1.0mgKOH/g。更为具体的测定方法可参见 ISO 709：2001 及 GB/T 14455.6—93《精油　酯值的测定》。

**2. 含难以皂化的酯类精油的酯值测定**

对含有难以皂化酯类的精油、单离香料及合成香料的酯值和含酯量的测定，ISO 7660：1983（E）作了具体的规定。

（1）测定原理　在二甲基亚砜氢氧化钾溶液存在下，加热水解试样中的酯，然后用硫酸或盐酸标准溶液回滴过量的氢氧化钾。通过测定耗用酸标准溶液的体积来计算酯值。

（2）主要的仪器与试剂

① 仪器　容量瓶（1000mL）；皂化瓶（150mL，具有冷凝器或长约 1m、直径 10mm 之空气冷凝器）；滴定管（50mL）；移液管（25mL）；量筒（25mL）；分析天平。

② 试剂

a. 氢氧化钾二甲基亚砜（DMSO）标准溶液 [$c(KOH)=0.5mol/L$] 在 1000mL 容量瓶中溶解 35g 粒状氢氧化钾于 117mL 水中，加入 353mL 96%（体积分数）乙醇，并用二甲基亚砜稀释至刻度，所得溶液应澄清无沉淀。溶液如浑浊，需过滤。用硫酸或盐酸标准溶液 [$c(\frac{1}{2}H_2SO_4)=0.5mol/L$] 滴定此溶液的精确浓度。可把溶液贮放在紧塞的烧瓶中，不宜用玻璃塞。用时要先测定此溶液浓度，当其浓度低于 0.45mol/L 时，则不能使用。

b. 硫酸或盐酸标准溶液　0.5mol/L。

c. 指示液　酚酞：0.2% 的 96%（体积分数）乙醇溶液，或酚红：0.04% 的 96%（体积分数）乙醇溶液，当试样含有酚基团的组分时使用。

（3）测定步骤　称取 1~2g 试样（精确至 0.0002g）置于 150mL 的皂化瓶中，用移液管准确加入 25mL 氢氧化钾二甲基亚砜溶液，连接空气冷凝器，在沸水浴上预热 5min，反应 1h。取出皂化瓶，冷却 15min 后取下空气冷凝管，用量筒加入 25mL 蒸馏水，再加 4 滴酚酞指示液（如试样中含有酚类或有酚基团的化合物，则改用酚红指示液）。用硫酸或盐酸标准溶液回滴过量的氢氧化钾。同时不加试样按上述操作程序进行空白试验。

（4）测定结果的表述

① 皂化值

$$皂化值 = \dfrac{(V_0-V_1)c\times 56.1}{m}$$

式中　$c$——滴定用酸标准溶液的浓度，mol/L；

　　　$V_1$——空白试验所耗酸标准溶液的体积，mL；

$V_0$——滴定试样所耗酸标准溶液的体积，mL；

$m$——试样质量，g。

② 酯值

$$酯值＝皂化值－酸值$$

酸值为本节"（四）酸值的测定（5）测定结果的表述"中试样的酸值。

③ 含酯量　含酯量用质量分数表示，含酯量及平行试验结果的允许差值同本节"（五）酯值的测定 1. 精油酯值的测定（4）测定结果的表述"中所述公式一致。

**3. 乙酰化后酯值的测定和游离醇与总醇含量的评估**

这是一种通过乙酰化前和乙酰化后测定酯值来评估游离醇和总醇含量的方法。适用于含有伯醇和仲醇类组分的精油，但不适用于含有一定数量的叔醇（不能被完全地乙酰化）的精油以及酚类、内酯类、醛类或易烯醇化的酮类（它们将和游离醇一起也被乙酰化）的精油。常应用于爪哇型香茅油、斯里兰卡型香茅油、香叶油、巴西玫瑰木油中的游离醇或总醇含量的测定。

乙酰化后酯值是指中和 1g 乙酰化精油中所含的酯在水解后释放出的酸所需氢氧化钾的质量（mg）。

（1）测定原理　在乙酸钠存在下，用乙酐使精油乙酰化。乙酰化的精油经分离和干燥，按照 GB/T 14455.6—93 测定其酯值。从乙酰化前和乙酰化后的酯值计算游离醇、结合醇和总醇的含量。

（2）主要的仪器与试剂

① 仪器　皂化瓶（耐碱玻璃，磨砂瓶口，容量 100～250mL，配有一根至少 1m 长、内径为 10mm 的磨砂口玻璃管，作为回流冷凝管，必要时可用回流冷凝器代替）；量筒（5mL，刻度为 1mL）；滴定管（50mL，刻度为 0.1mL）；量筒（容量 50mL，刻度为 1mL）；分液漏斗（约 250mL）；乙酰化瓶（100mL，具有长约 1m、直径约 10mm 之空气冷凝管）；分析天平。

② 试剂　氢氧化钾乙醇溶液 $[c(KOH)＝0.5mol/L]$；乙醇 [20℃ 时为 95%（体积分数），在酚酞或酚红指示剂存在下用 0.5mol/L 氢氧化钾溶液中和过的]；0.5mol/L 盐酸标准溶液；酚酞 [2g/L 的 95%（体积分数）乙醇溶液]；酚红 [0.4g/L 的 20%（体积分数）乙醇溶液，精油成分中含有酚基团时用]；乙酐（纯度不少于 98%）；乙酸钠（无水，新熔化并经粉碎）；氯化钠饱和溶液；碳酸钠-氯化钠溶液（称取 20g 无水碳酸钠，用饱和氯化钠溶液溶解之，再以饱和氯化钠溶液稀释至 1L，过滤后备用）；无水硫酸镁或无水硫酸钠（应呈中性，新干燥并经粉碎）；石蕊试纸。

（3）测定步骤

① 乙酰化前酯值的测定　同本节"1. 精油酯值的测定（3）测定步骤"或参见 GB/T 14455.6—93《精油　酯值的测定》。

② 乙酰化后酯值的测定　将 10mL 试样、10mL 乙酐和 2g 无水乙酸钠放入乙酰化瓶中混合，加入几粒沸石或玻璃珠并装上回流冷凝器。将乙酰化瓶置于加热装置中加热，缓缓沸腾回流 2h（或按照各精油标准中规定的时间回流）。取出冷却后，加入 50mL 蒸馏水，放在水浴中加热，温度控制在 40～50℃，持续 15min，并经常摇动，冷却至室温，将液体倾入分液漏斗中，用 10mL 水将乙酰化瓶洗涤两次，洗涤液并入分液漏斗中，待油、水两相完全分开后，排去水相。依次用 50mL 氯化钠溶液、50mL 碳酸钠-氯化钠溶液、50mL 氯化钠溶液

的饱和溶液和乙酰化精油一起振摇，最后用水 20mL 缓慢地摇动。如正确操作，洗液对石蕊试纸应呈中性。将油相注入一具塞的干燥小瓶中，加入约 3g 无水硫酸镁或硫酸钠，振摇数次，直至精油不含水分为止，过滤备用。

（4）测定结果的表述

① 乙酰化前酯值（$EV_1$）

$$EV_1 = \frac{(V_0 - V_1)c \times 56.1}{m_0}$$

② 乙酰化后酯值（$EV_2$）

$$EV_2 = \frac{(V'_0 - V'_1)c \times 56.1}{m}$$

③ 游离醇的质量分数以指定的醇计。

$$\frac{M_r(EV_2 - EV_1)}{561 - 0.42EV_2}$$

④ 结合醇的质量分数以指定的醇计。

$$\frac{M_r EV_1}{561}$$

式中　$m_0$——乙酰化前测酯值所取用精油的质量，g；

　　　$m$——乙酰化后测酯值时用的乙酰化精油的质量，g；

　　　$V_0$——乙酰化前空白试验所耗酸标准溶液体积，mL；

　　　$V_1$——乙酰化前测酯值所耗酸标准溶液体积，mL；

　　　$V'_0$——乙酰化后空白试验所耗酸标准溶液体积，mL；

　　　$V'_1$——乙酰化后测酯值所耗酸标准溶液体积，mL；

　　　$c$——酸标准溶液的浓度，mol/L；

　　　$M_r$——醇的相对分子质量；

　　　$EV_1$——乙酰化前精油的酯值；

　　　$EV_2$——乙酰化后精油的酯值；

　　　56.1——氢氧化钾的摩尔质量。

总醇含量的质量分数可将以上两个质量分数相加即得。平行试验结果的允许差为0.5%。更为具体的测定方法参见 ISO 1241：1996《精油　乙酰化前、后酯值的测定及游离醇和总醇含量的评估》及 GB/T 14455.7—93《精油　乙酰化后酯值的测定和游离醇与总醇含量的评估》。

**4. 精油（含叔醇）乙酰化后酯值的测定和游离醇含量的评估**

本法适用于含有一定数量叔醇的精油，例如芳樟醇及松油醇。本法不适用于含有一定数量的酚类、邻氨基苯甲酸酯类、内酯类和醛类等的精油。

（1）测定原理　在二甲基苯胺存在下，用氯乙酰和乙酐使精油乙酰化。乙酰化后的精油经分离和干燥，测定它的乙酰化后酯值。用同样的精油测定乙酰化前的酯值，评估游离醇的含量。

（2）主要的仪器与试剂

① 仪器同"本节 3. 乙酰化后酯值的测定和游离醇与总醇含量的评估"。

② 试剂　$N,N$-二甲基苯胺（新蒸馏，沸程为 192.5～193.5℃）；氯乙酰（纯度不少于99%）；乙酐（纯度不少于 98%，沸程为 138～141℃）；无水硫酸镁或无水硫酸钠（应呈中

性，新干躁并经粉碎）；硫酸钠水溶液（100g/L）；盐酸溶液〔5 份盐酸（$\rho=1.19$g/mL）用硫酸钠溶液稀释至 100 份（以体积计）〕；碳酸氢钠溶液（50g 碳酸氢钠溶于 1L 硫酸钠溶液中）；氢氧化钠溶液〔$c(\text{NaOH})=0.1$mol/L〕；氢氧化钾乙醇溶液〔$c(\text{KOH})=0.5$mol/L〕；盐酸标准溶液〔$c(\text{HCl})=0.5$mol/L〕；石蕊试纸；酚酞指示液〔0.2% 乙醇（95%）溶液〕。

（3）测定步骤

① 乙酰化前酯值的测定　同本节"1. 精油酯值的测定（3）测定步骤"或参见 GB/T 14455.6—93《精油　酯值的测定》。

② 乙酰化　用量筒量取 10mL 试样，倾入乙酰化瓶中，加入 20mL 二甲基苯胺，充分混合并在冰水浴中冷却。保持乙酰化瓶在冰水浴中，然后加入 8mL 氯乙酰和 5mL 乙醇。从冰水浴中取出乙酰化瓶，在室温放置 30min，然后将瓶放入温度为（50±1）℃的水浴内，保持 1h。取出冷却。依次用下列溶液洗涤油相：用 75mL 硫酸钠溶液洗涤两次；用盐酸溶液（每次用 50mL）洗涤至少五次，直至洗液中无二甲基苯胺（二甲基苯胺检查法：在 15mL 盐酸洗涤液中加入 2 滴饱和的高锰酸钾溶液，剧烈振摇，如在少于 15s 中呈现橘黄色，则表示尚有二甲基苯胺存在）；用碳酸氢钠溶液（每次用 25mL）洗涤两次；用 25mL 硫酸钠溶液（每次用 25mL）洗涤两次；每次在加入洗涤液后，均应强烈摇动 30s，然后放置使分层，最后一次分层时，用石蕊试纸检查水层，应呈中性。将油相放入一具塞的干燥小瓶中，用无水硫酸镁或无水硫酸钠干燥后过滤。

③ 乙酰化后酯值的测定　同本节"1. 精油酯值的测定（3）测定步骤"或参见 GB/T 14455.6—93《精油　酯值的测定》。

（4）测定结果的表述

① 计算游离醇的质量分数，以指定叔醇计。

$$\frac{M_{\text{r}}(\text{EV}_2-\text{EV}_1)}{561-0.42\text{EV}_2}$$

② 结合醇的质量分数以指定的醇计。

$$\frac{M_{\text{r}}\text{EV}_1}{561}$$

式中　$M_{\text{r}}$——醇的相对分子质量；

$\text{EV}_1$——乙酰化前精油的酯值；

$\text{EV}_2$——乙酰化后精油的酯值。

总醇的质量分数以叔醇计，可将以上两个质量分数相加即得，平行试验结果的允许差为 0.5%。更为具体的测定方法参见 GB/T 14455.8—93《精油（含叔醇）　乙酰化后酯值的测定和游离醇含量的评估》及 ISO 3794—1976《精油（含叔醇）　乙酰化后酯值的测定和游离醇含量的评估》。

### 四、香精的检验

**（一）香（原）料质量的检验**

香精配方确定以后，香（原）料的质量是决定香精质量的最重要因素，因而对它的质量必须作多方面的检验。通常包括以下内容。

（1）购进香（原）料和自产香料的检验。

（2）配料过程中的复验　在配料过程中如发现某种香（原）料质量有疑问时，应及时进行复验。

（3）香精半成品检验　香精配料结束后，要对香气、色泽和澄清度等标准与标样进行对比检验。

（4）香精包装过程中的检验　香精装瓶后要进行灯光下的杂质检验和香精重量准确度的抽验。

此外，对于食用香精，香（原）料还要按中华人民共和国《食品添加剂使用卫生标准》（GB 2760—2007）的规定进行相关检验。

（二）香精的质量检验标准

**1. 检验项目**

香精的检验项目可参见 QB/T 1505—2007《食用香精》、QB/T 1507—2006《日用香精》及 QB/T 1506—2004《烟用香精》等标准。检验项目一般包括色状、香气、相对密度、折射率（20℃）、重金属（以 Pb 计）含量、砷含量等；另外应以书面形式告知客户该香精在十一类加香产品或指定产品中的最高用量。色状、香气、相对密度、折射率为出厂检验项目，而砷含量、重金属含量（以 Pb 计）为型式检验项目，每年检验一次。

**2. 抽样方法**

每批的包装单位 1～2 个，全抽；3～100 个，抽取 2 个；100 个以上，增加部分再抽取 3%。用取样器从每个包装单位中均匀抽取试样 50～100mL，将所抽取的试样全部置于混样器内充分混匀，分别装入两个清洁、干燥、密闭的惰性容器中，避光保存。容器上贴标签，注明：生产厂名、产品名称、生产日期、批号、数量及取样日期，一瓶作检验用，另一瓶留存备查。

 **【阅读材料 1-4】**

### 一些常用的香料、香精词汇（一）

Appearance：外观；

Boiling Point：沸点；

Colorless Liquid：无色液体；

Congealing Point：冻点；

Flash Point（Closed Cup）：闪点（闭口杯法）；

Flavors & Fragrances：香料、香精；

Formula：分子式；

GC Analysis：气相色谱分析；

Melting Point：熔点；

Optical Rotation：旋光度；

Refractive Index：折射率；

Relative Density：相对密度；

Specific Gravity：密度；

Toxicity：毒性；

Transportation Packing：出口包装

## 第五节　香料掺杂的简易检测方法

香料由于其价值昂贵，为了牟取暴利，一些不法的商贩往往会在香料中掺杂一些低值的化合物，从而达到其牟利的目的。对于香料的掺杂，最有效的方法是通过气相色谱的方法来检测，但是鉴于设备的限制，在没有气相色谱条件的单位可以通过以下简便的方法进行检测。

### 一、闻香法

香料本身具有很强的特征气味，如在其中掺入了松节油、汽油、煤油等气味较重的物质，根据其特殊气味可觉察出。

## 二、擦皮肤法

用手指蘸取少量油样擦到手背皮肤上，如有油腻感，表明油样中可能掺有茶油等植物油及重质矿物油如变压器油、柴油等。如涂擦后油样挥发较快，挥发时皮肤有一种清凉感，则表明油中可能掺乙醇、汽油、丙酮等易挥发物体。

## 三、点样法

用滴管吸取油样后，将油样滴在白色滤纸上，待油迹展开后，用风扇将挥发油扇干或在电炉烘干后看纸上有无留下明显痕迹，若未留下油迹，说明油样未掺杂有不挥发性的油类，若纸上留有明显油迹，说明油样中掺有植物油或高沸点矿物油。

## 四、水溶法

用移液管量取 10mL 油样置于测醛瓶（或刻度试管、量筒，容积为 160mL）中，然后加入饱和食盐水 150mL，振摇数次，静置、观察，如分层后油样减少超过 0.2mL 以上，表明油中掺有乙醇等水溶性杂质，油样减少越多，则表明掺假物越多。

## 五、乙醇溶混度法

（1）取 1mL 油样置于试管中加入 2～3mL 70％乙醇，振摇数次后静置、观察，如试管中液体全部呈透明、澄清且不分层，表明该油样中未掺有植物油、矿物油等油性杂质。若见液体表面有油层分出，说明掺杂矿物油，而液体底部有油层出现即掺了植物油。

（2）在 20℃温度下，吸取 70％乙醇加入 1mL 精油中，每次乙醇加入量为 1mL，并激烈摇动直至完全溶混，直至出现浑浊或乳光时计算其加入乙醇容积数。以此求出 1 份容积精油能溶于 70％乙醇溶液份数，若超过 3 倍，则说明油中掺杂了矿物油、植物油而降低了精油在乙醇中的溶解度，掺杂物越多则所消耗乙醇容积越多。

## 六、相对密度法

利用香料的相对密度有恒定范围的原理，在温度 20℃下采用密度比重瓶法测其相对密度。若相对密度升高，便可判断掺杂其他植物油，反之，则有可能掺杂轻质石油产品或乙醇、丙酮、松节油等。

## 七、折射率法

香料的折射率有一定范围，在 20℃温度下测精油折射率。若是折射率变化，便可判断有可能存在掺杂物。

**【阅读材料 1-5】**

### 一些常用的香料、香精词汇（二）

Aromatic Water：芳香水；

Balsam：香脂（膏）；

Cold-pressed Essential Oil：冷压精油；

Distillate：馏出物；

Dry Distilled Oil：干馏油；

Essence Oil：果汁精油；

Essential Oil：精油；

Exudat：渗出物；

Folded Oil：浓缩油；

Gum：胶；

Gum Oleoresin：胶性油树脂；

Natural Oleoresin：天然油树脂；

Natural Raw Material：天然原料；

Pepper Oil：胡椒油；

Rectified Essential Oil：精馏过的精油；

Rosin：树脂；

Terpene：萜烯；

Terpeneless Essential Oil：除萜精油（或无萜精油）

Volatile Concentrate：挥发性浓缩物

# 第六节　香料、香精的检测实训

## 实训一　八角茴香油的检测

### 一、产品简介

八角茴香（*Illicium verum* Hook. f.）是木兰科八角属植物，又名八角、大茴香，是我国南方的经济树种，主要分布在广西、广东、贵州、云南等省区。广西是我国八角的主要产区，产量占全国的85%，占世界的70%，而广西的八角又主产于广西西部和南部（百色、南宁、钦州、梧州、玉林等地区）。八角茴香干燥成熟的果实气味芳香，味辛、甜，具有温阳散寒、理气止痛之功效；八角茴香油俗称八角油、茴油，它具有大茴香的辛香香气，除了用作调味辛香料外，在食品工业、酿造工业、饮料业、日用化妆品和制药行业中均有广泛的用途。八角茴香油是从八角的枝叶或果实经水蒸气蒸馏而得，鲜枝叶的出油率一般0.7%～1.2%，八角干果的出油率一般4%～12%，根据加工工艺的不同其出油率略有改变。八角茴香油一般含有反式大茴香脑（一般相对含量在80%以上）、草蒿脑、大茴香醛、柠檬烯等化学成分。在质量检测方面常采用的有以下四种标准：（1）GB/T 15068—94《八角茴香油（Oil of Star Anise）》；（2）中华人民共和国进出口商品检测行业标准 SN/T 0039—92《出口八角茴香油（Oil of Star Anise for Export）》；（3）ISO 3475—1974（E）《大茴香油》；（4）ISO 3475—2002《大茴香油》。

### 二、实训要求

（1）了解八角茴香油国家标准中的常规检测项目。

（2）理解八角茴香油国家标准中一些检测项目的检测要求。

（3）掌握八角茴香油的冻点、溶混度、折射率、旋光度、香气的检测方法。

### 三、项目检测

**（一）执行标准**

GB/T 15068—94《八角茴香油（Oil of Star Anise）》技术要求如下。

（1）色状　无色至浅黄色澄清液体或凝固体。

（2）香气　具有八角茴香的特征香气。

（3）相对密度（20℃/20℃）　0.975～0.992。

（4）折射率（20℃）　1.5525～1.5600。

（5）旋光度（20℃）　−2°～+2°。

（6）溶混度（20℃）　1体积试样全溶于3体积90%（体积分数）乙醇中，呈澄清溶液。

（7）冻点（℃）　>15.0。

（8）气相色谱组分含量（%）　草蒿脑<8；顺式大茴香脑<0.5；大茴香醛<1.0；反式大茴香脑≥87。

**（二）检测项目**

取样方法参见本章"第三节　香料的取样及试样制备"或按 ISO 212、GB/T 14455.20《精油——取样方法》。试样的最小量为50mL。

**1. 外观、色泽的检测**

取约10mL左右油样，置于洁净的试管或烧杯中，观察其外观、色泽并做好记录。

**2. 香气的检测**

测定方法见本章"第四节　香料、香精的检测项目　一、香气的评定"或按 GB/T

14454.2《香料香气评定法》检测样品的香气，并做好记录。

**3. 冻点测定**

冻点（或称凝固点）是香料在过冷下由液态转变为固态释放其熔化潜热时，所观察到的恒定温度或最高温度。

（1）原理　缓慢并逐步地冷却试样，当试样从液态转化为固态时，观察其温度的变化。

（2）仪器

① 校正过的温度计　符合以下要求：水银球长度 10～20mm；水银球直径 5～6mm，具有 0.1℃ 或 0.2℃ 分刻度。

② 冻点仪　内套试管，直径约 15～20mm，长约 150mm；外套厚壁试管，直径约 30～40mm，长约 120mm。

③ 冻点测定装置　如图 1-5 所示，包括一个容积约为 500mL 的广口瓶（锥形或圆柱形），配有打孔的软木塞或橡皮塞，把试管装进厚壁试管中，将温度计插入试管，并使水银球的中心位于液体的中心。

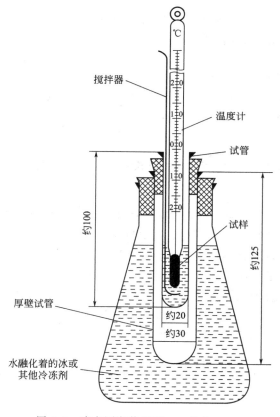

图 1-5　冻点测定装置图　单位：mm

④ 搅拌器　用直径约 1mm 不锈钢丝制成，一端弯曲成环形（见图 1-5）。

（3）测定步骤　测定方法参见 GB/T 14454.7—93《香料冻点的测定》。

① 取八角茴香油试样（试样制备见 GB/T 14454.1）。

② 初步试验　如果需要，先将试样温热熔化。在试管内冷却几毫升待测的试样，用搅拌器搅拌直到凝固冻结。记下此时的温度。

③ 测定　为了达到比初步试验中观察到的温度低 5℃ 的温度要求，在广口瓶内充满水、融化的冰或任何适当的混合冷冻剂。装好厚壁试管，在试管中加入 10mL 试样，（需要时加以熔化）。插入温度计并小心地把试样冷却到初步试验中所得出的温度，立即把试管插入厚壁试管中，使温度再降低 2℃。用搅拌器连续搅拌，引起试样结晶，待温度回升，停止搅动（注意避免析出的颗粒黏附在管壁上）。仔细观察温度的变化。必要时，试样中可加入微量晶种（从初步试验中得到）作为晶体接种，促进冻结。当温度上升至最高值并保持 1min 不变时，记下所观察到的温度。从广口瓶中取出试管，重新液化该试样，重复测定，直至连续两次的结果相差不超过 0.2℃，取两次读数平均值，即为冻点。

④ 结果的表述　试验结束时所观察到的最高温度即为冻点，用 ℃ 表示。平行试验结果的允许差为 0.2℃。

**4. 折射率**

测定方法见本章"第四节　香料、香精的检测项目　二、物理常数的检测　（四）折射率的测定"或 GB/T 14454.4《香料折射率的测定》，检测并做好记录。

**5. 旋光度**

测定方法见本章"第四节　香料、香精的检测项目　二、物理常数的测定　（六）旋光度的测定"或 GB/T 14454.5《香料旋光度的测定》，检测并做好记录。

**6. 溶混度**

测定方法见本章"第四节　香料、香精的检测项目　二、物理常数的测定　（七）乙醇中溶混度的测定"或 GB/T 14455.3—93《精油　乙醇中溶混度的评估》，检测并做好记录。

**7. 化学成分的检测——气相色谱法**

见 GB/T 15068—94，一般进样 0.2μL，用非极性柱。

## 实训二　香茅油总醛含量、总醇含量的测定

**一、产品简介**

香茅油（Citronella Oil）为禾本科香茅属植物香茅的鲜叶经水蒸馏获得的挥发油，为浅黄至黄色液体；香料用的香茅油主要有爪哇型与斯里兰卡型两个品种；主要分布于云南、海南等省区。香茅油的主要成分都是香茅醛、香茅醇与香叶醇以及这两种醇的乙酸酯，爪哇型香茅油的含醛量和总醇量都比较高，种植量也大。我国是爪哇型香茅油的种植、出口与消费大国，香茅油是一种经济价值较高的香料，广泛用做皂类、食品及医药制品的香料。

**二、实训要求**

（1）了解爪哇型香茅油 ISO 国际标准中的常规检验项目，以及一些检验项目的技术要求。

（2）掌握 ISO 国际标准中爪哇型香茅油的总醛含量、总醇含量的检测方法。

**三、项目检测**

**（一）执行标准**

爪哇型香茅油（ISO 3848：2001）具体的技术要求如下。

（1）外观　澄清，有时带有轻微乳白色的流动液体。

（2）色泽　浅黄色至浅黄棕色。

（3）香气　微甜的花香、玫瑰香及柠檬样香气。

（4）相对密度（20℃/20℃）　0.880～0.893。

（5）折射率（20℃）　1.4670～1.4730。

（6）旋光度（20℃）　−5°～0°。

（7）80％（体积分数）乙醇中溶混度（20℃）　1 体积试样混溶于不超过 2 体积 80％（体积分数）乙醇中，呈澄清溶液。进一步增加溶剂有时会出现乳白色。

（8）乙酰化后酯值　≥250mgKOH/g，相当于以香叶醇计含醇量的 85％。

（9）羰值　≥127mgKOH/g，相当于以香茅醛计羰基化合物含量的 35％。

**（二）检验项目**

取样方法见 ISO 212《精油——取样方法》，试样的最小量为 50mL。

**1. 乙酰化后酯值**

（1）测定方法　见 ISO 1241。测定原理及步骤同本章第四节"化学常数的检测（五）3. 乙酰化后酯值的测定和游离醇与总醇含量的评估"。皂化时间：1.5h；乙酐体积：15mL；相对分子质量：154.2。

（2）结果的表述

① 乙酰化前酯值（EV₁）：

$$EV_1 = \frac{(V_0 - V_1)c \times 56.1}{m_0}$$

② 乙酰化后酯值（EV₂）：

$$EV_2 = \frac{(V_0' - V_1')c \times 56.1}{m}$$

③ 游离醇的质量分数，以指定的醇计：

$$\frac{M_r(EV_2 - EV_1)}{561 - 0.42EV_2}$$

④ 结合醇的质量分数，以指定的醇计：

$$\frac{M_r EV_1}{561}$$

式中　$m_0$——乙酰化前测酯值所取用精油的质量，g；

　　　$m$——乙酰化后测酯值时用的乙酰化精油的质量，g；

　　　$V_0$——乙酰化前空白试验所耗酸标准溶液体积，mL；

　　　$V$——乙酰化前测酯值所耗酸标准溶液体积，mL；

　　　$V_0'$——乙酰化后空白试验所耗酸标准溶液体积，mL；

　　　$V_1'$——乙酰化后测酯值所耗酸标准溶液体积，mL；

　　　$c$——酸标准溶液的浓度，mol/L；

　　　$M_r$——醇的相对分子质量；

　　$EV_1$——乙酰化前精油的酯值；

　　$EV_2$——乙酰化后精油的酯值；

　　56.1——氢氧化钾的摩尔质量。

总醇含量的质量分数可将以上两个质量分数相加即得。

**2. 羰值**

（1）测定方法　见 ISO 1279。试样量：1g；测定时间：15min；相对分子质量：154.2。测定原理及步骤同本章第四节"羰基化合物含量的测定——盐酸羟胺法"，检测并做好记录。

（2）测定结果的表述　精油的羰值以 1g 精油耗用氢氧化钾的质量（mg）表示，按下式计算。

$$羰值 = 56.1 \frac{V}{m}c$$

式中　$c$——氢氧化钠标准溶液的浓度，mol/L；

　　　$m$——试样的质量，g；

　　　$V$——测定中所耗用氢氧化钠标准溶液的体积，mL。

## 实训三　香花浸膏中净油含量的测定

### 一、产品简介

净油（Absolute）是指用乙醇萃取浸膏、香脂或树脂所得到的萃取液，经过冷冻处理，滤去不溶的蜡质等杂质，再减压蒸馏去乙醇，所得到的净油。它是调配化妆品和香水的佳品，也是衡量香花浸膏质量的一个重要指标。

### 二、实训要求

(1) 了解香花浸膏检测方法常用的仪器及试剂要求。

(2) 掌握用 GB/T 14458—93《香花浸膏检验方法》测定香花浸膏中净油含量的检测方法。

### 三、项目检测

**1. 试剂**

无水乙醇（分析纯）。

**2. 仪器**

温度计（0～100℃）；高型玻璃杯（高约 13cm，直径约 7.5cm）；瓷漏斗（直径约 6.5cm）；烧结玻板漏斗（3 号或 4 号，100mL）；圆底烧瓶（100mL）；广口试剂瓶（125mL，100mL 处作标记）；水银减压计（安氏）；搅拌器（具密封装置）；冷冻设备（−20℃以下）；减压蒸馏装置一套（蒸馏烧瓶容量 100mL）；冷凝器（300mm，球形）；真空干燥器；吸滤瓶。

**3. 操作步骤**

称取预经在 60℃以下水浴中熔化搅匀的试样 10g（精确至 0.001g）置于高型玻璃杯内，加入 80mL 乙醇，移入 50～55℃水浴中，接上搅拌器搅拌 1h。减压过滤，将滤液倒入广口试剂瓶。用约 20mL 乙醇分数次洗涤滤渣，每次用滴管吸取 2～3mL 滴洗。反复洗涤，直至洗液呈无色（色泽深的样品最后的洗液呈浅棕色）。将洗液并入滤液，再加入乙醇至广口瓶 100mL 标记处。置广口瓶于冷冻设备内，在−15～−20℃温度下冷冻 3h，然后将预先在同样温度冷却 0.5h 的烧结玻板漏斗及吸滤瓶装置在冷冻设备内进行减压过滤。用 10mL 同样温度的乙醇滴洗。滤液分两次倒入已恒重的 100mL 圆底烧瓶，在 50～55℃水浴中减压（13332.2Pa）蒸馏至不见溶剂滴出为止，提高水浴温度至 60℃，提高汞柱压力至 5332.88Pa，保持 15min。取出，放置干燥器中，在减压（5332.88Pa）下干燥 15min 后称重。重复以上干燥手续，至前后两次失重相差在 3mg 以下为恒重。

**4. 结果表述**

$$x = \frac{m_1}{m}$$

式中　$x$——净油含量，%；

　　　$m_1$——净油的质量，g；

　　　$m$——试样的质量，g。

平行试验结果的允许差为 1%。本方法适用于用香花规格的石油醚浸提香花制成的浸膏中净油的测定，本方法采用 GB/T 14458—93《香花浸膏检验方法》的相关规定。

## 实训四 山苍籽油含量的测定

### 一、产品简介

山苍籽（*Litsea cubeba*）是我国富含柠檬醛（Citral）的丰富天然植物资源，主要分布于湖南、江西、广西、福建、四川等省区，野生或人工栽培。山苍籽油（Oil of *Litsea cubeba*）是从山苍籽果皮中以水蒸气法蒸馏所得的产品，颜色呈棕黄色或淡黄色，有浓厚的柠檬香味。山苍籽油中所含主要成分为 $\alpha$-柠檬醛、$\beta$-柠檬醛、柠檬烯、甲基庚烯酮、$\beta$-芳樟醇、月桂烯、$\alpha$-蒎烯、$\beta$-蒎烯、$\alpha$-松油醇、桧烯、$\beta$-石竹烯等。其中柠檬醛的含量达 65%～80%，山苍籽油一直为我国出口量很大的一种天然植物精油，年产量在 2000～2500t 左右。研究表明，山苍籽油有明显的平喘、抗过敏、抗心律失常、抗真菌、抑制艾氏腹水肿瘤等作用；以柠檬醛为起始原料经复杂反应可制备维生素 A、E、K 及叶绿醇等产品，目前在我国以山苍籽油为原料可加工成几十种产品，广泛用于制药、临床研究、合成香料、制备油脂等工业。有关山苍籽油含量的检测目前采用的标准有 GB/T 11424—89《山苍籽油》及 ISO 3214：2000《山苍籽油》。

### 二、实训要求

（1）了解 GB/T 11424—89、ISO 3214《山苍籽油》标准中羰基化合物含量的常规要求。

（2）掌握用中性亚硫酸钠法和游离羟胺法测定山苍籽油中柠檬醛含量的检测方法。

### 三、项目检测

GB/T 11424—89、ISO 3214 规定：山苍籽油中羰基化合物含量（以柠檬醛表示）$\geqslant$74.0%。有关柠檬醛常用的化学测定方法有中性亚硫酸钠法及游离羟胺法，前者由于所需的仪器及试剂简便易得，操作简单，常用于收购环节的检测，但由于山苍籽油中含有甲基庚烯酮等其他羰基化合物，这些化合物的存在往往导致测定结果偏高。所以在生产上或在化验室中常采用游离羟胺法来检测山苍籽油的柠檬醛含量。

#### （一）中性亚硫酸钠法

**1. 主要的仪器与试剂**

① 仪器 移液管（10mL）；醛瓶（150mL，瓶颈上有 0～10mL 刻度，并具有 0.1mL 的分刻度，见图 1-2）。

（2）试剂 中性亚硫酸钠饱和溶液［以酚酞为指示剂，在澄清的亚硫酸钠饱和溶液中加入亚硫酸氢钠溶液（30%）使呈中性。该试剂在使用时必须新鲜配制并过滤］；乙酸溶液（1:1）；酚酞指示液（1%乙醇溶液）；山苍籽油 30mL。

**2. 测定原理及具体的测定步骤**

见本章第四节"化学常数的检测 （二）羰基化合物含量的测定：中性亚硫酸钠法"。

**3. 测定结果的表述**

按下式计算醛或酮含量的体积分数 $x$(%)。

$$x = \frac{V - V_1}{V} \times 100\%$$

式中 $V$——试样的体积，mL；

$V_1$——油层的体积，mL。

平行试验结果的允许差为 1%。

（二）游离羟胺法

**1. 主要的仪器与试剂**

（1）仪器　皂化瓶（150mL，具磨口瓶塞，并配有至少长1m、内径10mm的玻璃管，作回流冷凝器使用，仪器形状参见图1-3）；锥形瓶（250mL，具磨口瓶塞）；滴定管（50mL和100mL，有0.1mL的分刻度）；分析天平；pH计（有0.1pH的分刻度）；磁力搅拌器。

（2）试剂　精制乙醇（95%）；中性精制乙醇（95%）；羟胺溶液；氢氧化钠标准溶液（0.1mol/L）；氢氧化钾乙醇溶液（0.5mol/L）；盐酸标准溶液（0.5mol/L），溴酚蓝指示液；试样用量1.2～1.5g。

**2. 测定原理及具体的测定步骤**

同本章第四节"化学常数的检测　（二）羰基化合物含量的测定：游离羟胺法"。其中，反应时间为1h，相对分子质量为152.2。

**3. 测定结果的表述**

精油的羰值按下式计算。

$$羰值 = 56.1\frac{V_0 - V_1}{m}c$$

式中　$c$——盐酸标准溶液的浓度，mol/L；

　　$m$——试样的质量，g；

　　$V_0$——空白试验中所耗用的盐酸标准溶液的体积，mL；

　　$V_1$——测定中所耗用的盐酸标准溶液的体积，mL。

## 实训五　丁香叶油中丁香酚含量的测定

**一、产品简介**

丁香油为桃金娘科植物丁香（*Eugenenia caryophyllus*）的干燥花蕾经水蒸气蒸馏得到的挥发油，外观为澄清、流动液体，有时稍有些黏稠。原产地为印度尼西亚，在我国的海南、福建等省略有分布。丁香油具有祛风、止痛之功效；是一种常用的烟用天然香精，能调配辛香和甜香风味，增进愉快的烟草风味，已经在烟草工业广泛应用。丁香油中含β-丁香烷、丁香酚、乙酰丁香酚，其中丁香酚含量较高。丁香酚（Engenol）又名2-甲氧基-4-烯丙基苯（2-Methoxy-4-allylphenol），无色至淡黄色液体，具有强烈辛香型香气。丁香酚一般可以通过对丁香罗勒油（60%～70%）及丁香油（70%～90%）的精密分馏或以碱液处理，陈化再分馏而得。广泛用于配制康乃馨型香精、东方型香精和食品、牙膏香精等。

**二、实训要求**

（1）了解丁香酚含量测定常用仪器及试剂。

（2）掌握用氢氧化钾测定丁香酚含量的检测方法。

**三、项目检测**

丁香叶油中丁香酚的含量按ISO 3141：1997《酚含量》（%）：≥82（印度尼西亚来源为≥78）。

（1）测定原理　把已知容量的香料含有的酚类化合物转化成水溶性的碱性酚盐，然后测出未被溶解的香料体积。

（2）主要的仪器与试剂　颈部带刻度的醛瓶（见图1-2，125mL或150mL，颈部长约15cm，具10mL刻度和0.1mL分刻度）；移液管（2mL，10mL）；锥形瓶（100mL）；分液漏斗（250mL）；5%（质量分数）的氢氧化钾水溶液（不含氧化硅和氧化铝）；丁香叶油25mL。

（3）测定步骤同本章第四节"化学常数的检测　（一）香料含酚量的测定"。

（4）结果的计算　按下式计算香料含酚量的体积分数 $x$（％）。

$$x = \frac{V - V_1}{V} \times 100\%$$

式中　$V$——试样体积，mL；

$V_1$——试样未被溶解部分的体积，mL。

平行试验结果允许差为 1％。

## 习　　题

1. 香料有哪些分类？

2. 天然香料及合成香料为什么不能直接作为香精使用？

3. 简述定香剂的组成和作用是什么。

4. 我国的标准分类有哪些？

5. 香料、香精的检测有哪些特点？

6. 我国现有食用香料、香精标准有多少个？分别为哪些标准？

7. 为了确保取样的准确性，取样前需做好哪些工作？

8. 固体样品的制备一般包括哪些操作？

9. 代表性的样品一般要取几个？

10. 测定八角茴香油冻点时，为什么要加入晶种？

11. 测定八角茴香油冻点平行试验结果的允许差为多少？

12. 经检测，发现广西某地产的八角茴香油冻点为 13.8℃，反式大茴香脑含量为 87.6％，大茴香醛含量为 2.8％，旋光度（20℃）为 −1°，试评价这个产品的质量合格与否？

13. 为什么用气相色谱测定的柠檬醛含量要比用化学方法测定的结果要低？

14. 试比较用中性亚硫酸钠法及游离羟胺法测定山苍籽油含量的差别，并解释原因。

15. 为什么有测定中要旋转醛瓶和轻敲瓶壁？

## 参　考　文　献

[1] 孙宝国主编. 香料与香精 [M]. 北京：中国石化出版社，2000.

[2] 中华人民共和国国家标准. GB 11958—89 食品添加剂肉桂油 [S].

[3] 夏铮南主审，顾忠惠主编. 合成香料生产工艺 [M]. 北京：轻工业出版社，1993.

[4] 张小康，张正兢编著. 工业分析 [M]. 北京：化学工业出版社，2004.

[5] 孙宝国编著. 香料化学与工艺学 [M]. 北京：化学工业出版社，2004.

[6] 张振宇主编. 化工产品检验技术 [M]. 北京：化学工业出版社，2005.

[7] 中华人民共和国国家标准. GB/T 14455.2—93 [S].

[8] ISO 212：1973（E）. 精油　取样 [S].

[9] 中华人民共和国国家标准. GB/T 14454.1—93 [S].

[10] 吕丽爽，陶菲. 香精香料分析方法进展 [J]. 食品科学，2005，26（8）：478-482.

[11] 国家药典委员会. 中华人民共和国药典一部 [M]. 北京：化学工业出版社，2005.

[12] 韦小杰，陈小鹏，王琳琳等. 八角油提取新方法的研究 [J]. 食品工业科技，2003，24（3）：41-43.

[13] 李文，姜先荣，姚建铭. 香料生产的研究进展与展望 [J]. 生物学杂志，2007，24（2）：44-46.

[14] 汪秋安，罗俊霞. 香料香精分析技术研究 [J]. 中国调味品，2004，8：13-17.

[15] 鲍逸培. 山苍子油掺杂的简便检出方法 [J]. 香料香精化妆品，1994，1：41-42.

[16] 中华人民共和国轻工行业标准. QB/T 1505—2007 食用香精 [S].

[17] 中华人民共和国轻工行业标准. QB/T 1507—2006 日用香精 [S].

[18] 丁香叶油国际标准（ISO 3141：1997）. 香料香精化妆品 [S].

[19] 陈学恒. 我国山苍子资源利用现状和产业化前景评述 [J]. 林业科学，2003，39（4）：134-139.

［20］中华人民共和国国家标准．GB/T 14454.2—93 香料　香气评定法［S］．

［21］中华人民共和国国家标准．GB/T 14454.4—93 香料折射率的测定［S］．

［22］中华人民共和国国家标准．GB/T 11540—89 单离及合成香料　相对密度的测定［S］．

［23］中华人民共和国国家标准．GB/T 14454.5—93 香料　旋光度的测定［S］．

［24］中华人民共和国国家标准．GB/T 14454.6—93 香料　蒸发后残留物含量的评估［S］．

［25］中华人民共和国国家标准．GB/T 14454.7—93 香料　冻点的测定［S］．

［26］中华人民共和国国家标准．GB/T 14454.1—93 精油、单离及合成香料　试样的制备［S］．

［27］中华人民共和国国家标准．GB/T 14454.11—93 香料　含酚量的测定［S］．

［28］中华人民共和国国家标准．GB/T 14455.3—93 精油　乙醇中溶混度的评估［S］．

［29］中华人民共和国国家标准．GB/T 14455.6—93 精油　酯值的测定［S］．

［30］中华人民共和国国家标准．GB/T 14457.3—93 单离及合成香料　熔点测定法［S］．

［31］中华人民共和国国家标准．GB/T 14457.4—93 单离及合成香料　酸值或含酸量的测定［S］．

［32］中华人民共和国国家标准．GB/T 14457.6—93 单离及合成香料　伯醇或仲醇含量的测定　乙酰化法［S］．

［33］中华人民共和国国家标准．GB/T 14455.7—93 精油　乙酰化后酯值的测定和游离醇与总醇含量的评估［S］．

［34］中华人民共和国国家标准．GB/T 14455.8—93 精油（含叔醇）乙酰化后酯值的测定和游离醇含量的评估［S］．

［35］中华人民共和国国家标准．GB/T 14457.8—93 单离及合成香料　叔醇含量的测定　氯乙酰-二甲基苯胺法［S］．

［36］中华人民共和国国家标准．GB/T 14454.16—93 香料羰值和羰基化合物含量的测定　盐酸羟胺法［S］．

［37］中华人民共和国国家标准．GB/T 14454.17—93 香料羰值和羰基化合物含量的测定　游离羟胺法［S］．

［38］中华人民共和国国家标准．GB/T 14458—93 香花浸膏检验方法［S］．

# 第二章 化妆品的检测

**【学习目标】**

1. 了解化妆品分类和各类化妆品标准。
2. 熟悉化妆品的抽样、制样方法。
3. 掌握化妆品外观检测、感官指标检测、通用理化指标检测的方法。
4. 掌握化妆品中微量有害元素、微生物的分析方法。

## 第一节 化妆品的发展史及其分类

### 一、化妆品的发展简史

化妆品的起源悠久，近年来发展很快，对这一学科的深入了解对化妆品生产和分析工作者来说是必要的，有助于提高对此行业的兴趣和工作热情。

从出土文物的考察中得知人类使用化妆品的历史可以追溯到旧石器时代，可见化妆与人类的历史一样悠久。广义的化妆品是指各种化妆用的物品。英文 Cosmetic（化妆）一词最早来源于古希腊，含义是化妆师的技巧或装饰的技巧。

国外的化妆品应用据说起源于埃及，古埃及人用黑色、绿色或蓝色颜料涂眼圈，用指甲花染指甲、皮肤和头发或涂抹口唇和两腮；采用香膏、香木焚香，用芳香产品混同油脂涂布于人体去朝圣。公元前埃及女王克娄巴特拉时期，化妆品艺术达到高峰。

化妆品的科学知识是从希腊传到罗马的，希腊文中化妆品一词"Kosmetikos"意即"妆饰"，就是发扬人体自身优点，掩饰和补救人体的缺点。从公元前 5 世纪到公元 7 世纪，在西方的罗马帝国，人们对皮肤、毛发、指甲、口腔等也讲究美化和保健。古罗马帝国使用香料的历史很久，如熏衣草那种沁人肺腑的幽香，其余香经久不散，这种香料被帝王族视为珍品，在当今化妆品中已被广泛使用。

公元 7~12 世纪，阿拉伯人发展了香精蒸馏技术，化妆品在阿拉伯国家的发展取得重要成就。

在古代的法国，也盛行过一时"香笺时代"，人们在信事交往中以信笺的香气表示各种意思。在当今法国把这种香的"艺术"发挥到淋漓尽致，生产出各种各样的巴黎香水。

公元 13~16 世纪，在欧洲文艺复兴时期，化妆品开始从医药中分离出来。17~19 世纪，由于商业及合成香料工业的发展，化妆品逐渐发展成为单独的工业。

国外的化妆品生产最早者据说是罗马人佛郎杰伯尼，他首先制造一种香粉，称为"佛郎杰伯尼香粉"。以后又由其后代把这种香粉用乙醇浸泡数小时以后，取其芳香的溶液，称为"佛郎杰伯尼香水"。到 16 世纪初期，佛郎杰伯尼十三代的时候又出现了一种香袋。

我国的化妆品最早出现是在春秋战国前，在商封王时代就有使用胭脂的记载，传说胭脂即"起白纠，是以红兰花汁凝结而成"。商朝末期，人们采集红兰花榨取汁液，凝结成脂，用来美化修饰颜面，当时所用的红兰花产于燕国，又称"燕脂"，即今日的胭脂。又据《国策》记载，"春秋时周郑之女，粉白墨黑，立于衢间"，即是用白粉敷面，用青黑颜料画眉。

到了汉代以后，便有正式的"妆点"、"扮妆"、"妆饰"等词了。1974年我国考古学家在福建泉州发掘出一条距今已有800多年的宋代沉船，在船舱中发现有大量的香妆物品。可见春秋战国之前，直至唐、宋、明、清均有化妆品的使用记载。又如我国近代化妆品工业最早创办的有：1830年建厂的江苏扬州的谢富春、1862年建厂的杭州的孔凤春、1905年在香港建厂的广生行，主要产品有香佩、桂花油、宫粉、胭脂、头油、雪花膏等。这些都足以说明我国化妆与美容的历史是很悠久的。

### 二、化妆品的定义、作用和分类

#### （一）化妆品的定义

化妆品的定义有多种。广义上讲，化妆品是指化妆用的物品。在希腊文中化妆品一词是"Kosmetikos"意即"妆饰"，就是发扬人体自身优点，掩饰和补救人体的缺点。

美国FDA对化妆品的定义为：用涂擦、撒布、喷雾或其他方法使用于人体并能起到清洁、美化作用，促使有魅力或改变外观作用的物品。

日本医药法典中对化妆品的定义为：化妆品是为了清洁和美化人体、增加魅力、改变容貌、保持皮肤及头发健美而涂擦、散布于身体或用类似方法使用的物品。

中华人民共和国在1999年11月颁发的《化妆品卫生规范》中规定：化妆品是以涂擦、喷洒或者其他类似的方法，施于人体表面任何部位（皮肤、毛发、指甲、口唇、口腔黏膜等），以达到清洁、消除不良气味、护肤、美容和修饰目的的产品。这一概念是我国化妆品生产和应用行业中所认同的权威性概念。

综上所述，化妆品的定义是：以涂敷、揉擦、喷洒等不同方法，施加于人体皮肤、毛发、指甲、口唇和口腔等部位，起清洁、保护、美化等作用的日用化学工业产品。

#### （二）化妆品的作用

从化妆品的定义中可知，其主要作用在于清洁、保护、美化，可概括为如下5个方面。

（1）清洁作用 清除皮肤、毛发等部位沾染的污垢，以及人体分泌代谢过程中产生的不洁物质，保持皮肤、毛发等部位洁净。如洁面面膜、清洁乳液、洗发香波等。

（2）保护作用 保护皮肤、毛发等部位，以抵御寒冷、紫外线辐射等的损害。如雪花膏、防晒霜、发乳等。

（3）美化作用 美化皮肤、毛发等部位，使之增加魅力或散发香气，以达到掩盖皮肤、毛发等部位缺陷。如香粉、胭脂、口红、香水等。

（4）营养作用 通过添加各类营养物质，补充和改善皮肤及毛发营养状况，减缓皮肤衰老，防止脱发等。如人参霜、珍珠膏、人参发乳等。

（5）特殊功能作用 预防和治疗皮肤、毛发等部位的生理病理现象。如粉刺霜、祛臭剂、雀斑霜等。

#### （三）化妆品的分类

化妆品的种类繁多，其分类方法也五花八门，有按功能（用途）分类，按剂型（外观、生产工艺和配方特点）分类，按使用部位分类，按使用年龄、性别分类，按中华人民共和国国家标准GB/T 18670—2002分类。

**1. 按功能（用途）分类**

（1）清洁类 如清洁霜（蜜）、浴液、洗发液、清洁面膜等。

（2）护理类 如润肤霜、护发素、润唇膏等。

（3）美容修饰类 如粉底、遮盖霜、唇膏、胭脂、眼影、发胶、摩丝、焗油膏等。

（4）营养类　如人参霜、丝素霜、珍珠霜等。

（5）特殊用途类　如生发剂、染发（烫发）剂、脱毛剂、减肥霜、祛斑霜等。

**2. 按剂型（外观、生产工艺和配方特点）分类**

（1）水剂（液体状）类化妆品　如香水、化妆水、奎宁头水、祛臭水、普通洗发香波、浴液等。

（2）油剂类化妆品　如发油、防晒油、浴油、按摩油等。

（3）乳剂类化妆品　如润肤霜、润肤奶液等。

（4）悬浮状化妆品　如粉底乳液等。

（5）块状化妆品　如胭脂、粉饼等。

（6）粉状化妆品　如爽身粉、痱子粉、香粉等。

（7）薄膜状化妆品　如清洁面膜等。

（8）纸状化妆品　如香粉纸。

（9）凝胶状化妆品　如抗水性保护膜、面膜等。

（10）气溶胶化妆品　如喷发胶、摩丝等。

（11）膏状化妆品　如洗发膏、睫毛膏等。

（12）锭状化妆品　如唇膏、眼影膏等。

（13）蜡状化妆品　如发蜡。

（14）笔状化妆品　如唇线笔、眉笔等。

（15）珠光状化妆品　如珠光香波、珠光指甲油等。

**3. 按使用部位分类**

（1）皮肤用化妆品类　如洗面奶、面膜、润肤乳、化妆水、粉底、遮盖霜、胭脂等。

（2）毛发用化妆品类　如洗发液、护发素、摩丝、烫发剂、染发剂等。

（3）唇、眼、口腔用化妆品类　如唇膏、唇线笔、眼影、眼霜、睫毛膏、牙粉、含漱水等。

（4）指甲用化妆品类　如指甲油、洗甲液、护甲水等。

**4. 按使用年龄、性别分类**

（1）儿童用化妆品类　如儿童护理液、儿童护理奶液、儿童浴液等。

（2）老年人用化妆品类　如护手霜、护脚霜等。

（3）男士用化妆品类　如古龙水等。

（4）女士用化妆品类　如面霜、奶液等。

**5. 按中华人民共和国国家标准 GB/T 18670—2002《化妆品分类》分类**

按照标准 GB/T 18670—2002，根据产品功能和使用部位，化妆品可分为以下 3 类：

（1）清洁类化妆品；

（2）护理类化妆品；

（3）美容/修饰类化妆品。

 **【阅读材料 2-1】**

### 正确选用与使用化妆品

一、化妆品选用的基本要求

（1）所用的化妆品必须是优质的，至少是合格的。优质的、合格的化妆品是确保化妆品卫生安全使用的先决条件。

（2）要了解化妆品的性能，掌握其正确用法，及时察觉其弊害，并作出处理，加以防备。

（3）选用个体所适用的化妆品，在选用时最好先做斑贴试验，禁用致病化妆品。

（4）禁用引起皮肤不良反应的化妆品。有些化妆品使用后会出现一些比较短暂、轻微的反应，如光敏反应、皮肤炎症、色素变化等。遇到这些情况，应立即停用，换用另一种或另一牌号的化妆品。

（5）患有全身性疾病，尤其是急病、重病时，不宜化妆，至少不应浓妆。

（6）孕妇使用化妆品应格外谨慎。

（7）不能带妆入睡。带妆入睡会妨碍皮肤的新陈代谢，抑制皮肤的呼吸、排泄功能。

（8）严格按照化妆品的使用程序进行化妆。绝对不能颠倒顺序，草率从事。另外不同部位的化妆品绝对不能"张冠李戴"。

（9）合理保存化妆品，以防变质。

二、化妆品使用的基本程序

（1）洗面。油性皮肤需清除污尘和过多的皮脂，应使用洗净力强的碱性清洁剂；干性皮肤缺乏皮脂，只需清除污尘，应选用洗净力弱的弱酸性或中性清洁乳。

（2）润肤化妆水。它可补充皮肤水分和油脂，使之柔软、润滑，故应仔细擦拭全颜面；洗面后残留的污物可用润肤化妆水拭净，它还可清除干燥的角质屑。

（3）按摩霜。通常只用于夜晚，使用按摩霜按摩可改善血液循环，促进新陈代谢，使皮肤富有生气。

（4）乳液。早晚都应用，各种皮肤都可使用，使用时应涂遍全颜面，达到皮肤湿润程度，它可赋予皮肤润泽，使之"水灵"、光滑。

（5）面膜。每周做 1～2 次，它可促进皮肤新陈代谢，使之柔软、紧张。

（6）收敛化妆水。早晚使用，油性和干性皮肤均可使用收敛化妆水，以调整皮肤。油性皮肤用量多些，可抑制汗和皮脂的分泌；干性皮肤用量少些，轻轻拍擦即可。

（7）营养霜。油性皮肤用量少些，干性皮肤用量多些，一般只用于夜晚，能保持皮肤光滑、润泽。

引自万勇等编著．美容应用化妆品学 [M]．南昌：江西高校出版社，2000.

# 第二节　化妆品的标准和安全性

## 一、我国的化妆品标准

化妆品产品和所使用的原料必须符合国家标准，没有国家标准的必须符合行业标准，即符合化妆品的卫生标准和产品标准。

### （一）化妆品的卫生标准

化妆品卫生指标的检测按标准 GB 7916—87《化妆品卫生标准》、《化妆品卫生化学标准检验方法》和《化妆品微生物标准检验方法》执行。如表 2-1。

表 2-1　化妆品主要的有毒、有害物质检测标准

| 标　准　号 | 中文标准名 | | 实施日期 |
|---|---|---|---|
| GB 7916—87 | 化妆品卫生标准 | | 1987/10/01 |
| GB 7917.1—87 | 化妆品卫生化学标准检验方法 | 汞 | 1987/10/01 |
| GB 7917.2—87 | 化妆品卫生化学标准检验方法 | 砷 | 1987/10/01 |
| GB 7917.3—87 | 化妆品卫生化学标准检验方法 | 铅 | 1987/10/01 |
| QB/T 1864—1993 | 电位溶出法测定化妆品中的铅 | | 1994/07/01 |
| GB 7917.4—87 | 化妆品卫生化学标准检验方法 | 甲醇 | 1987/10/01 |
| GB 7918.1—87 | 化妆品微生物标准检验方法 | 总则 | 1987/10/01 |
| GB 7918.2—87 | 化妆品微生物标准检验方法 | 细菌总数测定 | 1987/10/01 |
| GB 7918.3—87 | 化妆品微生物标准检验方法 | 粪大肠菌群 | 1987/10/01 |
| GB 7918.4—87 | 化妆品微生物标准检验方法 | 绿脓杆菌 | 1987/10/01 |
| GB 7918.5—87 | 化妆品微生物标准检验方法 | 金黄色葡萄球菌 | 1987/10/01 |

（二）化妆品的安全标准

化妆品原料和产品的安全性评价按标准 GB 7919—87《化妆品安全评价程序和方法》执行，化妆品损害检测的一系列标准如表 2-2。

表 2-2　化妆品主要的安全标准

| 标　准　号 | 中文标准名 | 实施日期 |
| --- | --- | --- |
| GB 7919—87 | 化妆品安全评价程序和方法 | 1987/10/01 |
| GB 17149.1—1997 | 化妆品皮肤病诊断标准及处理原则　总则 | 1998/12/01 |
| GB 17149.2—1997 | 化妆品接触性皮炎诊断标准及处理原则 | 1998/12/01 |
| GB 17149.3—1997 | 化妆品痤疮诊断标准及处理原则 | 1998/12/01 |
| GB 17149.4—1997 | 化妆品毛发损害诊断标准及处理原则 | 1998/12/01 |
| GB 17149.5—1997 | 化妆品甲损害诊断标准及处理原则 | 1998/12/01 |
| GB 17149.6—1997 | 化妆品光感性皮炎诊断标准及处理原则 | 1998/12/01 |
| GB 17149.7—1997 | 化妆品皮肤色素异常诊断标准及处理原则 | 1998/12/01 |

（三）化妆品理化检测标准

许多化妆品的理化指标中都有 pH、浊度、相对密度的测定，我们称为通用理化指标。其检测按表 2-3 中标准执行。

表 2-3　化妆品通用的理化检测标准

| 标　准　号 | 中文标准名 | 实施日期 |
| --- | --- | --- |
| GB/T 13531.1—2000 | 化妆品通用试验方法　pH 值测定 | 2000/12/01 |
| GB/T 13531.3—1995 | 化妆品通用检验方法　浊度的测定 | 1996/12/01 |
| GB/T 13531.4—1995 | 化妆品通用检验方法　相对密度的测定 | 1996/12/01 |
| QB/T 2789—2006 | 化妆品通用试验方法　色泽三刺激值和色差$\triangle E*$测定 | 2006/10/11 |
| QB/T 2470—2000 | 化妆品通用试验方法　滴定分析（容量分析）用标准溶液的制备 | 2000/08/01 |

（四）常见化妆品的产品标准

化妆品的产品是多种多样的，每样产品均有各自的产品检测标准。见表 2-4。

表 2-4　常见化妆品产品的检测标准

| 标　准　号 | 中文标准名 | 实施日期 |
| --- | --- | --- |
| QB/T 1684—2006 | 化妆品检验规则 | 2007/08/01 |
| QB/T 1685—2006 | 化妆品产品包装外观要求 | 2007/08/01 |
| GB 5296.3—1995 | 消费品使用说明　化妆品通用标签 | 1996/12/01 |
| QB/T 1857—2004 | 润肤膏霜 | 2005/06/01 |
| QB/T 2286—1997 | 润肤乳液 | 1997/12/01 |
| QB/T 2874—2007 | 护肤啫喱 | 2008/03/01 |
| QB/T 1645—2004 | 洗面奶（膏） | 2005/06/01 |
| QB/T 2872—2007 | 面膜 | 2008/03/01 |
| QB/T 1974—2004 | 洗发液（膏） | 2005/06/01 |
| QB/T 1975—2004 | 护发素 | 2005/06/01 |
| QB/T 2835—2006 | 免洗护发素 | 2007/08/01 |
| QB/T 2284—1997 | 发乳 | 1997/12/01 |
| QB/T 1862—1993 | 发油 | 1994/07/01 |
| QB/T 2873—2007 | 发用啫喱（水） | 2008/03/01 |
| QB 1643—1998 | 发用摩丝 | 1999/12/01 |

| 标 准 号 | 中文标准名 | 实施日期 |
|---|---|---|
| QB 1644—1998 | 定型发胶 | 1999/12/01 |
| QB/T 1978—2004 | 染发剂 | 2005/06/01 |
| QB/T 2285—1997 | 头发用冷烫液 | 1997/12/01 |
| QB/T 2660—2004 | 化妆水 | 2005/06/01 |
| QB/T 1858.1—2006 | 花露水 | 2007/08/01 |
| QB/T 1858—2004 | 香水、古龙水 | 2005/06/01 |
| QB/T 1859—2004 | 香粉、爽身粉、痱子粉 | 2005/06/01 |
| QB/T 1976—2004 | 化妆粉块 | 2005/06/01 |
| QB/T 1977—2004 | 唇膏 | 2005/06/01 |
| QB/T 2287—1997 | 指甲油 | 1997/12/01 |

**（五）典型的化妆品添加剂的检验标准**

为了加强产品的功效和赋予产品某些特殊功能，化妆品中会加入一些添加剂，这些添加剂必须符合《化妆品卫生规范》的规定。其检测按表 2-5 中标准执行。

**表 2-5　典型的化妆品添加剂的检测标准**

| 标 准 号 | 中文标准名 | 实施日期 |
|---|---|---|
| QB/T 2333—1997 | 防晒化妆品中紫外线吸收剂定量测定　高效液相色谱法 | 1998/08/01 |
| QB/T 2334—1997 | 化妆品中紫外线吸收剂定性测定　紫外分光光度计法 | 1998/08/01 |
| QB/T 2407—1998 | 化妆品中 D-泛醇含量的测定 | 1999/06/01 |
| QB/T 2408—1998 | 化妆品中维生素 E 的测定 | 1999/06/01 |
| QB/T 2409—1998 | 化妆品中氨基酸含量的测定 | 1999/06/01 |
| QB/T 1863—93 | 染发剂中对苯二胺的测定　气相色谱法 | 1994/07/01 |
| QB/T 2488—2006 | 化妆品用芦荟汁、粉 | 2007/08/01 |

**（六）化妆品的其他标准**

化妆品的其他标准见表 2-6。

**表 2-6　化妆品的其他标准**

| 标 准 号 | 中文标准名 | 实施日期 |
|---|---|---|
| GB/T 18670—2002 | 化妆品分类 | 2002/09/01 |
| QB/T 2410—1998 | 防晒化妆品　UVB区防晒效果的评价方法　紫外吸光度法 | 1999/06/01 |
| SN/T 1032—2002 | 进出口化妆品中紫外线吸收剂的测定　液相色谱法 | 2002/06/01 |
| SN/T 1475—2004 | 化妆品中熊果苷的检测方法　液相色谱法 | 2005/04/01 |
| SN/T 1478—2004 | 化妆品中二氧化钛含量的检测方法　ICP-AES 法 | 2005/04/01 |
| SN/T 1495—2004 | 化妆品中酞酸酯的检测方法　气相色谱法 | 2005/04/01 |
| SN/T 1496—2004 | 化妆品中生育酚及 $\alpha$-生育酚乙酸酯的检测方法　高效液相色谱法 | 2005/04/01 |
| SN/T 1498—2004 | 化妆品中抗坏血酸磷酸酯镁的检测方法　液相色谱法 | 2005/04/01 |
| SN/T 1499—2004 | 化妆品中曲酸的检测方法　液相色谱法 | 2005/04/01 |

| 标 准 号 | 中文标准名 | 实施日期 |
|---|---|---|
| SN/T 1500—2004 | 化妆品中甘草酸二钾的检测方法 液相色谱法 | 2005/04/01 |
| SN/T 1780—2006 | 进出口化妆品中氯丁醇的测定 气相色谱法 | 2006/11/15 |
| SN/T 1781—2006 | 进出口化妆品中咖啡因的测定 液相色谱法 | 2006/11/15 |
| SN/T 1782—2006 | 进出口化妆品中尿囊素的测定 液相色谱法 | 2006/11/15 |
| SN/T 1783—2006 | 进出口化妆品中黄樟素和 6-甲基香豆素的测定 气相色谱法 | 2006/11/15 |
| SN/T 1784—2006 | 进出口化妆品中二噁烷残留量的测定 气相色谱串联质谱法 | 2006/11/15 |
| SN/T 1785—2006 | 进出口化妆品中没食子酸丙酯的测定 液相色谱法 | 2006/11/15 |
| SN/T 1786—2006 | 进出口化妆品中三氯生和三氯卡班的测定 液相色谱法 | 2006/11/15 |

### 二、化妆品的安全性

化妆品是以涂敷、揉擦、喷洒等不同方法，施加于人体皮肤、毛发、指甲、口唇和口腔等部位的日用化学品，其安全性尤其重要；为了向消费者提供符合安全卫生要求的化妆品，防止其对使用者造成危害，化妆品的原料与新产品必须按标准 GB 7919—87《化妆品安全评价程序和方法》规定，对在我国生产和销售的一切化妆品原料和产品进行试验，确保使用安全。

化妆品安全性评价程序共分为以下五个阶段。

#### 1. 第一阶段

为急性毒性和动物皮肤、黏膜试验。包括以下内容。

（1）**急性皮肤毒性试验** 是指受试物涂敷皮肤一次剂量后所产生的不良反应，它确定受试物能否经皮肤渗透和短期作用所产生的毒性反应，并为确定亚慢性试验提供试验依据。结果评价见表 2-7。

**表 2-7 化学物质的急性皮肤毒性（$LD_{50}$）分级**

| 级 别 | 极毒 | 剧毒 | 中等毒 | 低毒 | 无毒 |
|---|---|---|---|---|---|
| 兔涂皮 $LD_{50}$/（mg/kg） | <5 | 5～44 | 44～350 | 350～2180 | 2180 |

（2）**急性经口毒性试验** 是指受试物一次经口腔饲予动物所引起的不良反应，从而了解该化学物质与已知毒物的相对毒性，以及误服化妆品所带来的危害。结果评价见表 2-8。

**表 2-8 化学物质的急性经口毒性（$LD_{50}$）分级**

| 级 别 | 极毒 | 剧毒 | 中等毒 | 低毒 | 无毒 |
|---|---|---|---|---|---|
| 大鼠经口 $LD_{50}$/（mg/kg） | <1 | 1～50 | 50～500 | 500～5000 | 5000 |

（3）**皮肤刺激试验** 是指皮肤接触受试物后产生的可逆性炎性症状。结果评价：多次皮肤刺激试验刺激指数超过 30，病理组织检查积分超过 4，则判断为受试物对皮肤有明显刺激性。

（4）**眼刺激试验** 是指眼部表面接触受试物后产生的可逆性炎性变化。结果评价：一次或多次接触受试物，不引起角膜、虹膜和结膜的炎症变化，或虽然引起轻度反应，但这种改变是可逆的，则认为该受试物可以安全使用。

（5）**皮肤变态反应试验**　是指通过重复接触某种物质后机体产生的免疫传递的皮肤反应。结果评价见表 2-9。

表 2-9　致敏率

| 致敏率/% | 强度分类 | 致敏率/% | 强度分类 |
| --- | --- | --- | --- |
| 0～8 | 弱致敏物 | 65～80 | 强度致敏物 |
| 9～28 | 轻度致敏物 | 81～100 | 极强致敏物 |
| 29～64 | 中度致敏物 | | |

（6）**皮肤光毒反应试验**　是指不通过机体免疫机制，而由光能直接加强化学物质所致的原发皮肤反应。结果评价：凡是试验动物第一次与受试物接触，并在光能作用下引起类似晒斑的局部皮肤炎症反应，即可认为该受试物具有光毒作用。

（7）**皮肤光变态反应试验**　是指某些化学物质在光能参与下所产生的抗原抗体皮肤反应。结果评价：凡是化学物质单独与皮肤接触无作用，经过激发接触和特定的波长光照射后，局部皮肤出现红斑、水肿、甚至全身反应，而未照射部位无此反应者，可以认为该受试物是光敏感物质。

**2. 第二阶段**

为亚慢性毒性和致畸试验。包括以下内容。

（1）**亚慢性皮肤毒性试验**　是指将受试物重复涂抹在动物的皮肤上所引起的不良反应。进行本试验的目的是确定受试物多次重复涂抹皮肤可能引起健康的潜在危害，为提供经皮渗透的可能性。若试验结果表明受试物经皮吸收可能性甚微或几乎无可能性，则没有必要进行经皮慢性毒性和致癌试验。

（2）**亚慢性经口毒性试验**　是指动物多次重复经口接受化学物质所引起的不良反应。进行本试验的目的是确定受试物重复经口给予动物后可能引起健康的潜在危害性。

（3）**致畸试验**　是鉴定化学物质是否具有致畸性的一种方法。通过致畸试验，一方面鉴定化学物质有无致畸性，另一方面确定其胚胎毒作用，为化学物质在化妆品中安全使用提供依据。

**3. 第三阶段**

为致突变、致癌短期生物筛选试验。包括以下内容。

（1）**鼠伤寒沙门菌回复突变试验（Ames 试验）**　是指用来测定依赖于组氨酸的菌株产生不依赖于组氨酸的基因突变。

（2）**体外哺乳动物细胞染色体畸变和 SCE 检测试验**　是用哺乳动物细胞染色体畸变和姐妹染色单体交换率的检测来评价致突变物，是世界上常用的短期生物试验方法之一。

（3）**哺乳动物骨髓细胞染色体畸变率检测试验**　是动物以不同途径接触受试化学物后，用细胞遗传学的方法检测骨髓细胞染色体畸变率的增加，从而评价受试物的致突变性，进一步预测致癌的可能性。

（4）**动物骨髓细胞微核试验**　是一种用体内试验来检查骨髓细胞染色体畸变的方法，特别适用于检出纺锤体的部分损害而出现的染色体丢失或染色单体或染色体的无着丝点断片，从而来评价受试物是否具有染色体畸变作用。

（5）**小鼠精子畸形检测试验**　是用于鉴别可能引起精子发生功能异常以及引起突变的化学物质。

### 4. 第四阶段

为慢性毒性和致癌试验。包括以下内容。

（1）慢性毒性试验　是指动物长期接触受试物所引起的不良反应。本试验的目的是通过进行慢性毒性试验来确定动物长期接触化学物质后所产生的危害。慢性毒性试验为提供人体长期接触该化学物质的最大耐受量或安全剂量提供数据和资料。

（2）致癌试验　是指动物长期接触化学物质后所引起的肿瘤危害。进行致癌试验的目的是确定经一定途径长期给予试验动物不同剂量的受试物的过程中，观察其大部分生命期间肿瘤疾患产生情况。动物致癌试验为人体长期接触该物质是否引起肿瘤的可能性提供资料。

### 5. 第五阶段

为人体激发斑贴试验和试用试验。包括以下内容。

（1）人体激发斑贴试验　是借用皮肤科临床检测接触性皮炎致敏原的一种方法，进一步模拟人体致敏的全过程，以此预测受试物的潜在致敏原性。结果评价见表 2-10。

表 2-10　致敏原强弱标准

| 致敏比例 | 强度分类 | 致敏比例 | 强度分类 |
|---|---|---|---|
| 0～2/25 | 弱致敏原 | 14/25～20/25 | 强度致敏原 |
| 3/25～7/25 | 轻度致敏原 | 21/25～25/25 | 极强致敏原 |
| 8/25～13/25 | 中度致敏原 | | |

如果人体斑贴试验表明受试物为轻度致敏原及以上者，可做出禁止生产和销售的评价。

（2）人体试用试验　是指志愿者按日常使用方法或选用前臂屈侧 5cm×5cm 皮肤进行受试物试用试验，样本数为 200 人。结果评价：200 名受试者中有 1 人出现痒、热、刺痛感觉和皮肤脱屑、皲裂、红斑、水肿、丘疹、水疱、痤疮或色素沉着等局部皮肤反应，均可认为该受试物有皮肤刺激或致敏作用。

### 三、化妆品检测的特点

由于化妆品的种类繁多、组成复杂，测定方法多种多样，故化妆品检测的内容很丰富，具有以下特点。

（1）检测项目特殊化　化妆品的检测项目除一般的组分含量测定、物理常数测定外，还有一些比较特殊的检测项目，如化妆品的耐热、耐寒性能，卫生指标，微生物指标检测等。

（2）检测项目多样化　化妆品的品种多，除了耐热、耐寒性能，卫生指标，微生物指标这些共性的化妆品检测项目以外，还有许多特殊的检测项目，如乳液产品的离心检测、粉类产品的细度检测、化妆粉块产品的疏水性检测、洗发产品的泡沫检测、染发产品的染发能力、指甲油的干燥时间等。

（3）检测手段多样化　化妆品的检测手段既有常用的化学分析法，如容量分析法测定香波中活性物含量；也有先进的仪器分析法，如冷原子吸收法测定化妆品中的汞，分光光度法测定化妆品中的砷；还有不需要检测仪器与试剂，通过人的视觉、嗅觉对化妆品的感官指标（色泽、香型等）进行检测。

【阅读材料 2-2】

### 汞、砷、铅、甲醇的危害性

（1）汞　是人体非必需元素，自然界中，汞以单质、无机和有机化合物的形式出现，主要存在形式是硫化汞。汞及其化合物都具有不同程度的毒性。汞离子能干扰人皮肤内酪氨酸变成黑色素的过程，所以汞曾作为黑色素抑制剂被用于化妆品中。随着科学技术的发展，人们对汞化合物的毒性逐渐认识。对人体的肾、肝损害最大，可引起尿蛋白、血尿，严重可引起尿毒症甚至死亡。

我国的化妆品卫生标准中规定，除眼部化妆品（如眼影）可使用规定量的硫柳汞 0.007%（以汞计）之外，禁止使用其他含汞化合物。化妆品原料和其他原因引入化妆品的微量汞不得超过 1mg/kg。

（2）砷　砷的毒性与化学形态有关，不同形态毒性差别很大。砷化合物毒性顺序为：砷化氢＞氧化亚砷＞亚砷酸（无机物）＞砷酸＞砷的化合物（有机砷）＞单质砷。

砷及其化合物开发利用具有悠久的历史，在古代由于砷被误认为具有兴奋、强壮、抗衰老作用而用于保健和美容。随着砷化物开发利用，其污染也日趋严重。长期使用含砷高的化妆品可造成皮肤角质化和色素沉着，头发变脆、断裂脱落，严重者可患皮肤癌，所以我国化妆品卫生标准规定砷及其化合物为限用物。化妆品中砷的含量不得大于 10mg/kg。

（3）铅　是人体非必需元素。我国化妆品卫生标准规定：化妆品中铅含量不得超过 40mg/kg；含铅盐的染发化妆品含铅量不得超过 0.5%，并需在包装上注明含铅。在古代，铅曾是粉剂化妆品中的原料，用以增加皮肤的洁白。近代对铅毒性及代谢的研究，确认它可通过皮肤吸收而危害人类健康，影响造血系统、神经系统、肾脏、胃肠道、生殖功能、心血管、免疫与内分泌系统，特别是影响胎儿的健康。

（4）甲醇　主要经呼吸道和胃肠道吸收，皮肤也可部分吸收。甲醇吸收至体内后，在体内抑制某些氧化醇系统，抑制糖的需氧分解，造成乳酸和其他有机酸积累，从而引起酸中毒。甲醇主要作用于中枢神经系统，具有明显的麻醉作用，可引起脑水肿；对视神经及视网膜有特殊选择作用，引起视神经萎缩，导致双目失明。因为甲醇毒性较强，故化妆品卫生标准规定甲醇为禁用物质。化妆品中含有的甲醇杂质含量不得大于 2000mg/kg。

引自郑星泉等编著. 化妆品卫生检验手册［M］. 北京：化学工业出版社，2003.

## 第三节　化妆品的抽样、取样及样品预处理

### 一、抽样

标准 QB/T 1684—2006《化妆品的检验规则》中对抽样有如下表述：工艺条件、品种、规格、生产日期相同的产品为一批，在交收检测抽样时，对感官理化指标和卫生指标检测的抽样，按检测项目随机抽取相应的样本，作各项感官理化指标和卫生指标的检测；对质量（容量）指标检测，随机抽取 10 份单位样本，按相应的产品标准试验方法，称取其平均值。在型式检测抽样时，常规检测项目以交收检测结果为依据，不再重复抽样；而非常规检测项目可从任一批产品中抽取 2～3 单位样本，按产品标准规定的方法检测。

为了使检测分析结果能正确反映化妆品的质量，在化妆品的抽（采）样过程中应注意以下几点要求。

（1）提供的样本应严格保持原有的包装状态，容器不得沾污、破损。

（2）采样应按随机抽样原则，并应满足检测所需的样品量。每个批号不得少于 6 个最小包装单位（除有另行规定外），以确保采集的样品具有代表性。

（3）所采集的样本必须贴上标签，内容有化妆品名称、生产厂家、批号或生产日期、采样时间和地点、抽样人员、审核人等。

（4）采集的样本必须按该产品的使用说明书贮存，一般样本应在室温避光（除非特别指定者外）保存。

（5）分析前才可打开样本原包装。

（6）未开封样本应保存待查，一般保留时间 1 年。

## 二、取样

在取样分析之前，应首先检查样品封口、包装容器的完整性，并使样品彻底混合。打开包装后，应尽可能快地取出所要测定部分进行分析，如果样品必须保存，容器应该在充惰性气体下密闭保存。取样的方法应根据产品的性质、包装物的形状而采取不同的方法。

### 1. 液体产品的取样

液体样品是指流动态的液态产品，如香水、化妆水、润肤液等。

液体产品的取样要求是：取样前剧烈振摇容器，使内容物混匀，打开容器，取出足够量的待分析样品，然后仔细地将取完样的容器严密封闭，留作下一检测项目用。

### 2. 半流体产品的取样

半流体样品是指呈均匀状态的乳胶类化妆品，如霜、蜜、凝胶类等。半流体产品的取样要求如下。

（1）细颈容器包装类　将最初挤出的不少于 1cm 长的样品丢弃，然后挤出足够量的待分析样品，仔细地将取完样的容器严密封闭，待分析下一检测项目用。

（2）广口容器包装类　先刮弃表面层后，取出足够量的待分析样品，然后仔细地将取完样的容器严密封闭，待分析下一检测项目用。

### 3. 固体产品的取样

固体样品是指呈固态的化妆品，如香粉、痱子粉、粉饼、口红等。固体产品的取样要求如下。

（1）散粉类　取样前剧烈振摇容器，使内容物混匀，打开容器，移取足够量的待分析样品，然后仔细地将取完样的容器严密封闭，待分析下一检测项目用。

（2）块、蜡状类　先刮弃表面层后，取出足够量的待分析样品，然后仔细地将取完样的容器严密封闭，待分析下一检测项目用。

## 三、样品的预处理

### （一）测定无机成分的样品预处理

测定化妆品卫生指标中的汞、砷、铅等元素一般采用原子吸收光谱法、电化学法以及比色分析法等，这些分析方法均要求把分析试样首先转变成均匀的溶液，然后再进行定量分析；同时这些元素在样品中含量一般是很低的，而样品中的大量基体成分会对测试带来困难。因此，有必要除去试样中有机成分，较常用的消解方法有干式处理法与湿式处理法。

### 1. 干式处理法（干灰化法）

是在供给能量的前提下直接利用氧以氧化分解样品中有机物的方法。它包括高温炉干灰化法、氧瓶燃烧法、氧弹法、等离子氧低温灰化法等。

（1）高温炉干灰化法　是将装有样品的器皿放在高温炉内，利用空气中的氧在高温（450～850℃）下将有机物炭化和氧化；以及挥发掉易挥发性组分；与此同时，试样中不挥发性组分转变为单体、氧化物或耐高温的盐类；然后用稀酸分数次溶解灰分，并移入容量瓶，用纯水定容，分析。

高温炉干灰化法分解有机物是最古老也是最简单的方法；一般操作分为干燥、炭化、灰化和溶解灰分残渣几个过程。为防止样品在高温炉内燃烧、爆溅，在样品放入炉之前多预先用小火、电炉或红外灯将其彻底干燥、炭化。近年来，由于微型电子计算机控制升温的高温炉的出现，也可直接将样品放入高温炉内，通过预先设定的程序控制升温速度、保温时间，使其经过干燥、炭化再灰化。

(2) 氧瓶燃烧法 是试样在充氧的玻璃瓶内燃烧后，用溶剂吸收待测元素的简单快速方法。由于其氧气压力为大气压，瓶内氧量有限，本法只适于小量有机物中易氧化元素的测定，如汞、碘等。

(3) 氧弹法 是将氧气压入氧弹，使有机物迅速燃烧灰化，然后用无机酸或其他适宜的溶剂（或熔剂）处理，以使待测元素全部转入溶剂中。本法氧化样品快速，不存在易挥发元素丢失等优点，特别适宜 Hg、Se、I 等测定的样品前处理，但需一定装置，在国内尚少使用。

(4) 等离子氧低温灰化法 是在低温下（100～300℃）利用高能态活性氧原子氧化有机物。等离子体氧低温灰化法是一种新的干灰化法，与高温炉灰化法相比，有明显的优点。由于氧等离子体低温灰化法试验条件的参数复杂，多数情况下试验条件很难重现，在国内外标准检测方法中，等离子氧低温灰化法尚很少采用。

**2. 湿式处理法**

包括常压下的湿消解法、加压湿消解法及浸提法。

(1) 湿消解法（湿灰化法） 是利用氧化性酸和氧化剂对有机物进行氧化、水解，以分解有机物。湿消解法中最常用的氧化性酸和氧化剂有硫酸（$H_2SO_4$）、硝酸（$HNO_3$）、高氯酸（$HClO_4$）和双氧水（$H_2O_2$）。单一的氧化性酸在操作中或则不易完全将试样分解，或则在操作时容易产生危险，在日常工作中多不采用。联合使用两种或两种以上氧化剂或氧化性酸，以发挥各自的特点，使有机物能够高速而又平稳地消解。

(2) 加压湿消解法 是加热密闭容器，利用升高压力、提高酸的沸点和浸透力以加速样品的消解。加压湿消解法较常规湿消解法的优点是省时、设备简单、不需要通风设备等，并可以减除易挥发元素的损失。

加压湿消解法因使用装置和热源的不同而有用非密闭容器的压热法、用密闭容器的封管法、聚四氟乙烯压力罐法和微波消解法；其中微波消解法在化妆品元素分析中是较常见的方法，其原理是在微波电场的作用下，分子产生高速的碰撞和摩擦而产生高热；在加压的条件下，酸的氧化及活性增加；从而使化妆品在较短的时间内被消解，使化妆品中铅、汞、砷以离子状态存在于试液中。

(3) 浸提法 是利用浸提液能解离某些样品组分与待测元素结合的键，并对待测元素或含待测元素的组分有良好溶解力的特性，将试样中含有待测元素的部分浸提出来。

由于浸提法未经激烈反应，有机物没有全部破坏分解，被它浸提的仅限于以游离形式存在或结合键易被破坏的元素，或能溶于浸提液的含待测元素的分子，浸提的待测元素可能不是总量。由于这是一种比较简单、安全，并且在某种情况下具有特殊意义的样品预处理方法；是化妆品卫生化学标准检验方法（GB 7917—87）在测定粉类、霜、乳等化妆品中汞和铅的样品预处理方法之一。

**（二）测定有机成分的样品预处理**

化妆品基体中大多数的组分为有机成分，在化妆品卫生规范（2002 年版）中规定的禁用物质、限用物质和限用防腐剂、紫外线吸收剂、着色剂中也有 90% 以上为有机物。因此，化妆品中有机成分的分析在化妆品分析中非常重要。

测定有机成分样品预处理的目的是将待测物从基体中提取、纯化、分离和富集，以满足后继定量分析。然而，化妆品中有机成分分析的样品处理非常复杂，主要是处理的样品涉及的基体类型多种多样，有液体（香水、化妆水、润肤液）、半流体（霜、蜜、凝胶）、固体

（唇膏、粉饼、口红）、气溶胶（摩丝）等；但从样品处理过程中可简单地分为两步，第一步为"提取"，第二步为"纯化、分离"。

**1. 提取**

是指将待测有机成分与试样的大量基体进行粗分离。提取方法主要有两种：溶解抽提和水蒸气蒸馏。

（1）溶解抽提　是指利用化妆品各组分理化性质（溶解度）的不同，选用适当溶剂将待测有机成分溶解从而和基体组分分离。

在考虑溶解抽提时，所选用的溶剂要尽量对待测成分有极佳的溶解度，对非待测成分及基体成分溶解度极小或不溶，沸点较低，易于蒸除，也就是注重于"全量抽提"。至于同时被抽提溶解的众多其他成分，留待"纯化和分离"再处理。有时为了加速全量溶解和抽提，在选用适宜的溶剂后，可以适当提高温度或采用振荡或超声提取来增加溶解效率；最后可用过滤或离心的手段将抽提溶液与样品基体残渣分离。

（2）水蒸气蒸馏　是指借助水蒸气蒸馏而使分子量较小且有不止一个官能团的有机物与基体分离，是一种简便的分部分离方法，但它的应用受待测组分沸点的限制。

如将化妆品样品加入足量的水和调整溶液为酸性，进行蒸馏；溶液中的苯甲酸、水杨酸、对羟基苯甲酸等含—COOH 的低沸点的有机酸性化合物均可馏出。若溶液调整为碱性，溶液中含—$NH_2$、C ═NH 等碱性基团的低沸点的有机碱性化合物可馏出。

**2. 纯化、分离**

是指将待测成分与其他干扰测定的成分进行进一步的分离、纯化，以满足分析方法的要求。经提取过程的样品液不能满足后面的定量分析方法，就需要做进一步的纯化或分离。化妆品分析中常使用的纯化或分离方法有液-液萃取法、柱色谱法、薄层色谱法。

（1）液-液萃取法　是指利用待测有机物（溶质）在不相混溶的两个液相（溶质从母相 A 转到萃取相 B）间的转移来实现的，它是实验室里常用的一种有效的分离方法。

（2）柱色谱法　是指利用不同溶质分子在吸附剂（固定相）和洗脱剂（流动相）之间的不同吸附、解吸（溶解）能力而彼此分离。它是样品负荷量大、价格低廉的一种色层法，适用于日常工作的样品分离纯化。

（3）薄层色谱法　吸附剂（或载体）均匀地铺在一块玻璃板上形成薄层，干燥、活化后，把待分析的样品点样在薄层的一端；样品溶液挥发干燥后，将薄层板放在一展开槽中，向展开槽中倒入适量合适的溶剂，盖紧盖子。溶剂借助于薄层板上吸附剂的毛细管作用，由下向上移动（展开），各组分在吸附剂和溶剂之间发生连续不断的吸附、脱附、再吸附、再脱附。易被吸附的物质相对移动得慢一些，而较难吸附的物质则相对移动得快一些，从而使各组分有不同的移动速度而彼此分开，形成分离的斑点。采用适当的手段（如比较比位移值 $R_f$ 值或在紫外灯下观察）检测斑点可进行定量分析。它是一种方便、简易、常用的分离方法。

**（三）微生物检测的样品预处理**

标准 QB/T 1684—2006《化妆品的检验规则》、GB 7918.1—87《化妆品微生物标准检验方法　总则》中对供检样品的采集和处理都有规定，用于微生物检测的样品应具有代表性，严格保持原有的包装状态，容器不应有破裂，在检测前不得启开，确保从开封到全部检测操作结束，按无菌操作规定进行，以防再污染。检测时可从任一批产品中抽取 2～3 单位样本，共取 10g 或 10mL；包装量小的样品，取样量可酌减，并按微生物检测要求对供检样品作如下预处理。

## 1. 培养基和试剂的制备

（1）生理盐水　称取氯化钠 8.5g，溶解于 1000mL 蒸馏水，然后分装到加玻璃珠的锥形瓶内，每瓶 90mL，121℃、20min 高压灭菌。

（2）SCDLP 液体培养基　称取酪蛋白胨 17g、大豆蛋白胨 3g、氯化钠 5g、磷酸氢二钾 2.5g、葡萄糖 2.5g、卵磷脂 1g、吐温-80 7g；量取蒸馏水 1000mL。将上述成分混合后，加热溶解，调 pH 为 7.2～7.3，分装，121℃、20min 高压灭菌。注意振荡，使沉淀与底层的吐温-80 充分混合，冷却至 25℃ 左右使用（注：如无酪蛋白胨和大豆蛋白胨，也可用日本多胨代替）。

（3）灭菌液体石蜡、灭菌吐温-80　将液体石蜡、吐温-80 于 121℃、20min 高压灭菌。

## 2. 不同类型样品的待测样制备

（1）液体样品　是指透明或半透明的溶液状，如化妆水类、香水类、冷烫液、部分洗发液、头油等。此类样品可用容量法量取，制成 1:10 的稀释液。

① 水溶性的液体样品　可量取 10mL，加到灭菌的带玻璃珠及 90mL 生理盐水的锥形瓶中，混匀后，制成 1:10 的稀释液。如样品少于 10mL，仍按 10 倍稀释法进行。如为 5mL，则加 45mL 灭菌生理盐水，混匀后，制成 1:10 的稀释液。

② 油性液体样品　可量取 10mL 样品，先加 5mL 灭菌液体石蜡混匀，再加 10mL 灭菌的吐温-80，在 40～44℃ 水浴中振荡混合 10min，加入灭菌的生理盐水 75mL（在 40～44℃ 水浴中预温），在 40～44℃ 水浴中乳化，制成 1:10 的稀释液。

（2）半流体产品　是指乳剂、膏霜类，如奶液、润肤霜、雪花膏、冷霜、凝胶类等。此类样品可用称量法称取，制成 1:10 的稀释液。

① 亲水性类的样品　称取 10g，加到灭菌的带玻璃珠及 90mL 灭菌生理盐水的锥形瓶中，充分振荡混匀，放 32℃ 水浴静置 15min。用其上清液作为 1:10 的稀释液。

② 疏水性类的样品　称取 10g，放到灭菌的研钵中，加 10mL 灭菌液体石蜡，研磨成黏稠状，再加 10mL 灭菌吐温-80，研磨待溶解后，加 70mL 灭菌生理盐水，在 40～44℃ 水浴中充分混合，制成 1:10 的稀释液。

（3）固体样品　是指呈固态的化妆品，如香粉、痱子粉、粉饼、口红等。此类样品可用称量法称取，制成 1:10 的稀释液。

① 粉体类样品　称取 10g，加到灭菌的带玻璃珠及 90mL 灭菌生理盐水的锥形瓶中，充分振荡混匀，再放到 30～32℃ 水浴中静置 15min，取上清液作为 1:10 的稀释液。

② 蜡状类　称取 10g，放到灭菌的研钵中，加 10mL 灭菌液体石蜡，研磨成黏稠状，再加 10mL 灭菌吐温-80，研磨待溶解后，加 70mL 灭菌生理盐水，在 40～44℃ 水浴中充分混合，制成 1:10 的稀释液。

如有均质器，上述水溶性膏、霜、粉剂等，可称 10g 样品加 90mL 灭菌生理盐水，均质 1～2min；疏水性膏、霜及眉笔、口红等，称 10g 样品加 90mL SCDLP 液体培养基，或 1g 样品加 1mL 灭菌液体石蜡、1mL 灭菌吐温-80、7mL 灭菌生理盐水，均质 3～5min。

# 第四节　化妆品的检测项目

依据 GB 7916—87《化妆品卫生标准》中规定的《化妆品卫生化学标准检验方法》和《化妆品微生物标准检验方法》、QB/T 1684—2006《化妆品检验规则》、QB/T 1685—2006《化妆品产品包装外观要求》和特有的化妆品产品标准（如 QB/T 1857—2004《润肤膏霜》）

的规定，可知化妆品产品的检验一般包括：化妆品外观检验，化妆品感官指标检验，化妆品通用理化指标检验，化妆品卫生指标检验，化妆品微生物指标检验五个部分。

### 一、化妆品外观检验

化妆品外观检验依据标准 QB/T 1684—2006《化妆品检验规则》、QB/T 1685—2006《化妆品产品包装外观要求》、GB 5296.3—1995《消费品使用说明　化妆品通用标签》和特有的化妆品产品标准之规定，主要检验以下项目。

（1）包装外观检验　检验瓶、盖、盒等包装的完整性。如不许有泄漏、裂纹等。

（2）标签检验　销售单元包装上的标签要标注以下内容。产品名称：反映化妆品真实属性的名称；净含量：××克（g）或××毫升（mL）；制造者（包括进口原产国）的名称、地址；生产日期和保质期（或限期使用日期）；生产许可证号；卫生许可证号（进口化妆品卫生许可证批准文号）；产品标准号；安全警告和使用指南（必要时）；说明书；合格证等。

（3）重量指标检验　随机抽取 10 份单位样本，按相应的产品标准中试验方法，称取其平均值，并计算允许差，根据标准判断。若指标不符合相应的产品标准时，允许进行加倍复检，仍不合格，可判为不合格批。

（4）容量指标检验　随机抽取 10 份单位样本，按相应的产品标准中试验方法，量取其平均值，并计算允许差，根据标准判断。若指标不符合相应的产品标准时，允许进行加倍复检，仍不合格，可判为不合格批。

### 二、化妆品感官指标检验

化妆品感官指标检验是指通过人的眼、鼻等器官的辨别力对产品进行质量检验。这种检验带有一定的主观性，只有在对产品比较了解，有一定生产知识和经验，才能准确而迅速地鉴别出来。化妆品感官指标主要有香气、色泽、外观（膏、水、粉、块等型）。

（1）香气　是指化妆品应有其规定香型，由企业根据市场需求而确定。

检验要求：根据产品标准所规定的方法，用嗅觉鉴定，香气应纯正，无异味，符合规定的香型。如 QB/T 2286—1997 润肤乳液，香气：用辨香纸蘸取试样，嗅觉判定，要求"符合企业规定"。又如 QB/T 1859—2004 香粉、爽身粉、痱子粉，香气：取适量粉样，涂抹在皮肤上，用鼻子嗅察，要求"符合规定香型"。

（2）色泽　是指化妆品应有其规定色泽，由企业根据市场需求而确定。

检验要求：根据产品标准所规定的方法，用眼在一定的光线条件下进行观察，色泽符合规定。如 QB/T 2286—1997 润肤乳液，色泽：取样品在非阳光直射条件下目测，要求"符合企业规定"。又如 QB/T 1859—2004 香粉、爽身粉、痱子粉，色泽：取适量粉样，置于白色衬物上，在室内光亮处用肉眼观察，要求"符合规定色泽"。再如 QB/T 1858—2004 香水、古龙水，色泽：取试样于 25mL 比色管内，在室温和非阳光直射下目测，要求"符合规定色泽"。

（3）外观　是指化妆品内容物所具有的形态。如膏、水、粉、块等型。

检验要求：根据产品标准所规定的方法，用眼在一定的光线条件下进行观察，外观符合规定。如 QB/T 2286—1997 润肤乳液，结构：将样品擦于皮肤上，在室内和非阳光直射下，观察是否细腻；要求"细腻"。又如 QB/T 1859—2004 香粉、爽身粉、痱子粉，粉体：取适量粉样，置于白色衬物上，在室内光亮处，用肉眼观察；要求"洁净，无明显杂质黑点"。再如 QB/T 1858—2004 香水、古龙水，清晰度：原瓶在室温和非阳光直射下 30cm 距离观察；要求"水质清晰，不得有明显杂质和黑点"。

### 三、化妆品通用理化指标检验

**（一）化妆品 pH 值的测定**

化妆品 pH 值的测定按标准 GB/T 13531.1—2000《化妆品通用试验方法　pH 值测定》的规定执行。

#### 1. 测定原理

通过测量浸入化妆品中的玻璃电极和参考电极之间的电位差来测定化妆品的 pH 值。

#### 2. 试剂

（1）实验室用水　按 GB/T 6682 中规定的三级水，其电导率小于等于 $14\mu S/cm$，用前煮沸（不含二氧化碳）冷却。

（2）缓冲溶液　从常用的缓冲溶液中选取两种用来校准 pH 计，它们的 pH 值应尽可能接近试样预期的 pH 值。缓冲溶液用上述要求的三级水配制。

① pH＝4.00 的标准缓冲溶液（20℃）　准确称取预先在（115±5）℃干燥过 2h 的优级纯邻苯二甲酸氢钾（$KHC_8H_4O_4$）10.21g，溶解于三级水（不含二氧化碳），并稀释至 1000mL，贮存于塑料瓶中。

② pH＝6.88 的标准缓冲溶液（20℃）　准确称取预先在（115±5）℃干燥过 2h 的优级纯磷酸二氢钾（$KH_2PO_4$）3.390g 以及优级纯无水磷酸氢二钠（$Na_2HPO_4$）3.550g，溶解于三级水（不含二氧化碳），并稀释至 1000mL，贮存于塑料瓶中。

③ pH＝9.22 标准缓冲溶液（20℃）　准确称取预先在（115±5）℃干燥过 2h 优级纯硼酸钠 3.810g，溶解于三级水（不含二氧化碳），并稀释至 1000mL，贮存于塑料瓶中。

另：也可采用商品包装，每一小袋定容于 100mL，即为相应温度的 pH 标准缓冲溶液。

不同温度时标准缓冲溶液 pH 值见表 2-11。

**表 2-11　不同温度时标准缓冲溶液 pH 值**

| 温度/℃ | 标准缓冲溶液 pH 值 | | | 温度/℃ | 标准缓冲溶液 pH 值 | | |
|---|---|---|---|---|---|---|---|
| | pH＝4.00 | pH＝6.88 | pH＝9.22 | | pH＝4.00 | pH＝6.88 | pH＝9.22 |
| 5 | 4.00 | 6.95 | 9.39 | 25 | 4.01 | 6.86 | 9.18 |
| 10 | 4.00 | 6.92 | 9.33 | 30 | 4.01 | 6.85 | 9.14 |
| 15 | 4.00 | 6.90 | 9.27 | 35 | 4.02 | 6.84 | 9.10 |
| 20 | 4.00 | 6.88 | 9.22 | 40 | 4.03 | 6.84 | 9.07 |

#### 3. 仪器

（1）pH 计　包括温度补偿系统，精度 0.02 以上。

（2）玻璃电极、甘汞电极或复合电极（新电极使用应根据说明书的要求进行处理）。

#### 4. 测定步骤

（1）试样的制备

① 稀释法　称取样品 1 份（精确至 0.1g），加入经过煮沸冷却后的实验室用水 10 份，加热至 40℃，并不断搅拌至均匀，冷却至规定温度，待用。

如为含油量较高的产品，可加热至 70～80℃，冷却后去除油块待用；粉状产品可沉淀过滤后待用。

② 直测法（不适用于粉类、油膏类化妆品及油包水型乳化体）　将适量包装容器中的样品放入烧杯中待用或将小包装去盖后直接将电极插入其中。

（2）仪器校正　按照 pH 酸度计的使用说明校正 pH 计，采取两点校正定位法，以减少线性误差、提高准确度；选择两个标准缓冲溶液，在规定的温度下进行校正，或在温度补偿系统下进行校正。

（3）测定　电极、洗涤用水和标准缓冲溶液的温度必须调至规定的温度，彼此间温度越接近越好，或同时调节至室温校正。

仪器校正后，首先用实验室用水清洗电极，然后用滤纸吸干。将电极小心插入试样中，使电极浸没，待 pH 值读数稳定后，记录读数，读毕，必须彻底清洗电极，浸泡在蒸馏水中待用。

（4）分析结果的表述　pH 值的结果以两次测量的平均值表示，精确度为 0.1。

**（二）化妆品浊度检验**

化妆品浊度检验按标准 GB/T 13531.3—1995《化妆品通用检验方法　浊度的测定》的规定执行。

**1. 仪器**

（1）温度计　分度值 ±0.2℃。

（2）玻璃试管　直径 2cm、长 13cm 和直径 3cm、长 15cm 两种。也可使用磨口凝固点测定管。

（3）烧杯　1000mL。

**2. 测定步骤**

在 1000mL 烧杯中放入冰块或冰水，或者其他的低于测定温度 5℃ 的适当的冷冻剂。取试样一份，倒入预先烘干的 $\varphi 2cm \times 13cm$ 玻璃试管中，样品高度为试管长度的 1/3。用串联温度计的塞子塞紧试管口，使温度计的水银球位于样品中间部分。然后在装有样品的 $\varphi 2cm \times 13cm$ 玻璃试管外部套上另一支 $\varphi 3cm \times 15cm$ 的试管，使装有样品的试管位于套管的中间，注意不要使两支试管的底部相接触。将试管置于加了冷冻剂的 1000mL 烧杯中冷却，使试样温度逐步下降，观察到达规定温度时的试样是否清晰。如图 2-1。

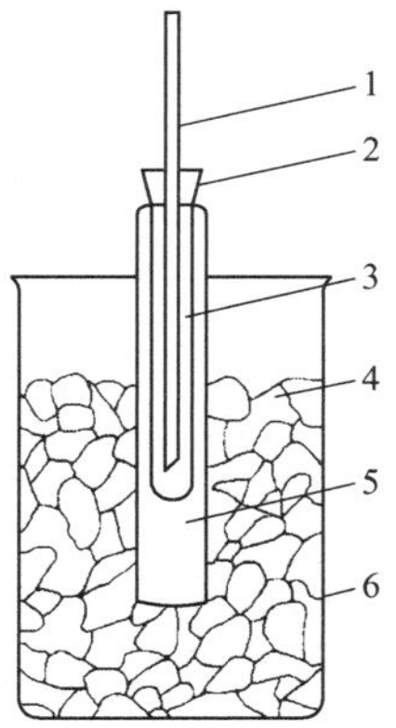

重复测定一次，观察两次结果是否一致。

**3. 结果判定**

在规定温度时，试样仍与原样的清晰程度相等，则该试样通过在规定温度下的浊度检验。检验结果为清晰，不浑浊，两次结果应一致。

**（三）化妆品相对密度检验**

化妆品相对密度检验按标准 GB/T 13531.4—1995《化妆品通用检验方法　相对密度的测定》的规定执行。

**1. 原理**

通过分别测量一定温度（一般是指 20℃ 时）下相同体积的产品和纯水的质量，测定的产品的质量和纯水的质量之比即为相对密度。

**2. 仪器**

（1）超级恒温水浴　温控精度 ±0.5℃。

（2）密度瓶　25mL 附温度计的密度瓶。

（3）密度计　分度值为 0.01。

（4）温度计　0～100℃，分度值为 1℃。

图 2-1　浊度测定
1—温度计；2—软木塞；3—试管；4—冰水；5—外套试管；6—烧杯

（5）量筒　250mL。

（6）分析天平。

**3. 测定步骤**

相对密度的测定有两种方法。第一种为密度瓶法，第二种为密度计法。

（1）密度瓶法

① 水值的测定　依次用铬酸洗液、蒸馏水、乙醇、乙醚仔细洗净密度瓶，干燥至恒重，称量得空密度瓶的质量 $m_0$（精确至 0.0002g）。然后加入刚经过煮沸而冷却至比规定温度低约2℃的蒸馏水，装满密度瓶（如图 2-2），插入温度计，然后将密度瓶置于规定温度（20℃）的恒温水浴中，保持 20min，用滤纸擦去毛细管溢出的水，盖上小帽，并擦干密度瓶外部的水，称其质量得水和密度瓶质量之和 $m_1$（精确至 0.0002g）。

按下式计算水值：

$$W = m_1 - m_0$$

式中　$W$——水的质量，g；

$m_1$——水和密度瓶质量之和，g；

$m_0$——空密度瓶的质量，g。

② 试样的测定　将试样小心地加到同一已知水值和瓶重的洁净干燥的密度瓶中，插入温度计，按照水值测定方法中规定的进行恒温，称重，得试样和密度瓶质量之和 $m_2$（精确至 0.0002g）。

③ 相对密度的计算　试样的相对密度按下式计算：

$$D = \frac{m_2 - m_0}{W}$$

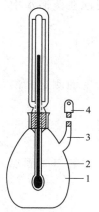

图 2-2　密度瓶
1—比重瓶；2—温度计；3—支管；
4—小帽子

式中　$D$——试样（20℃）的相对密度；

$m_2$——试样和密度瓶质量之和，g；

$m_0$——空密度瓶的质量，g。

（2）密度计法

① 水值的测定　将蒸馏水置于洁净干燥的量筒中，再将量筒置于规定温度（20℃）的恒温水浴中，保持 20min，待蒸馏水达到规定温度后，用洁净的密度计慢慢放入水中，立在中央，不可与筒壁接触。密度计上若无温度计，需另悬挂温度计于水中，温度计不可触及密度计。当温度稳定到规定温度（20℃）后，以目平视，读取密度计刻度杆与水面相切的刻度（按弯月面的上边缘从上到下读出刻度，见图 2-3），并记录。

② 样品的测定　将样品加入到洁净干燥的量筒中，恒温，测量如水值的测定。

③ 相对密度的计算

$$D = \frac{\rho_1}{\rho_0}$$

式中　$D$——试样（20℃）的相对密度；

$\rho_1$——试样（20℃）的密度，g/mL；

$\rho_0$——水（20℃）的密度，g/mL。

以两次测定结果的平均值作为最后结果，两次平行试验误差不应大于 0.02。

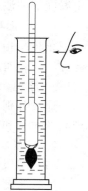

图 2-3　密度计的使用

（四）化妆品的稳定性试验

（1）耐热试验 耐热试验是膏霜、乳液和液状化妆品基本且十分重要的稳定性检验项目，各类化妆品的剂型不同，因此它们的耐热要求和试验操作也各不相同。

① 主要仪器 0～100℃温度计一支，精度0.5℃；电热恒温培养箱一台，灵敏度±1℃。

② 测定步骤 选2瓶（份），一瓶放于室温保存做参比样，另一瓶放置于恒温在规定温度的电热恒温箱中，保持一段时间后，取出耐热样品同参比样比较，观察其变化，合格的化妆品不应有油水分离现象。

化妆品的耐热指标和试验操作可见各类化妆品产品标准。如QB/T 2286—1997《润肤乳液》，耐热测定步骤：将试样分别倒入2支$\varphi$2cm×12cm的试管内，使液面高度约80mm，塞上干净的软木塞。把一支待验的试管置于预先将温度调节到（40±1）℃的电热恒温培养箱内，保持24h后取出，恢复室温后，与另一支试管的试样进行目测观察比较。试样应无油水分离现象。

（2）耐寒试验 耐寒试验也是膏霜、乳液和液状化妆品十分重要的稳定性检验项目，各类化妆品的剂型不同，因此它们的耐寒要求各不相同。

① 主要仪器 温度计一支，精度0.5℃；冰箱一台，灵敏度±2℃。

② 测定步骤 选2瓶（份），一瓶放于室温保存做参比样，另一瓶放置于规定温度的冰箱中，保持一段时间后，取出恢复至室温同参比样比较，观察其变化，合格的化妆品不应有油水分离现象。

化妆品的耐寒指标和试验操作可见各类化妆品产品标准。如QB/T 2286—1997《润肤乳液》，耐寒测定步骤：将试样分别倒入2支$\varphi$2cm×12cm的试管内，使液面高度约80mm，塞上干净的软木塞。把一支待验的试管置于预先将温度调节到（－5～－15）℃±1℃的电冰箱内，保持24h后取出，恢复室温后，与另一支试管的试样进行目测观察比较。试样应无油水分离现象。

（3）离心试验 离心试验是检验乳液类化妆品寿命的试验。一般以2000～4000r/min的转速离心，试验30min后观察产品的分层、分离情况。

① 主要仪器 离心机一台；10mL刻度的离心管两支；0～100℃、精度0.5℃温度计一支；灵敏度±1℃电热恒温培养箱一台。

② 测定步骤 在离心管中注入试样，约三分之二高度，并装实，用软木塞塞好。然后放入预先调节到（38±1）℃的电热恒温培养箱内，保持1h，取出立即放入离心机中，并将离心机调整到2000r/min的离心速度，旋转30min，取出观察，判断是否符合产品标准规定。

（4）色泽稳定性试验 色泽稳定性试验是检验有颜色的化妆品色泽是否稳定的试验。不同类的化妆品选用不同的检验方法，根据产品检验标准一般有两种，一是紫外线照射法，二是干燥箱加热法。

① 紫外线照射法

a. 主要仪器 $\varphi$8cm配有石英玻璃盖的培养皿；25mL具塞比色管；20W紫外线灯。

b. 测定步骤 将一份试样装入具塞比色管中，用作参比。另一份试样放入培养皿中，将培养皿放在紫外线灯下，盖上石英玻璃盖，距离30cm垂直照射6h。然后将试液转移至具塞比色管中，置于白色衬物上，在非直射阳光条件下，与参比进行比较。要求：符合产品规定。

② 干燥箱加热法

a. 主要仪器　$\varphi2cm\times13cm$ 玻璃试管两支；$0\sim100℃$、精度 $0.5℃$ 温度计一支；灵敏度 $\pm1℃$ 电热恒温培养箱一台。

b. 测定步骤　将试样一式两份，分别倒入 $\varphi2cm\times13cm$ 玻璃试管中，样品高度约为试管三分之二处，并用干净软木塞塞好。把一支待测样的试管放入预先调节到（$48\pm1$）℃的电热恒温培养箱内，保持 24h 后取出，与另一份样品进行目测比较。要求：符合产品规定。

**（五）其他**

（1）黏度测定　黏度有时可衡量产品的质量好坏，通过黏度的测定可间接控制其他的指标，如流动性、浓度、透明度等。测定黏度常用的仪器为旋转式黏度计，它的工作原理是当转子（或转筒）在液体中以一定的转速转动时，克服液体的黏滞阻力所需的转矩与液体的黏度成正比。

① 主要仪器　精度 $0.2℃$ 的温度计一支；250mL 高型烧杯一只；NDJ-Ⅰ型旋转黏度计一台。

② 测定步骤　取适量样品于 250mL 高型烧杯中，水浴使之恒温（$25\pm1$）℃，用NDJ-Ⅰ

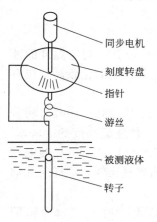

型旋转黏度计测定（见图 2-4）。测定时应按黏度计的使用说明正确选用转子型号和转速（当数值在 $0.4Pa\cdot s$ 附近时，用 $2^{\#}$ 转子，30r/min；当数值小于 $4Pa\cdot s$，用 $3^{\#}$ 转子，30r/min；……）。转子的刻度浸入试样中，且转子壁四周无气泡，在旋转 1min 后读数，保留一位小数。

按下式计算产品的黏度：

$$\eta=K\alpha$$

式中　$\eta$——绝对黏度；

　　　$K$——系数；

　　　$\alpha$——指针所指读数（偏转角度）。

（2）泡沫测定　泡沫是洗发类产品的重要指标，测定泡沫常用的仪器为罗氏泡沫仪。

① 主要的仪器与试剂　精度 $0.2℃$ 的温度计一支；1000mL 烧杯一只；分度值 0.1g 天平一台；精度 $\pm1℃$ 超级恒温仪一台；100mL

图 2-4　NDJ-Ⅰ型旋转
　　黏度计的构造

量筒；1500mg/kg 硬水〔称取 3.7g 无水硫酸镁（$MgSO_4$）和 5.0g 无水氯化钙（$CaCl_2$），充分溶解于 5000mL 蒸馏水中〕。

② 测定步骤　将超级恒温仪、罗氏泡沫仪恒温在（$40\pm1$）℃。称取 2.5g 样品，加入 1500mg/kg 硬水 100mL，再加入 900mL 蒸馏水，加热至（$40\pm1$）℃。搅拌使样品均匀溶解，用 200mL 定量漏斗吸取部分试液沿泡沫仪管壁冲洗一下。然后取试液放入泡沫仪底部对准标准刻度至 50mL，再用 200mL 定量漏斗吸取试液，固定漏斗在中心位置上并对准标线，放下试液，立即记下泡沫高度。结果保留整数。

### 四、化妆品的卫生检验

1987 年 5 月，我国第一部关于化妆品卫生质量的国家标准正式颁布，并于 1987 年 10 月 1 日起实施。化妆品卫生标准系列包括《化妆品卫生标准》、《化妆品卫生化学标准检验方法》、《化妆品微生物标准检验方法》、《化妆品安全性评价程序和方法》。

《化妆品卫生化学标准检验方法》（GB 7917.1～7917.4—87）包括化妆品中汞、砷、铅、甲醇四种有毒有害物质的检验方法。以下将分别加以介绍。

（一）汞含量的检验方法

化妆品中汞含量的检验方法是依据标准 GB 7917.1—87《化妆品卫生化学标准检验方法汞》中的规定执行。本标准适用于化妆品中总汞的测定，采用冷原子吸收分光光度法；本法最低检出量为 $0.01\mu g$ 汞，若取 1g 样品测定，最低检测浓度为 $0.01\mu g/g$。

**1. 原理**

汞蒸气对波长 253.7nm 的紫外线具有特征吸收。在一定的浓度范围内，吸收值与汞蒸气浓度成正比。样品经消解、还原处理将化合态的汞转化为元素汞，再以载气带入测汞仪，测定吸收值，与标准系列比较定量。

**2. 样品采集**

见第三节化妆品的抽样、取样及样品预处理。

**3. 试剂**

（1）去离子水或同等纯度的水　将一次蒸馏水经离子交换净水器净水，贮存于全玻璃瓶或聚乙烯瓶中。

（2）硝酸（密度 1.42g/mL）　优级纯。

（3）盐酸（密度 1.19g/mL）　优级纯。

（4）硫酸（密度 1.84g/mL）　优级纯。

（5）10％硫酸溶液。

（6）30％过氧化氢　分析纯。

（7）五氧化二钒　分析纯。

（8）20％氯化亚锡溶液　称取 20g 氯化亚锡（分析纯）置于 250mL 烧杯中，加入 20mL 浓盐酸（密度 1.19g/mL，优级纯），加水稀释至 100mL。

（9）10％重铬酸钾溶液　称取 10g 重铬酸钾（分析纯），溶至 100mL 水中。

（10）重铬酸钾硝酸溶液　取上述重铬酸钾溶液 5mL，加入硝酸（密度 1.42g/mL，优级纯）50mL，用水稀释至 1000mL。

（11）汞标准溶液

① 称取 0.1354g 氯化汞（$HgCl_2$，分析纯），置于 100mL 烧杯中，加入上述适量重铬酸钾硝酸溶液溶解。然后移入 1000mL 容量瓶中，再用重铬酸钾硝酸溶液稀释至刻度。此溶液每毫升含汞 $100\mu g$。

② 移取上述汞标准（$100\mu g/mL$）溶液 10.0mL，置于 100mL 容量瓶中，用上述重铬酸钾硝酸溶液稀释至刻度。此溶液每毫升含汞 $10.0\mu g$。此溶液可保存一个月。

③ 移取上述汞标准（$10.0\mu g/mL$）溶液 10.0mL，置于 100mL 容量瓶中，用重铬酸钾硝酸溶液稀释至刻度。此溶液每毫升含汞 $1.00\mu g$。此溶液临用前配制。

④ 移取上述汞标准（$1.00\mu g/mL$）溶液 10.0mL 至 100mL 容量瓶中，用重铬酸钾硝酸溶液稀释至刻度。此溶液每毫升含汞 $0.10\mu g$。

**4. 仪器**

50mL 比色管；100mL 锥形瓶；250mL 圆底烧瓶；40cm 长磨口球形冷凝管（全玻璃）；水浴锅；冷原子吸收测汞仪；汞蒸气发生瓶。

**5. 测定步骤**

（1）样品预处理　以下方法可任选一种。

① 湿式回流消解法

a. 称取待测试样约 1.00g，置于 250mL 圆底烧瓶中。随同待测试样做试剂空白。

b. 待测试样中如含有乙醇等有机溶剂，先在水浴或电热板上低温挥发（注意不得蒸干）。

c. 加入 30mL 硝酸（密度 1.42g/mL，优级纯）、5mL 水、5mL 硫酸（密度 1.84g/mL，优级纯）及数粒玻璃珠。置于电炉上，接上球形冷凝管，使冷凝水循环。

d. 加热回流消解 2h。消解液一般呈微黄或黄色。

e. 从冷凝管上口注入 10mL 水，继续加热回流 10min，放置冷却。

f. 用预先用水湿润的滤纸过滤消解液，除去固形物。如果试样含油脂、蜡质较多时，可预先将消解液冷冻使油质、蜡质凝固。

g. 用蒸馏水洗涤滤器数次，合并洗涤液于滤液中，定容至 50mL 备用。

② 湿式催化消解法

a. 称取待测试样约 1.00g，置于 100mL 锥形瓶中。随同待测试样做试剂空白。

b. 待测试样中如含有乙醇等有机溶剂，先在水浴或电热板上低温挥发（注意不得蒸干）。

c. 加入分析纯的五氧化二钒 50mg、7mL 浓硝酸（密度 1.42g/mL，优级纯）。置沙浴或电热板上用微火加热至微沸。取下放冷，加 8mL 硫酸（密度 1.84g/mL，优级纯），于锥形瓶口放一小玻璃漏斗，在 135～140℃ 温度下继续消解并于必要时补加少量硝酸，消解至溶液呈现透明蓝绿色或橘红色。冷却后，加少量水继续加热煮沸约 2min 以驱赶二氧化氮。定容至 50mL 备用。

③ 浸提法　本方法不适用于含蜡质样品。

a. 称取待测试样约 1.00g，置于 50mL 比色管中，随同待测试样做试剂空白。

b. 待测试样中如含有乙醇等有机溶剂，先在水浴上低温挥发（注意不得蒸干）。

c. 加入 5mL 硝酸（密度 1.42g/mL，优级纯）和 1mL 过氧化氢（30%），放置 30min 后，沸水浴加热约 2h。冷至室温，用 10% 硫酸定容至 50mL 备用。

（2）测定　移取 0.10μg/mL 的汞标准溶液 0mL、0.10mL、0.30mL、0.50mL、0.70mL、1.00mL、2.00mL 和空白溶液，适量样品溶液（上述三种样品预处理后得溶液之一），分别置于 100mL 锥形瓶中，用 10% 硫酸定容至一定体积，待用。

按仪器说明书调整好测汞仪。将标准系列、空白和样品逐个倒入汞蒸气发生瓶中，加入 2mL 20% 氯化亚锡溶液，迅速塞紧瓶塞。开启仪器气阀，待指针至最高读数时，记录其读数。

（3）绘制工作曲线，从曲线上查出测试液中汞含量。

### 6. 分析结果的计算

按下式计算汞浓度：

$$w_{Hg}(\mu g/g) = \frac{(m_1 - m_0)V}{mV_1}$$

式中　$m_0$——从工作曲线上查得试剂空白的汞量，$\mu g$；

　　　$m_1$——从工作曲线上查得样品测试液中的汞量，$\mu g$；

　　　$m$——称样量，g；

　　　$V_1$——分取样品溶液体积，mL；

　　　$V$——样品溶液总体积，mL。

（二）砷含量的检验方法

化妆品中砷含量的检验方法是依据标准 GB 7917.2—87《化妆品卫生化学标准检验方法

砷》中的规定执行的。本标准适用于化妆品中总砷的测定，规定的两种方法最低检出量为 0.5μg 砷，若取 1g 样品测定，最低检测浓度为 0.5μg/g。

**1. 第一种方法：二乙氨基二硫代甲酸银分光光度法**

（1）原理　经灰化或消解后的试样，在碘化钾和氯化亚锡的作用下，样液中五价砷被还原为三价。三价砷与新生态氢生成砷化氢气体。通过用乙酸铅溶液浸泡的棉花去除硫化氢干扰，然后与溶于三乙醇胺-氯仿中的二乙氨基二硫代甲酸银作用，生成棕红色的胶态银，比色定量。

（2）样品采集　见第三节化妆品的抽样、取样及样品预处理（或见 GB 7917.1—87《化妆品卫生化学标准检验方法　汞》第 2 部分）。

（3）试剂

① 去离子水或同等纯度的水　将一次蒸馏水经离子交换净水器净水，贮存于全玻璃瓶或聚乙烯瓶中。

② 硝酸（密度 1.42g/mL）　优级纯。

③ 硫酸（密度 1.84g/mL）　优级纯。

④ 硫酸（1+1）。

⑤ 硫酸（1mol/L）。

⑥ 20％氢氧化钠溶液。

⑦ 酚酞指示剂（0.1％乙醇溶液）　称取 0.1g 酚酞，溶于 50mL 95％乙醇，加水稀释至 100mL。

⑧ 氧化镁　分析纯。

⑨ 10％硝酸镁溶液。

⑩ 盐酸（1+1）。

⑪ 15％碘化钾溶液。

⑫ 40％氯化亚锡溶液　称取 40g 氯化亚锡（分析纯），溶于 40mL 浓盐酸（分析纯）中，加水至 100mL，可放入数粒金属锡。

⑬ 无砷锌粒　10～20 目。

⑭ 10％乙酸铅溶液。

⑮ 乙酸铅棉花　将脱脂棉浸入 10％乙酸铅溶液，浸泡 2h 后取出，晾干，并使其膨松。

⑯ 二乙氨基二硫代甲酸银（DDC-Ag）溶液　称取 DDC-Ag 0.25g，用少许氯仿溶解。加入三乙醇胺 1.0mL，再用氯仿稀释至 100mL。必要时可过滤。置于棕色瓶内，于冰箱中存放。

⑰ 氯仿　分析纯。

⑱ 三乙醇胺。

⑲ 砷标准贮备液　称取 0.6600g 经 105℃干燥 2h 的三氧化二砷（$As_2O_3$，分析纯），溶于 5mL20％氢氧化钠溶液中，以酚酞作指示剂，用 1mol/L 硫酸溶液中和至中性后，再加入 15mL 1mol/L 硫酸溶液，并用水定容至 500mL。此溶液 1.00mL 含 1.00mg 砷。

⑳ 砷标准溶液　用移液管移取上述砷标准贮备液 1.00mL，置于 100mL 容量瓶中，加水至刻度，混匀。临用时，用移液管吸取此溶液 10.0mL，置于 100mL 容量瓶中，加水定容，混匀。此溶液 1.00mL 含 1.00μg 砷。

（4）仪器　250mL 凯氏定氮瓶（或 125mL 锥形瓶）；50mL 瓷蒸发皿；砷测定装置，如图 2-5；分光光度计。

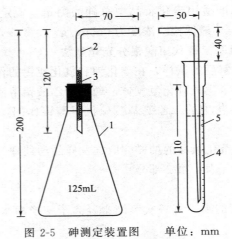

图 2-5  砷测定装置图  单位：mm

1—125mL 锥形瓶；2—导气管；3—乙酸铅棉花；4—10mL 刻度试管；5—二乙氨基二硫代甲酸银吸收液

（5）测定步骤

① 样品前处理  可任选一种处理方法。

a. $HNO_3$-$H_2SO_4$ 湿式消解法  试样如含有乙醇等溶剂，应预先将溶剂挥发（不得蒸干），如含有甘油特别多的试样，消解时应特别注意安全。

称取约 $1.00 \sim 2.00$g 经充分混匀的试样（同时作试剂空白），置于 250mL 定氮消解瓶（或 125mL 锥形瓶）中，加入数颗玻璃珠。然后加 5mL 水、$10 \sim 15$mL 硝酸（密度 1.42g/mL，优级纯），放置片刻后，缓缓加热，反应开始后移去热源，冷却后加入 5mL 硫酸（密度 1.84g/mL，优级纯），继续加热消解。若消解过程中溶液出现棕色，可再加少许硝酸继续消解，如此反复操作，直至溶液澄清或微黄。放置冷却后加 20mL 水，继续加热煮沸至产生白烟。如此处理两次，将消解液定量转移至 50mL 容量瓶中，加水定容，备用。此溶液每 10mL 相当含 1＋1 硫酸 2mL。

b. 干灰化法  称取约 $1.00 \sim 2.00$g 经充分混匀的试样（同时作试剂空白），置于 50mL 瓷蒸发皿中，加入 10mL 10％硝酸镁溶液、1g 氧化镁（分析纯）粉末，将试样及灰化助剂充分混匀，先放在水浴上蒸干水分，然后在小火上炭化至不冒烟，移入箱形电炉，在 600℃下灰化 4h，冷却取出，向灰分加水少许，使润湿，然后用 20mL 1＋1 盐酸分数次加入，以溶解灰分及洗蒸发皿。并加水定容至 50mL，备用。此溶液每 10mL 相当含 1＋1 盐酸（除去盐酸消耗量后）2.0mL。

② 测定  用移液管分别准确移取 0mL、0.50mL、1.00mL、2.00mL、4.00mL、6.00mL、8.00mL、10.0mL 砷标准溶液（1.00μg/mL），适量样液（上述两种样品预处理后得溶液之一）和空白溶液，置于砷化氢发生瓶中。注意：样品采用湿式消解法处理者，加入硫酸使总酸量相当含 1＋1 硫酸 10mL；样品采用干灰化法处理者，加入 1＋1 盐酸使总酸含量为 10mL。然后加水至总体积为 50mL。

再各加 2.5mL 15％碘化钾溶液及 2.0mL 40％氯化亚锡溶液，摇匀。放置 10min 后，加入 $3 \sim 5$g 锌粒，立即接上塞有乙酸铅棉的导气管（不要漏气），并将其插入已加有 5.0mL 二乙氨基二硫代甲酸银溶液的吸收管。室温（25℃）下反应 1h。

反应完毕，若吸收液体积减少，则用氯仿补至 5.0mL。将部分吸收液移入 1cm 比色皿中，以氯仿为参比，在分光光度计上，于波长 515nm 处，测量吸光度。

③ 绘制工作曲线，从曲线上查出测试液中砷含量。

（6）分析结果的计算　按下式计算砷浓度：

$$w_{As}(\mu g/g) = \frac{(m_1 - m_0)V}{mV_1}$$

式中　$m_0$——从工作曲线上查得试剂空白的砷量，$\mu g$；

$m_1$——从工作曲线上查得样品测试液中的砷量，$\mu g$；

$m$——称样量，g；

$V_1$——分取样品溶液体积，mL；

$V$——样品溶液总体积，mL。

注意：采用第一种分析方法，钴、镍、汞、银、铂、铬和钼可干扰砷化氢的发生，但正常情况下，化妆品中含量不会产生干扰。锑对测定有明显干扰。

**2．第二种方法：砷斑法**

（1）原理　待测试样先经灰化或消解后，在碘化钾、氯化亚锡以及新生态氢的作用下，生成砷化氢。再去除硫化氢干扰后，与溴化汞试纸作用生成黄棕色斑点。通过与标准砷斑比较定量。

（2）样品采集　见第三节化妆品的抽样、取样及样品预处理（或见 GB 7917.1—87《化妆品卫生化学标准检验方法　汞》第 2 部分）。

（3）试剂

①～⑮与第一种方法：二乙氨基二硫代甲酸银分光光度法相同。

⑯ 乙酸铅滤纸片　将经 10% 乙酸铅溶液浸渍的滤纸晾干，再切成 4cm×7cm 片状，用时卷成小纸卷。

⑰ 5% 溴化汞溶液　称取分析纯的溴化汞 5g，溶于 95% 乙醇中，并稀释到 100mL，贮于棕色瓶中。

⑱ 溴化汞试纸　将直径 2cm 圆形滤纸片放于 5% 溴化汞溶液中浸渍，用前晾干。

⑲ 、⑳与第一种方法：二乙氨基二硫代甲酸银分光光度法相同。

（4）仪器

① 250mL 凯氏定氮瓶（或 125mL 锥形瓶）。

② 50mL 瓷蒸发皿。

③ 砷化氢发生瓶。

④ 测砷管　见图 2-6。

（5）测定步骤

① 样品前处理　与第一种方法：二乙氨基二硫代甲酸银分光光度法相同。

② 测定　用移液管分别准确移取 0mL、0.50mL、1.00mL、2.00mL、3.00mL 砷标准溶液（1.00μg/mL），适量样液（上述两种样品预处理后得溶液之一）和空白溶液，置于砷化氢发生瓶中，各加入 10mL 1+1 盐酸（注意：样品及空白瓶要分别减去加入的样品液及空白液的含酸量），加水至总体积为 50mL。再加 2.5mL 15% 碘化钾及 2.0mL 40% 氯化亚锡溶液，摇匀，放置 10min 左右。

将乙酸铅棉花及乙酸铅滤纸装入测砷管中，并将溴化汞试纸紧夹于测砷管上部磨口之间（注意：试纸必须夹紧，对

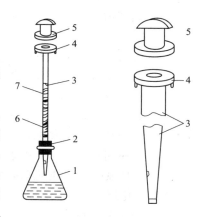

图 2-6　测砷管装置图

1—锥形瓶；2—标准玻璃磨口；
3—测砷管；4—管口；5—玻璃帽；
6—乙酸铅纸；7—乙酸铅棉

准孔径位置）。

向各砷化氢发生瓶中加入 3～5g 锌粒，迅速装上测砷管并塞紧（不要漏气）。在室温（25℃）下反应 1h，取下溴化汞试纸，将样品砷斑与标准砷斑比较，定量。

（6）分析结果的计算　按下式计算砷浓度：

$$w_{As}(\mu g/g) = \frac{(m_1 - m_0)V}{mV_1}$$

式中　　$m_0$——与标准砷斑比较得空白含砷量，$\mu g$；

$m_1$——与标准砷斑比较得测试液含砷量，$\mu g$；

$m$——样品质量，g；

$V_1$——测定时样液取样体积，mL；

$V$——样品总体积，mL。

注意：采用第二种分析方法，钴、镍、汞、银、铂、铬和钼可干扰砷化氢的发生，但正常情况下化妆品含量不会产生干扰。锑含量在 0.1mg 以下无影响。

（三）铅含量的检验方法

化妆品中铅含量的检验方法是依据标准 GB 7917.3—87《化妆品卫生化学标准检验方法　铅》中的规定执行。标准中规定有以下两种方法。

#### 1. 第一种方法：火焰原子吸收分光光度法

本方法适用于化妆品中铅的测定，样品最低检测浓度为 4$\mu g/g$。

（1）原理　样品经预处理后，铅以离子状态存在于试液中，试液中铅离子被原子化后，基态原子吸收来自铅空心阴极灯发出的共振线，其吸收量与样品中铅含量成正比。在其他条件不变的情况下，根据测量被吸收后的谱线强度，与标准系列比较，进行定量。

（2）样品采集　见第三节化妆品的抽样、取样及样品预处理（或见 GB 7917.3—87《化妆品卫生化学标准检验方法　铅》第 2 部分）。

（3）试剂

① 去离子水或同等纯度的水　将一次蒸馏水经离子交换净水器净水，贮存于全玻璃瓶或聚乙烯瓶中。

② 硝酸（密度 1.42g/mL）　优级纯。

③ 高氯酸（70%～72%）　优级纯。

注意：

a. 高氯酸使用不当有爆炸危险。

b. 洒溅出的高氯酸要立即用水冲洗。

c. 通风橱、导气管和其他排除高氯酸蒸气的装置应由化学惰性物质制成，并在消化完成后，用水冲洗擦净。排气系统应安装在安全的位置。

d. 避免在使用高氯酸消化的通风橱中使用有机物或其他产烟物质。

e. 应使用护目镜、防护板及其他个人防护设备。用聚氯乙烯手套，不能用橡胶手套。

f. 用高氯酸湿法氧化时，除非另有说明，应将样品首先用硝酸破坏易氧化的有机物，并注意避免烧干。

g. 高氯酸在浓度为 72%（恒沸混合物，沸点 203℃）时是稳定的。如果高氯酸被脱水（如与强脱水剂接触，形成无水高氯酸等，其稳定性十分显著地下降），此时遇热、撞击或遇有机物、还原剂（如纸、木头或橡皮）就会发生爆炸。

④ 30%过氧化氢　优级纯。

⑤ 1+1 硝酸。

⑥ 混合酸 硝酸（密度 1.42g/mL，优级纯）和高氯酸（70％～72％，优级纯）按3+1混合。

⑦ MIBK（甲基异丁基酮） 分析纯。

⑧ 7mol/L 盐酸 取 30mL 盐酸（密度 1.19g/mL），加水至 50mL。

⑨ 0.1％ BTB（溴麝香草酚蓝） 称取 100mg BTB，溶于 50mL 95％乙醇溶液，加水至 100mL。

⑩ 25％柠檬酸铵 必要时用 DDTC 和 MIBK 萃取除铅。

⑪ 1+1 氨水 优级纯。

⑫ 40％硫酸铵 必要时，以 DDTC 和 MIBK 萃取除铅。

⑬ 2％ DDTC（二乙氨基二硫代甲酸钠）。

⑭ 2％ APDC（吡咯烷二硫代甲酸铵）。

⑮ 20％柠檬酸 必要时，用 APDC 和 MIBK 萃取除铅。

⑯ 铅标准溶液

a. 称取纯度为 99.99％的金属铅 1.000g，加入 20mL 1+1 硝酸，加热使溶解，转移到 1000mL 容量瓶中，用水定容。此标准溶液 1mL 相当于 1.00mg 铅。

b. 用移液管移取上述 a 铅标准液 10.0mL 至 100mL 容量瓶中，加 2mL 1+1 硝酸，用水定容，此溶液 1mL 相当于 100μg 铅。

c. 用移液管移取上述 b 铅标准液 10.0mL 至 100mL 容量瓶中，加 2mL 1+1 硝酸，用水定容，此溶液 1mL 相当于 10.0μg 铅。

（4）仪器 原子吸收分光光度计及其配件；离心机；硬质玻璃消解管（或小型定氮消解瓶）；10mL 及 25mL 比色管；100mL 分液漏斗；50mL 瓷坩埚；箱形电炉。

（5）分析步骤

① 样品预处理

a. 湿式消解法 称取约 1.00～2.00g 试样置于消化管（或小型定氮消解瓶）中。同时做试剂空白。含有乙醇等有机溶剂的化妆品，先在水浴或电热板上将有机溶剂挥发。若为膏霜型样品，可预先在水浴中加热使瓶颈上样品熔化流入消化管底部。

加入数粒玻璃珠，然后加入 10mL 硝酸，由低温至高温加热消解，当消解液体积减少到 2～3mL 时，移去热源，冷却。然后加入 2～5mL 高氯酸，继续加热消解，不时缓缓摇动使均匀，消解至冒白烟，消解液呈淡黄色或无色溶液。浓缩消解液至1mL 左右。

冷却至室温后定量转移至 10mL（如为粉类样品，则至 25mL）具塞比色管中，以去离子水稀释至刻度。如样液浑浊，离心沉淀后，可取上清液进行测定。

b. 干湿消解法 称取约 1.00～2.00g 试样，置于瓷坩埚中，在小火上缓缓加热直至炭化。移入箱形电炉中，500℃下灰化 6h 左右，冷却取出。

向瓷坩埚加入混合酸约 2～3mL，同时作试剂空白。小心加热消解，直至冒白烟，但不得干涸。若有残存炭粒，应补加 2～3mL 混合酸，反复消解，直至样液为无色或微黄色。微火浓缩至近干。然后定量转移至 10mL 刻度试管（如为粉类，则至 25mL 刻度试管）中，用水稀释至刻度。必要时离心沉淀。

c. 浸提法 本方法不适用于含蜡质样品。称取约 1.00g 试样，置于比色管中。同时做试剂空白。样品中如含有乙醇等有机溶液，先在水浴中挥发，但不得干涸。加 2mL 硝酸（注意：样品中含有碳酸钙等碳酸盐类的粉剂，在加酸时应缓慢加入，以防二氧化碳气体产生过于猛烈)、5mL 过氧化氢，摇匀，于沸水浴中加热 2h。冷却后加水稀释至 10mL（如为粉类样品，则定容至 25mL）。如样品浑浊，离心沉淀后，取上清液备用。

② 测定

a. 用移液管移取 0mL、0.50mL、1.00mL、2.00mL、4.00mL、6.00mL 铅标准溶液，分别置于数支 10mL 比色管中，加水至刻度。按仪器规定的程序，分别测定标准、空白和样品溶液。绘制浓度-吸光度曲线，计算样品含量。

注意：如果样品溶液中含有大量离子如铁、铋、铝、钙等干扰测定时，应预先按下 b、c、d 进行萃取处理。

b. 样品如含有大量铁离子，将标准、空白和样品溶液转移至蒸发皿中，在水浴上蒸发至干。加入 10mL 7mol/L 盐酸溶解残渣，用等量的 MIBK 萃取两次，再用 5mL 7mol/L 盐酸洗 MIBK 层，合并盐酸溶液，必要时赶酸，定容，进行直接测定或按 c、d 再次萃取，以除去其他干扰离子。

c. 如含有大量铋等离子干扰，将标准、空白或样品溶液转移至 100mL 分液漏斗中，加 21mL 柠檬酸铵、1 滴 BTB 指示剂，用氨水调溶液为绿色，加 2mL 硫酸铵，加水到 30mL，加 2mL DDTC，混匀。放置数分钟，加 10mL MIBK，振摇 3min，静置分层，取 MIBK 层进行测定。

d. 如含有大量铝、钙等离子，将标准试剂、空白和样品溶液转移至 100mL 分液漏斗。加 2mL 柠檬酸，用 1+1 氨水调 pH 至 2.5～3.0，加水至 30mL，加 2mL 2% APDC，混合，放置 3min，静置片刻，加入 10mL MIBK，振摇萃取 3min，将有机相转移至离心管中，于 3000r/min 离心 5min。取 MIBK 层溶液进行侧定。

（6）分析结果的计算　按下式计算铅浓度：

$$w_{Pb}(\mu g/g) = \frac{(A-B)V}{m}$$

式中　$A$——从标准曲线查得样品溶液铅浓度，$\mu g/mL$；

　　　$B$——从标准曲线查得试剂空白铅浓度，$\mu g/mL$；

　　　$V$——样液总体积，mL；

　　　$m$——样品质量，g。

**2. 第二种方法：双硫腙萃取分光光度法**

本方法适用于化妆品中铅的测定。本方法最低检出量为 1.0$\mu g$ 铅，若取 1g 样品测定，则最低检出浓度为 1$\mu g/g$。

（1）原理　样品经预处理后，在弱碱性下待测样中的铅与双硫腙作用生成红色螯合物，用氯仿提取，比色定量（注意：有大量锡存在下干扰测定，本方法不适用于含有氧化钛及铋化合物的试样）。

（2）样品采集　见第三节化妆品的抽样、取样及样品预处理（或见 GB 7917.3—87《化妆品卫生化学标准检验方法　铅》第 2 部分）。

（3）试剂

① 去离子水或同等纯度的水　将一次蒸馏水经离子交换净水器净水，贮存于全玻璃瓶或聚乙烯瓶中。

② 1+1 氨水　优级纯。

③ 1+1 盐酸　优级纯。

④ 酚红指示液　0.1%乙醇溶液。

⑤ 20％盐酸羟胺溶液　称取盐酸羟胺 20g，加入 50mL 水、2 滴酚红指示液，再用 1＋1 氨水调至 pH8.5～9.0，用双硫腙氯仿溶液提取，直至氯仿层绿色不变，再用氯仿洗水层两次。此水层以 1＋1 盐酸调至酸性，加水至 100mL 备用。

⑥ 20％柠檬酸铵溶液　称取柠檬酸铵 50g，溶于 100mL 水中，加 2 滴酚红指示液，再用 1＋1 氨水调至 pH8.5～9.0，用双硫腙氯仿溶液提取数次，每次 10～20mL，直至氯仿层绿色不变为止。水层再用氯仿萃取数次至氯仿无色为止。弃除氯仿层，水层加水稀释至 250mL。

⑦ 10％氰化钾溶液（注意有剧毒）　如试剂含铅需纯化时，应先将 10g 氰化钾溶于 20mL 水中，以下按⑥所述方法纯化后再稀释至 100mL。

⑧ 氯仿（不应含氧化物）。

⑨ 双硫腙贮备液　0.1％氯仿溶液，保存在冷暗处。必要时按下述方法纯化：称取 0.5g 研细的双硫腙，溶于 50mL 氯仿中，如不全溶，可用滤纸滤过于 250mL 分液漏斗中，用 1：99 氨水提取三次，每次 100mL，合并提取液，再用 10mL 氯仿洗氨水溶液两次，用 6mol/L 盐酸调至酸性，将沉淀出的双硫腙用氯仿提取 2～3 次，每次 100mL，合并氯仿层，加氯仿至总体积为 500mL。

⑩ 双硫腙应用液　0.001％氯仿溶液。

⑪ 1％硝酸。

⑫ 无铅脱脂棉　医用脱脂棉，必要时用双硫腙氯仿液去除铅。

⑬ 铅标准溶液　与第一种方法：火焰原子吸收分光光度法相同。

（4）仪器

① 125mL 分液漏斗（预先用稀酸浸泡，并经去离子水洗）。

② 分光光度计。

（5）测定步骤

① 样品预处理

a. 湿式消解法与第一种方法：火焰原子吸收分光光度法相同。

b. 干湿消解法与第一种方法：火焰原子吸收分光光度法相同。

② 测定　取适量已经过处理的样液于 125mL 分液漏斗中，加水至总体积为 50mL，另用移液管移取 0mL、0.10mL、0.20mL、0.30mL、0.40mL、0.50mL 铅标准溶液分别置于 125mL 分液漏斗中，各补加 1％硝酸溶液，至总体积为 50mL。然后向样品溶液、试剂空白及铅标准溶液中各加入 2mL20％柠檬酸铵溶液、1mL 盐酸羟胺溶液、2 滴酚红指示液，用氨水调节至红色出现，然后向各分液漏斗中再加入 2mL10％氰化钾溶液，混匀。准确加入 5mL 双硫腙应用液，剧烈振摇 1min，静置分层，在分液漏斗下颈部塞入少许无铅脱脂棉，然后将氯仿层滤入比色杯中，以氯仿调零，在波长 510nm 下测定吸光度，并绘制标准曲线。

（6）分析结果的计算　按下式计算铅浓度：

$$w_{Pb}(\mu g/g) = \frac{(m_1 - m_0)V}{mV_1}$$

式中　$m_1$——从标准曲线查得样液的铅含量，$\mu g$；

　　　$m_0$——从标准曲线查得的试剂空白的铅含量，$\mu g$；

　　　$m$——样品质量，g；

　　　$V$——样液总体积，mL；

　　　$V_1$——测定时样液取用量，mL。

**（四）甲醇含量的检验方法**

化妆品中甲醇含量的检验方法是依据标准 GB 7917.4—87《化妆品卫生化学标准检验方法　甲醇》中的规定执行。适用于含乙醇的化妆品中甲醇含量的测定。

**1. 原理**

试样直接或经蒸馏后，以气相色谱法进行测试和定量。

**2. 样品采集**

见第三节化妆品的抽样、取样及样品预处理（或见 GB 7917.4—87《化妆品卫生化学标准检验方法　甲醇》第 2 部分）。

**3. 试剂**

（1）甲醇（分析纯）　99.5％。

（2）乙醇（无甲醇）　取 1.0μL 注入色谱仪，应无杂峰出现。

（3）GDX-102（60～80 目）　气相色谱试剂。

（4）甲醇标准溶液　取甲醇 2.5mL，置于预先注入 95mL 水的 100mL 容量瓶中，然后加水至刻度，混匀备用。此溶液为 2.5％甲醇溶液。

（5）氯化钠　分析纯。

（6）消泡剂　乳化硅油。

**4. 仪器**

（1）气相色谱仪　具氢火焰离子化检测器。

（2）色谱柱　玻璃柱或不锈钢柱，规格 2m×φ4mm，内填充 GDX-102（60～80 目）担体。

（3）全玻璃磨口水蒸馏装置　如图 2-7。

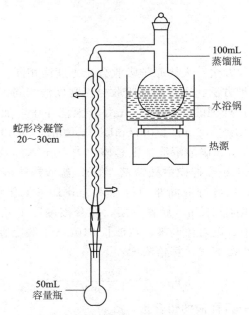

图 2-7　全玻璃磨口水蒸馏装置图

（4）微量进样器　0.5μL 或 1μL。

**5. 测定步骤**

（1）仪器参数设定　启动色谱仪，进行必要的调节，以达到仪器最佳工作条件。色谱条件依具体情况选择，参考条件如下。汽化温度：190℃；检测器温度：180℃；柱温：170℃；氮气流速：40mL/min；氢气流速：40mL/min；空气流速：500mL/min；进样量：1μL。

（2）样品预处理　液体或低黏度样品，且甲醇含量较高时，可取 10mL 试样，加乙醇（无甲醇）至总体积为 50mL，必要时可过滤，作为待测样备用。甲醇含量低的花露水等，也可不经稀释直接测定。样品黏度较大，无法直接测定，可以取 10g 试样，置于蒸馏瓶中（如图 2-7），加 50mL 水、2g 氯化钠（分析纯），必要时加 1 滴消泡剂，再加 30mL 乙醇（无甲醇），在沸水浴中蒸馏，收集约 40mL 蒸馏液于 50mL 容量瓶中，冷至室温后，加乙醇（无甲醇）至刻度，作为待测样。

（3）测定　取 50mL 容量瓶四只，分别注入 1.00mL、2.00mL、3.00mL、4.00mL 甲醇标准溶液，然后分别加入乙醇（无甲醇）30mL，并分别加水至刻度，此标准序列含甲醇为：0.05%、0.10%、0.15%、0.2%。

依次从各容量瓶取 1μL 标准溶液注入气相色谱议，记下各次色谱面积，并绘制峰面积-甲醇浓度（体积分数）曲线。

取（2）制备的样液 1μL，注入气相色谱仪，记录色谱峰面积，并从标准曲线查出对应的甲醇浓度。

### 6. 分析结果的计算

按下式计算甲醇浓度：

$$甲醇的体积分数 = \frac{P}{K}$$

式中　$P$——从标准曲线上查得样液甲醇浓度，%；

$K$——样品稀释系数，如按本方法稀释系数为 10/50，样品经蒸馏处理时，也视稀释系数为 10/50。

## 五、化妆品的微生物检验

### （一）细菌总数的测定

化妆品中细菌总数的测定方法是依据标准 GB 7918.2—87《化妆品微生物标准检验方法　细菌总数测定》中的规定执行。菌落总数是指化妆品检样经过处理在一定条件下培养后，1g（1mL）检样中所含菌落的总数。测定菌落总数主要是作为判定化妆品被细菌污染程度的标记。本标准采用标准平板计数法。

### 1. 原理

化妆品中污染的细菌种类不同，每种细菌都有它一定的生理特性，培养时对营养要求、培养温度、培养时间、pH 值、需氧性质等均有所不同。因此所测定的结果只包括在本方法所使用的条件下（在卵磷脂、吐温-80 营养琼脂上，于 37℃培养 48h）生长的一群嗜中温的需氧及兼性厌氧的细菌总数。

### 2. 培养基和试剂

（1）生理盐水　依据 GB 7918.1—87《化妆品微生物标准检验方法　总则》的要求配制。

（2）卵磷脂、吐温-80、营养琼脂培养基

① 成分

| | | | |
|---|---|---|---|
| 蛋白胨 | 20g | 卵磷脂 | 1g |
| 牛肉膏 | 3g | 吐温-80 | 7g |
| 氯化钠 | 5g | 蒸馏水 | 1000mL |
| 琼　脂 | 15g | | |

② 制法　先将卵磷脂加到少量蒸馏水中，加热溶解，加入吐温-80，将其他成分（除琼脂外）加到其余的蒸馏水中，溶解。加入已溶解的卵磷脂、吐温-80，混匀，调 pH 值为 7.1～7.4，加入琼脂，121℃、20min 高压灭菌，贮存于冷暗处备用。

### 3. 仪器

锥形烧瓶；量筒；pH 计或精密 pH 试纸；高压消毒锅；试管；直径 9cm 的灭菌平皿；1mL、2mL、10mL 的灭菌刻度吸管；酒精灯；恒温培养箱；放大镜。

### 4. 测定步骤

(1) 用灭菌吸管吸取 1:10 稀释的待测样 2mL，分别注入到两个灭菌平皿内，每皿 1mL。另取 1mL 注入到 9mL 灭菌生理盐水试管中（注意勿使吸管接触液面），更换一支吸管，并充分混匀，制成 1:100 稀释液。吸取 2mL，分别注入到两个灭菌平皿内，每皿 1mL。如样品含菌量高，还可再稀释成 1:1000、1:10000 等，每种稀释度应换 1 支吸管。

(2) 将熔化并冷至 45～50℃的卵磷脂、吐温-80、营养琼脂培养基倾注平皿内，每皿约 15mL，另倾注一个不加样品的灭菌空平皿，作空白对照。随即转动平皿，使待测样与培养基充分混合均匀，待琼脂凝固后，翻转平皿，置 37℃培养箱内培养 48h。

### 5. 菌落计数方法

先用肉眼观察，点数菌落数，然后再用放大 5～10 倍的放大镜检查，以防遗漏。记下各平皿的菌落数后，求出同一稀释度各平皿生长的平均菌落数。若平皿中有连成片状的菌落或花点样菌落蔓延生长时，该平皿不宜计数。若片状菌落不到平皿中的一半，而其余一半中菌落数分布又很均匀，则可将此半个平皿菌落计数后乘 2，以代表全皿菌落数。

### 6. 菌落计数及报告方法

见表 2-12。

**表 2-12　细菌计数结果及报告方式**

| 例子 | 不同稀释度的平均菌落数/个 | | | 两稀释度菌数之比 | 菌落总数/(个/g)或(个/mL) | 报告方式/(个/g)或(个/mL) |
| --- | --- | --- | --- | --- | --- | --- |
| | $10^{-1}$ | $10^{-2}$ | $10^{-3}$ | | | |
| 1 | 1365 | 164 | 20 | — | 16400 | 16000 或 $1.6 \times 10^4$ |
| 2 | 2760 | 295 | 46 | 1.6 | 38000 | 38000 或 $3.8 \times 10^4$ |
| 3 | 2890 | 27 | 60 | 2.2 | 27100 | 27000 或 $2.7 \times 10^4$ |
| 4 | 不可计 | 4650 | 513 | — | 513000 | 510000 或 $5.1 \times 10^5$ |
| 5 | 27 | 11 | 5 | | 270 | 270 或 $2.7 \times 10^2$ |
| 6 | 不可计 | 305 | 12 | | 30500 | 31000 或 $3.1 \times 10^4$ |

(1) 首先选取平均菌落数在 30～300 个之间的平皿，作为菌落总数测定的范围。当只有一个稀释度的平均菌落数符合此范围时，即以该平皿菌落数乘其稀释倍数（见表 2-12 中例 1）。

(2) 若有两个稀释度，其平均菌落数均在 30～300 个之间，则应求出两者菌落总数之比值来决定。若其比值小于或等于 2，应报告其平均数，若大于 2，则报告其中较小的菌落数（见表 2-12 中例 2 及例 3）。

(3) 若所有稀释度的平均菌落数均大于 300 个，则应按稀释度最高的平均菌落数乘以稀释倍数报告之（见表 2-12 中例 4）。

(4) 若所有稀释度的平均菌落数均少于 30 个，则应按稀释度最低的平均菌落数乘以稀释倍数报告之（见表 2-12 中例 5）。

(5) 若所有稀释度的平均菌落数均不在 30～300 个之间，其中一个稀释度大于 300 个，而相邻的另一稀释度小于 30 个时，则以接近 30 或 300 的平均菌落数乘以稀释倍数报告之（见表 2-12 中例 6）。

（6）若所有的稀释度均无菌生长，报告数为每克或每毫升小于 10 个。

（7）菌落计数的报告，菌落数在 10 个以内时，按实有数值报告之，大于 100 个时，采用两位有效数字，在两位有效数字后面的数值应以四舍五入法计算。为了缩短数字后面零的个数，可用 10 的指数来表示（见表 2-12 报告方式栏）。在报告菌落数为"不可计"时，应注明样品的稀释度。

**7. 注意事项**

（1）稀释待测样时要充分混匀，尽量使菌细胞分散开，使每个菌细胞生成一个菌落。

（2）当用吸管吸取待测样，加到另一支装有 9mL 空白稀释液的试管内时，应小心沿管壁加入，不要触及管内稀释液，以防吸管尖端外侧黏附的检液混入其中。

（3）在制成待测样后，应尽快稀释，注皿。一般稀释后应在 1h 内操作完毕，防止细菌增殖及产生片状菌落。

（4）注意抑菌现象。若发生低稀释度菌落少，而高稀释度时菌落反而增多的反常现象。应重复再做检验，以确定是防腐剂影响还是技术操作误差。

（5）在每次检测时应做空白对照，以检验所使用的物品是否已完全灭菌及检验过程中是否有失误。

**（二）粪大肠菌群的检验**

粪大肠菌群细菌来源于人和温血动物的粪便。该菌群包括大肠埃希菌属、柠檬酸杆菌属、克雷白菌属、肠杆菌属等，是一群需氧及兼性厌氧菌。检出粪大肠菌群表明该化妆品已被粪便污染，有可能存在其他肠道致病菌或寄生虫等病原体的危险；粪大肠菌群数目的高低代表粪便污染的程度，反映了对人体危害的大小。因此粪大肠菌被列为重要的卫生指标菌。

粪大肠菌群的检验依据标准 GB 7918.3—87 规定的方法。其原理是根据粪大肠菌群所具有的生物特性，如革兰阴性无芽孢杆菌在 44℃ 培养 24～48h 能发酵乳糖产酸并产气，能在选择性培养基上产生典型菌落，能分解色氨酸产生靛基质。粪大肠菌群的具体检验操作可参照标准 GB 7918.3—87《化妆品微生物标准检验方法 粪大肠菌群》。

**（三）绿脓杆菌的检验**

绿脓杆菌即铜绿色假单胞菌，也称绿脓假单胞菌，可产生蓝绿色素和荧光色素。其在自然界分布甚广，空气、水、土壤中均有存在。对人有致病力，常引起人皮肤化脓感染，特别是烧伤、烫伤、眼部疾病患者被感染后，常使病情恶化，并可引起败血症，因此，在化妆品卫生标准中规定不得检出绿脓杆菌。

绿脓杆菌的检验依据标准 GB 7918.4—87 规定的方法。其原理是根据本菌生物学特征：革兰阴性杆菌，氧化酶阳性，能产生绿脓菌素。此外还能液化明胶、还原硝酸盐为亚硝酸盐，在 42℃ 条件下生长等，可与类似菌相区别。绿脓杆菌的具体检验操作可参照标准 GB 7918.4—87《化妆品微生物标准检验方法 绿脓杆菌》。

**（四）金黄色葡萄球菌的检验**

金黄色葡萄球菌为革兰阳性球菌，呈葡萄状排列，无芽孢，无荚膜，能分解甘露醇，血浆凝固酶阳性。该菌在外界分布较广，抵抗力也较强，能引起人体局部化脓性病灶，严重时可导致败血症，因此化妆品中检验金黄色葡萄球菌有重要意义。

金黄色葡萄球菌的检验依据标准 GB 7918.5—87 规定的方法。其原理是根据本菌特有的形态及培养特性，应用 Baird Parker 平板进行分离，该平板中的氯化锂可抑制革兰阴性细菌生长，丙酮酸钠可刺激金黄色葡萄球菌生长，以提高检出率，并利用分解甘露醇和血浆凝固酶等特征，以兹鉴别。金黄色葡萄球菌的具体检验操作可参照标准 GB 7918.5—87《化妆品微生物标准检验方法　金黄色葡萄球菌》。

 **【阅读材料 2-3】**

### 一些常见膏、霜、乳液类化妆品的质量问题

1. 雪花膏类

（1）雪花膏有粗颗粒。其原因：搅拌桨效率不高，碱溶液用量过多，乳化搅拌、冷却速度太快，碱液计量不准，配方中甘油含量少。

（2）雪花膏出水。其原因：配方中碱用量不足，造成乳化剂量不够；乳化剂品种单一；水中含有较多盐分等电解质；经过严重冰冻或含有大量石蜡、矿油等。

（3）"起面条"。其原因：单独选用硬脂酸和碱类中和成皂为乳化剂，硬脂酸用量过多或经过严重冰冻。

（4）变色。其原因：配方成分含有不饱和键，易氧化变色。

（5）刺激皮肤。其原因：配方成分含有刺激性较高的或对皮肤有害的物质。

（6）霉变和发胀。其原因：生产的一系列过程沾染了微生物，达不到清洁要求。

（7）严重干缩。其原因：包装容器密封性不好，水分蒸发而严重干缩。

2. 润肤霜类

（1）耐热试验后油水分离。其原因：生产时设备和操作条件及主要原料规格与试制时不同，制成乳剂后的耐热性能也各异。

（2）贮存若干时间后，乳剂色泽泛黄。其原因：选用了容易变色的原料，油相加热温度过高。

（3）乳剂内混有细小气泡。其原因：均质搅拌温度太低，冷却速度太快，没有进行真空脱气。

（4）霉变和发胀。其原因：生产的一系列过程沾染了微生物，加入（低温加入）各种营养性原料，容易繁殖微生物。

3. 乳（奶）液类

（1）乳剂稳定性差。其原因：内相颗粒的分散度不够或乳液产品的黏度低。

（2）在贮存过程中，黏度逐渐增加。其原因：大量采用硬脂酸及其衍生物作为乳化剂。

（3）颜色泛黄。其原因：配方成分含有不饱和键，易氧化变色。

引自余奇飞编著. 商品检验技术 [M]. 北京：中国轻工业出版社，2007.

# 第五节　化妆品的检测实训

## 实训一　化妆品外观、感官指标检验

**一、实训要求**

（1）熟悉标准 QB/T 1684—2006《化妆品检验规则》、QB/T 1685—2006《化妆品产品包装外观要求》、GB 5296.3—1995《消费品使用说明　化妆品通用标签》和 QB/T 2286—1997《润肤乳液》产品标准之规定。

（2）掌握对产品包装外观检验、标签检验的具体要求。

（3）掌握利用标准对产品重量指标检验、容量指标检验的操作方法、结果计算、出具检验报告。

（4）掌握化妆品感官检验的操作方法。

**二、样品**

润肤乳液。

**三、项目检测**

（1）包装外观检验、标签检验。

（2）重量指标检验、容量指标检验。

（3）感官指标乳化体香气、色泽、外观检验。

## 实训二　化妆品通用理化指标 pH 值的检测

**一、实训要求**

（1）熟悉标准 GB/T 13531.1—2000《化妆品通用试验方法　pH 值测定》之规定。

（2）掌握酸度计的操作方法。

（3）掌握三种常用的标准缓冲溶液的配制。

（4）掌握化妆品 pH 检验时样品预处理的操作方法。

**二、样品**

润肤乳液。

**三、项目检测**

化妆品 pH 值的测定。

## 实训三　化妆品通用理化指标浊度的检测

**一、实训要求**

（1）熟悉标准 GB/T 13531.3—1995《化妆品通用检验方法　浊度的测定》、QB/T 1858.1—2006《花露水》之规定。

（2）掌握化妆品浊度检验的操作方法。

**二、样品**

花露水。

**三、项目检测**

化妆品浊度检验。

## 实训四　化妆品通用理化指标相对密度的检测

**一、实训要求**

（1）熟悉标准 GB/T 13531.4—1995《化妆品通用检验方法　相对密度的测定》、QB/T 1858.1—2006《花露水》之规定。

（2）掌握密度瓶法测定化妆品相对密度的操作方法。

（3）掌握密度计法测定化妆品相对密度的操作方法。

**二、样品**

花露水。

**三、项目检测**

化妆品相对密度检验。

## 实训五　化妆品的稳定性试验

**一、实训要求**

（1）熟悉标准 QB/T 2286—1997《润肤乳液》产品标准之规定。

（2）掌握化妆品耐热、耐寒试验的操作技能。

（3）掌握化妆品离心试验的操作方法。

（4）掌握仪器烘箱、冰箱、离心机的校调。

（5）掌握化妆品耐热、耐寒、离心试验结果的判断技巧。

**二、样品**

润肤乳液。

**三、项目检测**

（1）耐热试验。

（2）耐寒试验。

（3）离心考验。

## 实训六　香波的黏度与泡沫的测定

**一、实训要求**

（1）熟悉标准 QB/T 1974—2004《洗发液（膏）》产品标准之规定。

（2）掌握化妆品洗发液黏度检验的指标和具体操作。

（3）掌握化妆品洗发液泡沫检验的指标和具体操作。

（4）掌握 NDJ-Ⅰ型旋转黏度计、超级恒温仪、罗氏泡沫仪的使用方法。

**二、样品**

香波。

**三、项目检测**

（1）黏度测定。

（2）泡沫测定。

## 实训七　化妆品中汞的检测

**一、实训要求**

（1）熟悉标准 GB 7917.1—87《化妆品卫生化学标准检验方法　汞》之规定。

（2）掌握湿式消解法处理化妆品的操作方法。

（3）掌握冷原子吸收测汞仪的使用。

（4）掌握化妆品中汞的测定操作技能。

**二、样品**

润肤乳液。

**三、项目检测**

汞含量测定。

## 实训八　化妆品中砷的检测

**一、实训要求**

（1）熟悉标准 GB 7917.2—87《化妆品卫生化学标准检验方法　砷》之规定。

（2）掌握干灰化法处理化妆品的操作技能。

（3）掌握分光光度计的使用。

（4）掌握测定化妆品中砷的操作技能。

**二、样品**

润肤乳液。

三、项目检测

砷含量检测。

## 实训九 化妆品中铅的检测

**一、实训要求**

（1）熟悉标准 GB 7917.3—87《化妆品卫生化学标准检验方法 铅》之规定。

（2）掌握原子吸收分光光度计的使用方法。

（3）掌握化妆品中铅的测定操作技能。

**二、样品**

润肤乳液。

**三、项目检测**

铅含量检测。

## 实训十 化妆品中细菌总数的测定

**一、实训要求**

（1）熟悉标准 GB 7918.1—87《化妆品微生物标准检验方法 总则》、GB 7918.2—87《化妆品微生物标准检验方法 细菌总数测定》之规定。

（2）掌握微生物测定样品的采集、预处理的方法。

（3）掌握标准平板计数法对细菌总数的测定原理。

（4）掌握无菌检验中培养基的制法、菌落的培养过程及菌落计数的操作技能。

**二、样品**

润肤乳液。

**三、项目检测**

细菌总数的测定。

## 习　　题

1. 什么是化妆品？

2. 化妆品的主要作用有哪些？

3. 中华人民共和国国家标准 GB/T 18670—2002 是如何对化妆品进行分类的？

4. 我国对化妆品有哪些主要的卫生要求？

5. 如何对化妆品进行安全性评价？

6. 测定无机成分的样品预处理一般有哪些方法？简述。

7. 测定有机成分的样品预处理一般可分为几个步骤？简述。

8. 如何制备微生物检样？

9. 化妆品外观检验有哪些？

10. 化妆品感官指标检验有哪些？

11. 化妆品通用理化指标检验有哪些？

12. 化妆品汞含量用何种方法检验？其原理是什么？

13. 化妆品砷含量用哪几种方法检验？其原理是什么？

14. 化妆品铅含量用哪几种方法检验？其原理是什么？

15. 化妆品卫生标准规定汞、砷、铅、甲醇的限量为多少？

16. 化妆品微生物质量标准中要对哪些菌进行检验？是如何规定的？

17. 什么是化妆品的细菌总数?

## 参 考 文 献

[1] 李江华,路丽琴,张洪主编. 化妆品和洗涤剂检验技术 [M]. 北京:化学工业出版社,2006.

[2] 郑星泉,周淑玉,周世伟主编. 化妆品卫生检验手册 [M]. 北京:化学工业出版社,2003.

[3] 赵惠恋主编. 化妆品与合成洗涤剂检验技术 [M]. 北京:化学工业出版社,2005.

[4] 徐宝财,郑福平. 日用化学品与原材料分析手册 [M]. 北京:化学工业出版社,2002.

[5] 万勇,李宁主编. 美容应用化妆品学 [M]. 南昌:江西高校出版社,2000.

[6] 王培义编著. 化妆品——原理·配方·生产工艺 [M]. 第2版. 北京:化学工业出版社,2006.

[7] 张小康,张正兢主编. 工业分析 [M]. 北京:化学工业出版社,2004.

[8] 牛桂玲,王英健主编. 精细化学品分析 [M]. 北京:高等教育出版社,2007.

[9] 余奇飞编著. 商品检验技术 [M]. 北京:中国轻工业出版社,2007.

# 第三章　牙膏的检测

【学习目标】

1. 了解牙膏的定义及分类。
2. 熟悉牙膏的组成及生产工艺。
3. 掌握牙膏主要原料主要成分的检测方法。
4. 掌握牙膏产品质量指标的检测方法。

## 第一节　牙膏简述

### 一、牙膏的定义和功能

牙膏是口腔卫生制品，由摩擦剂、保湿剂、胶合剂、表面活性剂、香料、甜味剂等组成。主要功能是辅助牙刷去除口腔中食物残屑和牙垢，使牙齿洁白、美观，同时又使口腔清爽。市场上销售的牙膏都具有稠度、摩擦力、固定外形、发泡、香气、口味、稳定性和安全性等特点。

（1）稠度　理想的稠度是使牙膏易从软管中挤出，而且成条。刷牙时，既能覆盖牙齿，又不致飞溅。

（2）摩擦力　一种牙膏必须有足够的摩擦力，但应适中，以免过分磨损牙釉和牙本质。

（3）感官　好的牙膏应膏体光滑、有光泽、没有气泡，而且有悦目的色泽。

（4）泡沫　尽管牙膏的质量不取决于泡沫的多少，但在刷牙过程中应有适度的泡沫，以便食物碎屑悬浮被清除，且易漱掉。

（5）口味　牙膏的味道和香气是消费者决定是否购买的最重要因素。口味取决于香料的香韵和用量、甜味剂的多少和口感。

（6）稳定性　牙膏膏体在货架期间必须是稳定的，不分离，不发硬，不变稀，pH 值不变。药物牙膏应保持有效期的疗效。

（7）安全性能　与黏膜、味觉相容，无毒、安全。

### 二、我国牙膏工业产品质量建设情况

我国是世界牙膏生产大国和出口大国，产量居世界第一位，在牙膏国际贸易中占有一定的份额。

牙膏是属口腔卫生用品，关系到人身安全，因此，牙膏行业对牙膏产品的质量一直是给予足够的重视，使其产品质量不断得到改善和提高。为保证牙膏产品质量的不断提高，采取了一系列有效措施：（1）强化了标准化管理，成立了全国牙膏蜡制品标准化中心，主管牙膏蜡制品、牙膏专用原料标准的制（修）定及宣贯工作，现已拥有牙膏产品国家标准，牙膏用天然碳酸钙、山梨醇、二氧化硅、羧甲基纤维素钠和磷酸氢钙等原材料的行业标准；（2）加强了质量检测工作，成立了中国轻工总会牙膏蜡制品质量监督检测中心，定期或不定期地对产品质量进行监督检测，促进产品质量的稳定和提高；（3）在企业中建立和完善了质量管理制度，开展质量教育，贯彻国家有关质量的法律、法规，并普遍采用了 ISO11609：1995（E）管理体系；（4）开发推广新原料，开发推广了山梨醇、磷酸氢钙、氢氧化铝、二氧化

硅、矿物凝胶、DN 醇、SE 醇和玉洁纯等牙膏专用原料，这些原料的开发和使用，取代了部分价格昂贵的或进口原料，使产品成本明显下降，质量大有提高，节约了外汇，为我国牙膏原料的国产化提供了有利条件。总之，由于采取了上述措施，促进了牙膏产品质量的稳定提高，据中国轻工总会牙膏蜡制品质量监督检测中心连续 6 年的检测数据表明，产品合格率均达到 95％以上，其理化指标达到国外同类产品水平。随着科学技术的不断进步、工艺装备的不断改进和完善，各种类型的牙膏相继问世，增加了花色品种，提高了产品的档次。牙膏品种已由单一的清洁型牙膏，发展成为品种齐全、功能多样、上百个品牌的多功能型牙膏，特别是中草药牙膏，产量已占总产量的 70％以上，对防治牙病起到了一定作用，不仅得到国内市场的认可，满足了不同消费层次的需求，而且出口量逐年增加，受到国外消费者的青睐，在国际市场上有良好的声誉，并占有一席之地。

### 三、牙膏的分类

（1）按用途分为普通牙膏和药物牙膏两类。

普通牙膏有甲级和乙级两种：摩擦剂以磷酸氢钙、二氧化硅为主的是甲级牙膏，以碳酸钙为主的是乙级牙膏。

药物牙膏按加入的活性物质分有：含氟、含硅、含抗菌剂、含酶、含锶牙膏等。

含氟牙膏加入氟化亚锡、氟磷酸钠、氟化锶之类的氟化物，氟离子能与牙釉质的羟基磷灰石发生反应，生成氟磷灰石，使牙齿变硬，氟化物被认为是有效的龋齿预防剂。

含酶牙膏是加入蛋白质酶、纤维素酶、葡萄糖氧化酶等酶制剂而制成的，从而能有效地抑制龋齿发生，防止牙龈炎和牙出血，同时也能有效地清除吸烟和喝茶者牙齿表面和牙缝间的黄褐色素。

（2）牙膏按照洗涤剂分类分为肥皂牙膏和合成洗涤剂牙膏。

（3）按香型分类有留兰香、薄荷香、冬青香、水果香、豆蔻香、茴香、水果型等香型。

（4）按软管直径分为 35mm、32mm、27mm、25mm、22mm、16mm 六种。

（5）按功能性分类，分为防龋牙膏、消炎牙膏、防口臭牙膏、防牙结石牙膏、脱敏牙膏、漂白牙膏等。其中以防龋牙膏为主要产品。

（6）从牙膏的外观而论，则可分为透明（包括半透明）和不透明两大类。透明牙膏的优越性在于它有优良的散发口味的能力，同时又含有防龋剂。它的这些固有特性正是其与其他牙膏竞争的力点。近年来，如去烟黄牙膏、假牙清洗剂等已经或正逐步在市场占一席之地。

此外，还有漱口水，也称漱剂，主要功能在于清洗和清新气息。多数配方中都有一种或多种抗菌剂。可以配成稀溶液，也可制成浓缩型。

### 四、牙膏的组成

牙膏是由摩擦剂、发泡剂、甜味剂、胶黏剂、保湿剂、香精、防腐剂等原料按配方工艺制得。按其在牙膏中的作用，分述于下。

#### 1. 摩擦剂

摩擦剂是牙膏的主体原料。一般占配方的 40％～50％（以质量分数计，下同）。作用是协助牙刷去除污屑和黏附物，以防止形成牙垢，摩擦剂的硬度、颗粒度大小和形状要符合要求。常用的摩擦剂有碳酸钙、二水合磷酸氢钙、焦磷酸钙、氢氧化铝、热塑性树脂等。

（1）碳酸钙　牙膏用碳酸钙一般有轻质、重质和天然碳酸钙三种，其价格便宜，容易得到，在中低档牙膏中广泛使用。只是来源和级别不同，其摩擦力差异很大，导致使用受到局限。

（2）二水合磷酸氢钙（$CaHPO_4 \cdot 2H_2O$）　它是最常用的一种比较温和的优良摩擦剂，

与牙釉有亲和性，对牙釉的摩擦适中。以它为摩擦剂制成的牙膏膏体光洁美观，但价格昂贵，在我国常用于高档品。由于它与多数氟化物不相容，所以不能用于含氟牙膏。

（3）无水磷酸氢钙（$CaHPO_4$） 摩擦力比二水合磷酸氢钙强，一般配方中只用少量，就能增加二水合磷酸氢钙膏体的摩擦力。与多数氟化物不相容。

（4）水不溶性偏磷酸钠 摩擦力度与氟化物配伍性好，只是价格较贵。

（5）焦磷酸钙 结晶分 α、β、γ 相，β、γ 相者与氟相容，含 80% 者为最好。其磨性优良，属软性磨料。为了使牙膏在贮存期内维持氟浓度，焦磷酸钙和水不溶性偏磷酸钠可单独使用，也可结合使用。许多国家都把它用于氟化物牙膏。

（6）沉淀二氧化硅（无定形二氧化硅） 摩擦力适中，属软性磨料，与氟化物配伍良好，在配方中用量不大，是一种理想的药物牙膏磨料。其折射率 1.4500～1.4700，一旦液相的折射率与之一致时，膏体便呈透明。

（7）三水合 α-氧化铝（α-氢氧化铝） 以摩擦剂制成的膏体与二水合磷酸氢钙相似，特别是其与氟化物配伍，性优异，是药物牙膏的理想磨料之一。

### 2. 胶黏剂

加入胶黏剂的目的是把膏体各组分胶合在一起，使膏体达到适宜黏度，防止存放期分离出水。用量一般为 1%～2%，常用的胶黏剂有海藻酸钠、羧甲基纤维素（CMC）、羟乙基纤维素（HEC）、黄树胶粉等。

### 3. 保湿剂

又称赋形剂。在配方中起到防止膏体中水分逸失，并能从空气中吸收水分的作用。在普通牙膏中用量为 20%～30%，在透明牙膏中高达 75%。最常用的是甘油、山梨糖醇、丙二醇、聚乙二醇。山梨糖醇赋予牙膏凉爽感和适度甜味，与甘油结合使用，效果很好。丙二醇吸湿性很大，略带苦味，在美国主要用作牙膏防腐剂。

木糖醇即戊糖醇，既有蔗糖甜味，又具保湿性，还有防龋效应。聚乙二醇在国外广泛使用。

### 4. 发泡剂

为表面活性剂。其作用是增加泡沫力和去污作用，使牙膏在口腔迅速扩散，并使香气易于透发。配方中用量为 2%～8%。常用的发泡剂有十二烷基硫酸钠、N-月桂酰肌氨酸钠等。此外，还有 N-月桂酰谷氨酸钠、月桂酰磺基醋酸钠、二辛基磺基琥珀酸钠等。月桂酰肌氨酸钠在牙膏中除起发泡、清净作用外，还能防止口腔酶类发酵、减少酸的产生，有一定的防龋效应。它在酸碱介质中很稳定，从而在牙膏中应用很有前途。

### 5. 甜味剂

可使膏体具有甜味，以掩盖其不良气味，牙膏中的香料成分大多味苦，摩擦剂有粉尘味，这就需要添加甜味剂来矫正。一般用量为 0.2%～0.5%。常用的甜味剂有蔗糖、糖精、甜蜜素等。

### 6. 香料

香料在牙膏中的用量为 1%～2%。牙膏用的香料香型应清新文雅、清凉爽口。配方中普遍使用的有留兰香油、薄荷油、冬青油、丁香油、橙油、黄樟油、茴香油、肉桂油等。

### 7. 防腐剂

在配方中用量一般为 0.1%～0.5%，常用的有对羟基安息香酸甲酯、丙酯、苯甲酸钠等。

### 8. 缓蚀剂

碱性膏体往往对铝管有腐蚀作用，为此，除喷涂铝管外，通常采取加入缓蚀剂的办法予以补救，一般以硅酸钠为缓蚀剂。胶体二氧化硅能抑制 $CaCO_3$ 与铝的作用，加入它能起到保护铝管的效用。

## 五、牙膏的生产

### （一）配方设计

牙膏质量的高低主要是看其洁齿效果和膏体的稳定性，香味、口味、泡沫和膏体的外观等也很重要。对于药物牙膏来说，还要考虑达到所要求的功能，所加药物与其他组分的相容性和安全性。好的牙膏必须能清洁牙齿，符合口腔卫生的要求，不伤牙釉，有一定的可塑性，挤出成条，表面光洁，组织细致，稠度适宜，对温度影响小，久贮无分离、发硬现象，并且还要有舒适凉爽的口味。

一般牙膏的配比（％）如下。

| 摩擦剂 | 40～50 | 润湿剂 | 20～30 |
|---|---|---|---|
| 胶合剂 | 1～2 | 发泡剂 | 2～8 |
| 甜味剂 | 0.2～0.5 | 防腐剂 | 0.1～0.5 |
| 添加剂 | 0.1～2 | 香料 | 1～1.5 |

兹举两例，以见一斑。

**[例 1]** 磷酸氢钙型（质量分数，％）

| 磷酸氢钙 | 50.00 | 甘油 | 22.00 |
|---|---|---|---|
| CMC | 1.2 | 十二醇硫酸钠 | 3.0 |
| 糖精 | 0.3 | 香精 | 1.3 |
| 水 | 加至100 | | |

**[例 2]** 碳酸钙型（质量分数，％）

| 方解石粉（天然碳酸钙） | 48.00 | 甘油 | 15.00 |
|---|---|---|---|
| CMC | 1.10 | 泡花碱 | 0.30 |
| 糖精钠 | 0.3 | 十二醇硫酸钠 | 2.5 |
| 硝酸钠 | 0.30 | 香精 | 1.2 |
| 水 | 加至100 | | |

### （二）制膏工艺

肥皂型牙膏现已淘汰。合成洗涤剂型的牙膏一般用湿法溶胶制膏和干法溶胶制膏两种工艺。我国多数采用湿法制膏工艺。

**1. 湿法溶胶制膏工艺**

湿法溶胶制膏工艺是最常用的一种制膏方法。先用甘油或其他不与胶合剂形成溶胶的润湿剂使胶合剂如羧甲基纤维素、羟乙基纤维素等均匀分散，之后加入已溶解于水中的糖精及水溶性添加物的水溶液，使胶合剂膨胀成溶胶，并经贮存陈化 8h 以上。加入发泡剂和摩擦剂、香料等，拌和均匀。再经研磨、真空脱气、灌装、包装即制成牙膏。

**2. 干法溶胶制膏工艺**

干法溶胶制膏工艺是把胶合剂、摩擦剂等原料按配方比例预先于混合设备中混合均匀。在捏合机内与水、甘油溶液一次捏合成膏。即发胶水、捏合、研磨和真空脱气都在一个设备内完成。并且可待膏体制好后，再加香精，减少香精在制膏过程中的损失。

此种工艺所制膏体质量好，缩短了生产程序。由制膏一条线改为制膏一台机，有利于牙膏生产的自动化，不必经常清洗管道和设备，降低了原材料的损耗。

**【阅读材料 3-1】**

## 国内牙膏按功能划分的类型与品种

见表 3-1。

**表 3-1　国内牙膏按功能划分的类型与品种**

| 类　型 | 品　　种 |
|---|---|
| 清洁类型牙膏 | 美白牙膏、清新口气牙膏 |
| 药物牙膏 | 脱敏牙膏、止血牙膏、防酸牙膏、草本牙膏和多合一牙膏 |
| 含氟牙膏 | 氟加钙牙膏、双氟牙膏 |
| 生物牙膏 | 维生素牙膏、加酶牙膏、CPP 钙牙膏和丝素牙膏 |

## 我国流行品牌牙膏一览

见表 3-2。

**表 3-2　我国流行品牌牙膏一览**

| 品　种 | 产品名称 | 制　造　商 |
|---|---|---|
| 美白牙膏 | 高露洁超感白牙膏<br>佳洁士洁白牙膏<br>男子汉除渍牙膏<br>洁诺亮白粒子牙膏<br>狮王渍脱牙膏 | 高露洁<br>宝洁<br>芳草<br>联合利华<br>狮王 |
| 清新口气牙膏 | 黑人牙膏<br>黑妹牙膏<br>美加净牙膏<br>佳洁士茶爽牙膏 | 好来<br>美晨<br>白猫<br>宝洁 |
| 脱敏牙膏 | 芳草特效牙膏 | 芳草 |
| 止血牙膏 | 蓝天脱敏牙膏<br>黑妹护齿康牙膏<br>佳洁士舒敏灵牙膏<br>康齿灵牙膏 | 蓝天<br>美晨<br>宝洁<br>康齿灵 |
| 防酸牙膏 | 上海防酸牙膏<br>冷酸灵牙膏 | 白猫<br>登康 |
| 草本牙膏 | 高露洁草本牙膏<br>佳洁士草本水晶牙膏<br>两面针中药牙膏<br>草珊瑚牙膏<br>中华中草药牙膏<br>黑妹现代中药牙膏<br>LG 竹盐牙膏<br>六必治中草药牙膏<br>田七牙膏<br>黄芩牙膏 | 高露洁<br>宝洁<br>两面针<br>诚志<br>联合利华<br>美晨<br>乐金<br>蓝天<br>奥奇丽<br>杭州牙膏厂 |
| 多合一牙膏 | 高露洁全效牙膏<br>佳洁士多合一牙膏<br>蓝天六必治牙膏<br>两面针全能牙膏<br>芳草全效护理牙膏 | 高露洁<br>宝洁<br>蓝天<br>两面针<br>芳草 |
| 含氟牙膏 | 中华防蛀牙膏<br>高露洁防蛀牙膏<br>高露洁双氟牙膏<br>佳洁士防蛀牙膏 | 联合利华<br>高露洁<br>高露洁<br>宝洁 |
| 维生素牙膏 | 芳草草本维生素牙膏 | 芳草 |
| 生物牙膏 | 雪豹 FE 生物牙膏<br>蓝天生物酶牙膏<br>黑妹 CPP 钙牙膏<br>丝素牙膏 | 雪豹<br>蓝天<br>美晨<br>南京牙膏厂 |

摘自《日用化学品科学》，2004，4：149～151.

# 第二节 牙膏原料的检测

牙膏用天然碳酸钙、山梨醇、二氧化硅、羧甲基纤维素钠和磷酸氢钙等主要原材料，由中国轻工总会质量标准部制定 QB/T 2317—97《牙膏用天然碳酸钙》；QB/T 2335—97《牙膏用山梨糖醇液》；QB/T 2346—97《牙膏用二氧化硅》；QB/T 2318—97《牙膏用羧甲基纤维素钠》等行业标准，由全国牙膏蜡制品标准化中心归口。本节只介绍其主要成分指标的检测。

## 一、牙膏用天然碳酸钙的检测

作为磨料，常用于牙膏的碳酸钙有两种：重质碳酸钙即天然碳酸钙（GCC）和轻质碳酸钙（PCC）。GCC（Ground Calcium Carbonate）是采用白度及纯度均较高的优质天然方解石矿经机械研磨的物理方法加工而成的；PCC（Precipitated Calcium Carbonate）则是通过石灰石的煅烧、消化、碳化等一系列化学工艺过程生产的。

本节介绍的检测方法适用于重质碳酸钙。

**（一）硫化物的测定**

**1. 试剂**

（1）1+1 的 HCl 溶液。

（2）纯铝片（铝含量 99.7%）。

**2. 仪器**

许式碳酸测定器。

**3. 试液的制备**

（1）碱性醋酸铅试纸的制备  将白色慢速滤纸在 2mol 碱性醋酸铅溶液中浸湿 10min 取出，在无硫化氢气体中晾干，剪成 20mm×20mm 的小方块，贮于棕色瓶中密闭备用（保存期不得超过一个月）。

（2）标准色斑的配制  称取硫化乙酰胺（分析纯）0.2469g，溶于蒸馏水中，并稀释至1000mL，吸取 1.00mL，稀释至 100mL，此液为硫化物标准溶液，含硫浓度为 1mg/kg。

（3）标准色斑的制备  分别吸取 0mL、1mL、2mL、3mL、4mL、5mL 硫化物标准溶液于许氏碳酸测定器内，放入 0.5g 纯铝片，加入 10mL 蒸馏水，在出气口处用一块醋酸铅试纸密封，然后由小漏斗加入 1+1HCl 溶液 15mL，待反应缓慢时再加热至反应完全（溶液透明），取下出气口的醋酸铅试纸，作为标准色斑，依次得到一组 0~5mL/kg 的标准色斑。

**4. 测定步骤**

称取 1g 样品置于许氏碳酸测定器中，塞好瓶塞，由上方小漏斗加入 10mL 蒸馏水，用一块醋酸铅试纸密封，然后由小漏斗加入 1+1HCl 溶液 10mL，并加热至沸，微沸 1min 停止加热，冷却，取下醋酸铅试纸与标准色斑比较，应为无色。测定器内溶液留做还原性硫测定用。

**（二）还原性硫的测定**

（1）试剂同上。

（2）仪器同上。

（3）试剂的制备同上。

（4）测定步骤  在上述留有被检测溶液的许氏碳酸测定器内放入 0.5g 纯铝片，塞好瓶塞。在测定器出气口处换上新的醋酸铅试纸密封，然后由小漏斗加入 1+1HCl 溶液 10mL

并加热内容物，使反应完全，取出试纸，如显色，则与标准色斑比较。

（三）碳酸钙含量的测定

**1. 原理**

用三乙醇胺掩蔽少量的 $Al^{3+}$、$Fe^{3+}$、$Mn^{2+}$ 等离子，用钙羧酸指示剂，调节 pH 约为 12.5，用 EDTA（乙二胺四乙酸二钠）标准溶液滴定钙离子。

**2. 试剂和溶液**

（1）盐酸 1+1 溶液。

（2）氯化钠。

（3）氢氧化钠 20%溶液。

（4）三乙醇胺 1+2 溶液。

（5）钙羧酸指示剂 将钙羧酸指示剂和氯化钠按 1∶99 的比例置于研钵内充分研细、混匀，置具塞的广口瓶中。

（6）EDTA 浓度为 0.02mol/L 的标准溶液。

**3. 测定步骤**

准确称量 0.5g 方解石粉试样（已在 105～110℃ 恒重过的），精确至 0.0002g，置于烧杯中，用少量水润湿，盖上表面皿，缓慢加入 10～20mL 1+1 盐酸溶液，加热溶解，冷却后转入 250mL 容量瓶中，用蒸馏水稀释至刻度，用移液管移取 25.00mL 试液于锥形瓶中，加入 20～30mL 水、5mL 三乙醇胺、10mL 氢氧化钠，每加入一样药品，就振荡摇匀，最后加入少量指示剂，用 EDTA 标准溶液滴定至由酒红色变为纯蓝色。同时作空白试验。

**4. 结果的表示和计算**

以质量分数表示的 $CaCO_3$ 含量（Xi）按下式计算：

$$Xi = \frac{c(V-V_0) \times 0.100}{m \times \frac{25}{250}} \times 100\%$$

式中 $c$——EDTA 标准溶液的浓度，mol/L；

$V$——滴定中消耗 EDTA 标准溶液体积，mL；

$V_0$——空白滴定中消耗 EDTA 标准溶液体积，mL；

$m$——试样的质量，g

0.100——1.00mL EDTA 溶液（浓度 $c$=1.000mol/L）相当于以 g 表示的碳酸钙质量。

两次平行测定结果之差不大于 0.2%，取其算术平均值为测定结果。

（四）铁含量测定

**1. 试剂和溶液**

（1）硝酸（GB 626） 化学纯，6mol/L。

（2）氢氧化钠（GB 629） 化学纯，10%水溶液。

（3）盐酸（GB 622） 分析纯，1+1 水溶液。

（4）亚铁氰化钾 分析纯，6mol/L。

**2. 测定方法**

称取试样 1g 于 50mL 烧杯中，滴加 6mol/L 硝酸 6mL，使样品完全溶解后，于电炉上微加热 1min，冷却后用 10%氢氧化钠滴至中性（用 pH 试纸试验），然后倒入比色管内，加入 1+1 盐酸 5 滴，加 6mol/L 亚铁氰化钾 5 滴，加 0.1%抗坏血酸 5 滴，用蒸馏水稀释至刻度摇匀，放置 30min，进行比色。

### 3. 标准色样的制备

$NH_4Fe(SO_4)_2 \cdot 12H_2O$ 标准溶液（1mL 相当于 0.1mg Fe）：准确称取 0.8634g 的 $NH_4Fe(SO_4)_2 \cdot 12H_2O$ 于 400mL 烧杯中，加蒸馏水 300mL（如产生浑浊，滴加盐酸至透明），然后移入 1000mL 容量瓶中，用蒸馏水稀释至刻度，摇匀此溶液。

分别加入上述溶液 0.5mL、1.00mL、1.50mL、2.00mL 于 50mL 比色管中，加入 1+1 盐酸 5 滴、6mol/L 亚铁氰化钾 5 滴、0.1%抗坏血酸 5 滴，用蒸馏水稀释至刻度，摇匀，放置 30min 比色。

## 二、牙膏用山梨糖醇液的检测

适用于以液体葡萄糖为原料，在催化剂作用下，经高压氢化而得的精制山梨糖醇液。

### （一）总糖的测定

#### 1. 原理

聚糖被分解成单糖，这些单糖以及游离单糖定量地还原碱性二价铜离子，形成一价铜离子，一价铜离子遇碘氧化。过量碘用硫代硫酸钠滴定，以氧化反应耗用的碘来计算葡萄糖的含量。

#### 2. 试剂

（1）盐酸（GB 601—88） 1mol/L。

（2）氢氧化钠（GB 629—81） 5mol/L。

（3）碘 0.04mol/L。

（4）硫代硫酸钠标准溶液 0.04mol/L。

（5）2.4%（体积分数）乙酸 量取冰醋酸 2.4mL，稀释至 100mL。

（6）酚酞指示剂（GB 603—88）。

（7）1%淀粉指示液（GB 603—88）。

（8）本尼特试剂

① 在蒸馏水 150mL 中溶解硫酸铜（$CuSO_4 \cdot 5H_2O$）16g。

② 在蒸馏水 650mL 中溶解柠檬酸三钠 150g、无水碳酸钠 130g 和碳酸氢钠 10g，并加热溶解。

③ 将冷却的①、②溶液摇动合并，用蒸馏水稀释到 1000mL，过滤。

#### 3. 测定步骤

准确称取山梨糖醇液（低结晶型）2g（称准至 0.0002g）放入 150mL 锥形烧瓶中（结晶山梨糖醇液需要约 25g）。称同样数量的水放在另一锥形烧瓶中作空白试验。用移液管吸取盐酸 40mL 到每个烧瓶中，并加些沸石或玻璃珠，烧瓶上加回流冷凝管，在水浴上回流 1h。

冷却后，以酚酞作指示剂，用 5mol/L 氢氧化钠溶液中和烧瓶内溶液。将每个烧瓶中的溶液定量地转移到 100mL 容量瓶中，用蒸馏水加至刻度，充分摇匀。用移液管从 100mL 容量瓶中分别吸取溶液 10mL 及本尼特溶液 20mL 到每个 250mL 锥形烧瓶中，在每个烧瓶上放一个小玻璃漏斗，加热并控制温度正好在 4min 煮沸内容物，计时误差±15s，继续煮沸 3min 后快速冷却，要求计时准确。

在每个烧瓶中加乙酸 100mL 及用移液管吸取碘溶液 20mL、盐酸溶液 25mL，注入每个烧瓶内摇晃。

待沉淀溶解后，用 1%淀粉指示液 1mL 指示终点，用 0.04mol/L 硫代硫酸钠标准溶液回滴过量的碘，滴定耗用的体积应保持在 1～14mL 之间。终点颜色与斐林 A 相似。

结论：0.04mol/L 碘 1mL 相当于葡萄糖 1.12g。

$$总糖量(\%)=\frac{c(V_0-V)\times 1.12}{0.04m}$$

式中　$m$——样品的质量，g；

$V_0$——空白试验所消耗硫代硫酸钠标准溶液体积，mL；

$V$——试样所消耗硫代硫酸钠标准溶液体积，mL；

$c$——硫代硫酸钠标准溶液的浓度，mol/L。

（二）氯化物（$Cl^-$）的测定（GB 9729—88）

**1. 方法原理**

在硝酸介质中，氯离子与银离子生成难溶的氯化银。当氯离子含量较低时，在一定时间内氯化银呈悬浮体，使溶液浑浊，可用于氯化物的目视比浊法测定。

**2. 试剂**

（1）硝酸（GB 603—88）　1%。

（2）硝酸银（GB 603—88）　0.1mol/L。

（3）氯化物（$Cl^-$）杂质测定用标准溶液（GB 602—88）。

**3. 测定步骤**

准确称取样品 1g（准确至 0.0002g），稀释至 25mL，用硝酸 1mL 酸化试液，加硝酸银 1mL，摇匀，放置 5min，所呈浊度与标准溶液比较。

标准溶液是取 20mg/kg 的氯化物（$Cl^-$）杂质标准溶液，与同体积试液做同样处理。

（三）硫酸盐（$SO_4^{2-}$）的测定

**1. 方法原理**

用钡离子（$Ba^{2+}$）与硫酸根离子（$SO_4^{2-}$）生成硫酸钡（$BaSO_4$）沉淀，当硫酸根离子含量较低时，可用目视比浊法进行测定。

**2. 试剂**

（1）盐酸（GB 603—88）　10%。

（2）氯化钡（GB 602—88）　25%。

（3）标准硫酸钾溶液　称取硫酸钾 0.181g，置 1000mL 容量瓶中，加水适量使溶解并稀释至刻度，摇匀（1mL 相当 $SO_4^{2-}$ 100μg）。

**3. 测定步骤**

准确称取样品 2g（精确至 0.0002g），置 50mL 纳氏比色管中，加适量水，加稀盐酸（10%）2mL，摇匀，再加入 25% 氯化钡溶液 5mL，用水稀释至 50mL，充分摇匀，放置 10min，与标准溶液同置黑色背景上，从比色管上方向下观察，比较，所呈浊度不得超过标准溶液。

标准溶液是取 1mL 标准硫酸钾溶液，与样品做同样处理。

**三、牙膏用二氧化硅的检测**

二氧化硅在牙膏中的应用已有 20 多年的历史，它可以提高牙膏质量，保护牙齿。二氧化硅呈化学惰性，与牙膏中氟化物和其他原料相容性好，配伍性好，而且膏体质量稳定。根据不同需要，采用不同的生产工艺，可以得到相应规格的二氧化硅，如摩擦型、增稠型、混合型。

本节介绍的检测方法适用于用化学反应方法制备的摩擦型二氧化硅，主要用于牙膏。

（一）硫酸盐含量的测定

**1. 试剂**

（1）盐酸（分析纯）。

（2）硝酸（分析纯） 2mol/L。

（3）盐酸（分析纯） 6mol/L。

（4）10％氯化钡溶液。

（5）硝酸银（GB 6033—88） 0.1mol/L。

**2. 测定步骤**

精确称取试样 1g（称准至 0.0001g）于 100mL 烧杯中，加水 5mL、盐酸 5mL，放在水浴上加热蒸发近干。试样呈白色后取下，加 2mol/L 硝酸使试样全部润湿（如呈糊状，则再加盐酸 5mL 搅匀后蒸发至干），搅拌后用滤纸过滤，并用热水洗涤烧杯和沉淀三次。洗液和滤液并入 350mL 锥形瓶中，加 6mol/L 盐酸 5mL，加热至近沸，在不断摇荡下，滴入 10％氯化钡溶液 5mL。然后移入 105℃烘箱中保温 1h，即用定量纸过滤，用热水洗涤沉淀至无 $Cl^-$（滤液用 0.1mol/L $AgNO_3$ 溶液滴加无乳白色出现）。将滤纸和沉淀移入一已恒重的瓷坩埚中，置于电炉上徐徐烘干炭化后，再加盖灼烧至恒重取出，稍冷后移入干燥器中冷却至室温称重。

**3. 计算公式**

$$硫酸盐含量（以 Na_2SO_4 计）=\frac{m_1 \times 0.508}{m} \times 100\%$$

式中 $m_1$——灼烧后沉淀净质量，g；

　　　$m$——试样质量，g；

　0.508——硫酸钡折合为硫酸钠含量的系数。

（二）氯化钠含量的测定

**1. 试剂**

（1）10％ $K_2CrO_4$ 指示剂。

（2）1+1 氨水。

（3）1％硝酸。

（4）1％酚酞指示剂。

（5）0.1mol/L $AgNO_3$ 标准溶液 按 GB 601—88 配制。

**2. 测定步骤**

取试样 5g（准确至 0.01g）至 250mL 锥形瓶中，加入蒸馏水 100mL 摇匀。加入 1％酚酞指示剂 2 滴，用 1+1 氨水或 1％硝酸调节溶液至微红色。然后加入 10％ $K_2CrO_4$ 指示剂约 1mL，用 $AgNO_3$ 标准溶液滴定至恰呈砖红色，同时作空白试验。

**3. 计算公式**

$$w_{NaCl}=\frac{c(V-V_0) \times 5.85}{m}$$

式中 $c$——$AgNO_3$ 标准溶液的浓度，mol/L；

　　　$V$——测定试样时耗用 $AgNO_3$ 标准溶液的体积，mL；

　　　$V_0$——空白试样时耗用 $AgNO_3$ 标准溶液的体积，mL；

　　　$m$——试样质量，g；

　5.85——折合为氯化钠含量的系数。

（三）105℃挥发物含量的测定

**1. 测定仪器**

烘箱；称量瓶。

**2. 测定步骤**

精确称取试样 2g（准确至 0.0002g）置于已恒重的称量瓶中，放入 105℃恒温烘箱 2h，取出，移入至干燥器内，冷却至室温后，称重。

**3. 计算公式**

$$w_{105℃挥发物} = \frac{m_1 - m_2}{m} \times 100\%$$

式中　$m$——试样质量，g；

　　　$m_1$——试样和称量瓶质量，g；

　　　$m_2$——烘干后试样和称量瓶质量，g。

注：留下试样，供干剂灼烧失重的测定用。

（四）干剂灼烧失重的测定

**1. 测定仪器**

马弗炉；瓷坩埚。

**2. 测定步骤**

精确称取 105℃挥发物含量的测定留下试样 1g（准确至 0.0002g）于已恒重的瓷坩埚中。先用电炉加热数分钟，再移入马弗炉中，炉温 900℃灼烧 1h 取出，置于干燥器内冷却至室温后称重。

**3. 计算公式**

$$干剂灼烧失重 = \frac{m_1 - m_2}{m} \times 100\%$$

式中　$m$——试样质量，g；

　　　$m_1$——未灼烧前试样和瓷坩埚质量，g；

　　　$m_2$——灼烧后试样和瓷坩埚质量，g。

（五）二氧化硅含量的测定

**1. 测定仪器**

分析天平；铂坩埚；马弗炉。

**2. 测定试剂**

硝酸（分析纯）　2mol/L；氢氟酸（分析纯）　40%。

**3. 测定步骤**

精确称取试样 2g（准确至 0.0001g）于已灼烧至恒重的铂坩埚内，加入 2mol/L 硝酸 10mL 使试样湿润均匀，然后用聚乙烯量杯沿铂坩埚壁慢慢地加入 40%氢氟酸 10mL，放置 10min 后，再置于电炉上。先微火加热（在通风橱内），待坩埚内固态物质溶解后，适当提高温度使溶液蒸发至干。然后移入马弗炉中（炉温为 900℃）灼烧至恒重（约 30min）。取出稍冷，移入干燥器中冷却至室温后称重。

**4. 计算公式**

$$杂质总含量 = \frac{m_2 - m_1}{m(1 - T)(1 - H)} \times 100\%$$

氧化硅含量 = 100 - 杂质总含量

式中　　$m$——试样质量，g；

$m_1$——铂坩埚质量，g；

$m_2$——铂坩埚和灼烧残渣质量，g；

$T$——105℃挥发物含量，％；

$H$——干剂灼烧失重，％。

### 四、牙膏用羧甲基纤维素钠的检测

适用于以纤维素、烧碱及氯乙酸或其钠盐制得的牙膏用羧甲基纤维素钠。该产品在牙膏中用做黏合剂。其结构式如下：

（式中，R＝H 或 CH₂COONa）

相对分子质量：当代替度为 1 时，单元相对分子质量为 242.16。

（一）氯化物含量的测定

**1. 试剂**

（1）硝酸银标准溶液　$c(AgNO_3)＝0.1mol/L$。

（2）30％过氧化氢。

（3）无水乙醇。

（4）5％铬酸钾溶液　5g 铬酸钾（$K_2CrO_4$）溶于 100mL 水中。

（5）1％氢氧化钠溶液　1g 氢氧化钠（NaOH）溶于 100mL 水中。

（6）稀硝酸溶液　0.5mL 浓硝酸溶于 100mL 水中。

（7）酚酞指示液　10g/L。

**2. 测定步骤**

称取试样 1g（称准至 0.002g），置于 250mL 锥形瓶中，加入少量无水乙醇润湿，并迅速加入 150mL 水、5mL 30％过氧化氢，加热至试样全部溶解并缓和沸腾 10min，冷却至室温，加入 2 滴酚酞指示液。如显红色，用稀硝酸溶液中和至刚好显无色；如显无色，则先滴加 1％氢氧化钠溶液至显红色，再用稀硝酸溶液中和至刚好显无色。然后加入 2mL 5％铬酸钾溶液，用硝酸银标准溶液滴定至刚刚出现砖红色沉淀。滴定时注意剧烈摇荡。

**3. 结果的表示和计算**

以质量分数表示的氯化物（以 NaCl 计）含量用下式计算。

$$X=\frac{0.05844cV}{m}\times100\%$$

式中　　$c$——硝酸银标准溶液浓度，mol/L；

$V$——滴定消耗硝酸银标准溶液的体积，mL；

$m$——试样质量，g；

0.05844——NaCl 的毫摩尔质量，g/mmol。

（二）重金属含量的测定

**1. 试剂**

（1）盐酸。

（2）铅标准溶液　溶液含 Pb 0.1mg/mL。

（3）乙酸溶液　1 体积冰醋酸溶于 4 体积水中。

（4）10％硫化钠溶液　10g 硫化钠（Na$_2$S·9H$_2$O）溶于 100mL 水中。

### 2. 仪器

（1）25mL 纳氏比色管。

（2）其他　一般实验室仪器。

### 3. 测定步骤

称取试样 2.00g，置于瓷坩埚中，在微火上炭化后，移入 500℃的高温炉中灰化 1h，取出冷却后加入 2mL 盐酸，在水浴上蒸发至干，残留物用 4mL 乙酸溶液溶解，经滤纸过滤至 50mL 容量瓶中，洗涤坩埚、滤纸数次，洗涤液滤入容量瓶中，加水至刻度，摇匀，移取 25.0mL 至纳氏比色管中作为试验溶液。

另取一支纳氏比色管加入 0.20mL 铅标准溶液、2mL 乙酸溶液，加水至体积为 25.0mL，摇匀。

往试验溶液和标准溶液比色管中各加入两滴 10％硫化钠溶液，很快加以混合，放置 5min 后，在白色背景下进行颜色的比较。

### 4. 结果的表示

样品管颜色不深于标准管颜色为合格，若深于标准管颜色为不合格。

（三）砷含量的测定

### 1. 试剂

（1）硝酸。

（2）硫酸。

（3）15％碘化钾溶液　15g 碘化钾（KI）溶于 85g 水中。

（4）氯化亚锡溶液　400g/L。

（5）无砷金属锌。

（6）砷标准溶液　称取 0.1320g 于硫酸干燥器中干燥至恒重的三氧化二砷（As$_2$O$_3$），溶于 5mL 20％氢氧化钠溶液中。加入 1mo/L 硫酸 25mL，移入 1000mL 容量瓶中，加新煮沸冷却的水稀释至刻度。此溶液含砷 0.100mg/mL。临用前取 1.00mL，加 1mol/L 硫酸 1mL，加新煮沸冷却的水稀释至 100mL。此溶液含砷 1$\mu$g/mL。

注：1mol/L 硫酸指 $c(1/2H_2SO_4)=1mol/L$ 的硫酸溶液。

### 2. 仪器

（1）定砷瓶。

（2）其他　一般实验室仪器。

### 3. 测定步骤

称取试样 1.00g 在 250mL 锥形瓶中，预先加入 10mL 硝酸，缓缓加热，慢慢加入样品，待作用缓和后，稍冷，沿壁加入 5mL 硫酸，再缓缓加热，至溶液开始变棕色，不断滴加硝酸，至有机质分解完全，继续加热，生成大量的二氧化硫白色烟雾，最后溶液应无色或微带黄色。冷却后加 2mL 水煮沸，除去残留的硝酸至产生白烟为止。如此处理两次，放冷，将溶液全部移入定砷瓶中，加水至体积约 30mL。

取相同量的硝酸、硫酸，按上述方法作试剂空白试验。

吸取含砷 1$\mu$g/mL 的砷标准溶液 5.00mL，放入试剂空白溶液中，在样品溶液和试剂空白溶液各加入 5mL 15％碘化钾溶液、0.2mL 400g/L 氯化亚锡溶液，混匀，室温放置

10min。

向上述定砷瓶中各加入 3g 无砷金属锌，并立即塞上预先装有乙酸铅棉花及溴化汞试纸的测砷管，于 25℃ 放置 1h，取出砷斑进行比较。

**4. 结果的表示**

样品砷斑颜色不深于标准砷斑颜色为合格，若深于标准砷斑颜色为不合格。

**（四）铁含量的测定**

**1. 试剂**

（1）1＋1 盐酸溶液　1 体积浓盐酸溶于 1 体积水中。

（2）30％过氧化氢。

（3）20％硫氰酸钾（KSCN）溶液。

（4）铁标准溶液（含 Fe 0.1g/mL）。

**2. 仪器**

（1）50mL 纳氏比色管。

（2）其他　一般实验室仪器。

**3. 测定步骤**

称取试样 2.00g 于瓷坩埚内，在微火上炭化后，移入 500℃ 高温炉中灰化 1h，灰分用 0.2mL 1＋1 盐酸溶液溶解后，移入 50mL 烧杯，加水至约 20mL，加入 30％过氧化氢溶液 1mL，煮沸 2min，冷却后经滤纸过滤至 50mL 容量瓶中，洗涤烧杯、滤纸数次，洗涤液滤入容量瓶中，加水至刻度，摇匀，移取 25.00mL 至纳氏比色管中作为试验溶液。

另取一支纳氏比色管加入 3mL 0.1g/mL 铁标准溶液，加水至 25.0mL，摇匀。往试验溶液和标准溶液的比色管中各加入 0.4mL 1＋1 盐酸溶液、10mL 20％硫氰酸钾溶液，混匀，放置 3min 后，加水至刻度，摇匀，在白色背景下进行颜色的比较。

**4. 结果的表示**

样品管颜色不深于标准管颜色为合格，若深于标准管颜色为不合格。

 **【阅读材料 3-2】**

### 牙膏的化学史

牙膏问世前，人们用牙粉刷牙。牙粉是碳酸钙和肥皂粉的混合物，其功能只是保持牙齿清洁，除去污渍。牙粉呈碱性，易引起口腔组织发炎。第二次世界大战以后，有治疗作用的牙膏才纷纷上市。其中以合成去垢剂——月桂酰肌氨酸钠代替肥皂的牙膏深受大众青睐。这种清洗剂不仅能明显减少口腔炎症，还使牙膏气味清香，且能抑制引起蛀牙的菌斑酸。

防治龋齿的氟化物：20 世纪 50 年代初，一些流行病学研究指出，氟化物具有阻止龋齿的作用。龋齿是由于口腔细菌在糖代谢或可酵解的碳水化合物代谢过程中释放出来有机酸，有机酸穿透牙釉质表面使牙齿的矿物质——羟（基）磷灰石溶解，生成磷酸氢根离子和钙离子向齿外扩散，被唾液冲走，而氟化物中的氟离子会跟羟磷灰石反应生成氟磷灰石，溶解度研究证实氟磷灰石比羟磷灰石更能抵抗酸的侵蚀。氟离子还能抑制口腔细菌产酸。于是，1955 年出现了添加氟化亚锡的牙膏。后来，一氟磷酸钠代替了氟化亚锡，成为世界上应用最广泛的氟化物。如今被添入牙膏预防龋齿的氟化物还有氟化钠和氟化铵类。专家们普遍地认为，当提供的氟离子浓度相等时，所有这些氟化物防治龋齿的作用是相同的。

预防齿质过敏：牙膏化学的第二个进展是预防牙齿过敏引起的酸痛。牙齿过敏是因暴露的牙骨质（羟磷灰石和胶原）表面受到热、渗透、碰击或者吸入空气的刺激引起的酸痛。通常牙根被牙龈覆盖，但当牙龈萎缩，牙龈下面的牙根就暴露出来，牙根最表面的一层组织就是牙骨质，内层是牙本质。而食物和口腔细菌的酸可以使牙本质的微孔或小管在牙骨质表面开口，从而导致过敏。含钾盐和锶盐的牙膏可以起到预防性治疗的作用。锶盐会封闭开口的孔道从而阻止酸痛。据研究，硝酸钾等药剂可以变更牙髓神经的受激阈来减弱神经活性。在一支牙膏里既含硝酸钾又含一种能够很好地附着牙表性能的含氟共聚物，就可以起到这种作用。不足之处是，这种治疗方法需要在 2～4 星期后才会有显著效果。因此仍需要寻找一种速效材料来防治牙质过敏。

牙齿的杀菌剂：远在 1683 年，Anthony Van Leeuwenhoek 第一个指出，口腔里有细菌存在。1890 年，牙科微生物学之父 W. D. Miller 就指出，应当用杀菌剂杀灭口腔里的细菌以达到防治牙科疾病的目的。添进牙膏的杀菌剂品种曾有抗生素、防腐剂和抗炎药等，但是效果不好，且有明显的副作用，概括地说，它们会扰乱口腔微生物的正常生态环境。事实上，如果每天刷两次牙，99% 的细菌就会被杀死，但抑制菌斑生成的作用则仅 6h。而菌斑的生成是一个持续不断的过程，饮食，甚至接吻总会招致重新感染的机会。因此，杀菌作用不是仅仅为了防止菌斑的生成，还要求药物在口中的存留时间够长。现在常用的有阳离子杀菌剂，是非离子型化合物。新开发的一种特殊聚合物——共聚物 PVM/MA 能够在 12h 内渐渐地释放出活性物质来。

改善外观：牙膏化学的另一个突破是开发了用于改善牙齿外观的产品。具有疗效的添加物使人们的牙齿健康保持得更长久，但随之而来的一个问题是牙齿变色问题越来越严重。牙齿的斑渍有两种类型：外表型和内质型。前者由食物引起，后者则由四环素之类的药物造成的。最常用的消除牙质斑渍的药物是过氧化氢。但是它能破坏牙齿的结构，使之过敏。为此，牙膏厂家开发了具有如下组成的广谱牙膏：含有表面活性剂以利过氧化氢穿透牙体溶解内质型斑渍；含有磨蚀剂以机械方式清除牙齿表面的斑渍；含焦磷酸盐之类的螯合剂以防止过氧化氢分解从而有持续的清除作用。

"牙好，身体就好，吃啥，啥香"，小小一支牙膏，拥有如此之多的化学功能，定能让消费者常保一口清洁美丽的牙齿，永葆美丽、永葆健康。

摘自《中国检验检疫》，2007，7：64.

# 第三节　牙膏产品的检测

牙膏的质量指标主要有感官指标、理化指标和卫生指标，技术要求如表 3-3。检测方法按标准（GB 8372—2001《牙膏》）的规定进行。

**表 3-3　牙膏的质量指标**（摘自 GB 8372—2001）

| 项　目 | | 指　标 |
|---|---|---|
| 感官指标 | 膏体 | 洁净、均匀、细腻、色泽正常 |
| | 香味 | 符合规定香型 |
| 理化指标 | 稠度/mm | 9～33 |
| | 挤膏压力/kPa　≤ | 40 |
| | 泡沫量/mm　≥ | 60 |
| | pH | 5.0～10.0 |
| | 稳定性 | 膏体不溢出管口,不分离出水,香味、色泽正常 |
| | 过硬颗料 | 玻片无划痕 |
| | 总氟量/%　≤ / ≥ | 0.15 / 0.04　（适用于含氟牙膏） |
| | 可溶氟或游离氟量/%　≥ | 0.04　（适用于含氟牙膏） |
| 卫生指标 | 细菌总数/(个/g)　≤ | 500 |
| | 粪大肠菌群/(个/g) | 不得检出 |
| | 绿脓杆菌/(个/g) | 不得检出 |
| | 金黄色葡萄球菌/(个/g) | 不得检出 |
| | 重金属含量(Pb)/(mg/kg)　≤ | 15 |
| | 砷含量(As)/(mg/kg)　≤ | 5 |

### 一、感官指标的检测

牙膏感官指标是牙膏质量优劣的一个非常重要的指标，也是消费者购买的一种参考依据，对牙膏感官指标检测有着重要意义，然而，牙膏感官指标检测在中控检测不易，适宜操作工在生产现场检测和实验室共同把关。

**（一）膏体的测定**

中华人民共和国国家标准 GB 8372—2001《牙膏》膏体指标规定，膏体洁净、均匀、细腻，无水分分离，无漏水现象，细腻无结粒，洁净无杂质，色泽正常。

测定方法：任取试样牙膏 2 支，全部成条状挤于白纸或白瓷板上，目测检查。

**（二）香味的测定**

香味是指香味定型、无异味，符合规定香型。

测定方法：用尝味方法确定。

### 二、理化指标的检测

**（一）稠度的测定**

稠度是指使牙膏易从软管中挤出，而且成条，刷牙时，既能覆盖牙齿，又不致飞溅。检测时是指挤出牙膏后，将膏体条从稠度架上第一根钢丝开始依次向其余钢丝横过，使膏条横架在钢丝上，挤完后静置 1min 后，横跨于钢丝上未断落膏条的最大距离。

**1. 主要仪器**

（1）恒温箱　1 台。

（2）秒表　1 只。

（3）标准帽盖　1 只，中心具有直径为 3mm 的小孔，帽盖内径及螺纹应与相应的牙膏管型配合一致。

（4）稠度测量架　1 只，在长方形的金属架上装置 13 根直径为 1.5mm 的不锈钢丝，第一根钢丝装在金属架的尽头，第二根和第一根的中心距离为 3mm，第三根和第二根的距离为 6mm。以后每增加一根不锈钢丝，距离增加 3mm，直至 36mm 为止。每根不锈钢丝的距离数，即为稠度的读数，第一根为 0，第二根为 3，第三根为 6，第四根为 9，依次类推。

**2. 测定步骤**

（1）将试样牙膏 3 支放入 45℃恒温箱内，另任取试样牙膏 3 支放在室温下，分别放置 24h 后待测。

（2）分别将待测试样旋上标准帽盖，先挤出牙膏 20mm 弃之，然后再挤出牙膏，将膏体条从稠度架上之第一根钢丝开始依次向其余钢丝横过，使膏条横架在钢丝上，每支牙膏连续挤 3 条，挤完后静置 1min，观察膏体断落情况。

（3）测定结果计算

① 以 3 条中有 2 条相同的横跨于钢丝上未断落的膏条的最大距离（毫米）为单支测定结果。

② 待 3 支牙膏全部测定后，取其中 2 支牙膏稠度相同的作为最终结果。若小于 9mm 或大于 33mm，判定为不合格，若在 9～33mm 之间，判定为合格。

**（二）挤膏压力的测定**

挤膏压力是指牙膏在挤膏压力测定仪被挤出 1～2mm 的膏条时，压力表的最大测定值。

**1. 主要仪器与设备**

（1）冰箱　1 台。

（2）挤膏压力测定仪　1台。

（3）压缩泵　1台。

（4）压力表　0～40kPa，1只，精度1Pa。

（5）标准帽盖　1只，中心具有直径为3mm的小孔，帽盖内径及螺纹应与相应的牙膏管型配合一致。

**2. 测定步骤**

任取试样牙膏2支，放入−8℃冰箱内8h后取出，先用手挤出膏体约20mm弃之，将牙膏管口旋入挤膏压力测定仪的标准帽盖上，然后将标准帽盖连同牙膏旋紧于挤膏压力测定仪的贮气筒内，使之不漏气，通过压缩泵向贮气筒徐徐压入空气。当膏条被挤出1～2mm时，停止进气，并打开贮气筒排气活塞，使压力表恢复至零，用小刀齐软管口刮去挤出的膏体，并关闭排气活塞，再次压入空气，当膏体被挤出1～2mm时，立即记录压力表的压力数，取最大的测定值为测定结果。

**（三）泡沫量的测定**

泡沫量测量不仅是国标要求，而且各家企业更是把它确立为必不可少的检测项目。泡沫量的重要性表现在它在牙膏中所起的重要作用，牙膏中发泡剂是产生泡沫的主要原因，发泡剂在牙膏中起到乳化香精、稳定膏体的作用。在牙膏使用时，与牙刷和水共同作用产生泡沫，使口腔内难溶的污物溶于水随漱口吐出口外，产生泡沫起到去污携污的作用。另外，泡沫也是消费者在使用时的一种心理需要。

**1. 主要仪器**

超级恒温水浴　1台；罗氏泡沫测定仪　1套。

**2. 试液制备**

任取试样牙膏1支，从中称取牙膏10g（精确至0.01g）于100mL烧杯中，同时将1000mL蒸馏水加热至40℃，先用少量蒸馏水把试样调成浆状，将浆状的试样倒入1000mL瓷杯中，并分数次洗净烧杯，最后再将剩余的蒸馏水倒入1000mL的瓷杯中，轻轻搅拌均匀，放入40℃恒温水浴中保温，待测。

**3. 测定步骤**

（1）准备工作　开启与罗氏泡沫测定仪刻度管夹套接通的超级恒温水浴循环装置，使泡沫仪保持在40℃，先用40℃的蒸馏水冲洗刻度管内壁，再用试液沿壁冲洗，冲洗必须完全，在刻度管下端注入预先加热至40℃的试液，调节试液液面至50mL刻度。

（2）第一次试验　用滴液管准确吸取200mL试液，然后把它放到刻度管架上口，并与刻度管的断面垂直，使试液流入时能达到刻度管内液面中心位置，打开滴液管的活塞，使试液一次性流下，当试液流完后，立即记录泡沫的高峰值与低峰值，并计算两个峰值的平均值。

（3）第二次试验　再用滴液管准确吸取200mL试液，然后把它放到刻度管架上口并与刻度管的断面垂直，使试液流入时能达到刻度管内液面中心位置，打开滴液管的活塞，使试液一次性流下，当试液流完后，立即记录泡沫的高峰值与低峰值，并计算两个峰值的平均值。

（4）计算结果　以两次试验的算术平均值为测定结果。

**（四）pH值的测定**

pH值是指膏体溶于蒸馏水的酸碱性，用酸度计测定。

**1. 主要仪器**

（1）酸度计　1台，精度≥0.02。

（2）温度计　1支，精度2℃。

（3）架盘天平　1台，精度0.01g。

### 2. 测定步骤

任取试样牙膏1支，从中称取牙膏5g置于50mL烧杯内，加入预先煮沸、冷却的蒸馏水20mL，充分搅拌均匀，立即于20℃下用酸度计测定。

### （五）稳定性的测定

牙膏是一个复杂的混合体系，牙膏膏体各组分之间、膏体与包装物之间都存在复杂的物理化学反应，在生产、贮存和待销过程中往往会出现很多稳定性问题，查找、分析、预防和解决这些问题，使牙膏在保质期内确保产品质量，是牙膏工业始终要研究的重大课题。狭义上讲，牙膏稳定性是指膏体外观质量的稳定性，保质期内要求始终保持紧密、细腻和均匀，不能有分离出水、干结发硬和气胀等现象的发生。广义上讲，牙膏稳定性是将牙膏产品作为一个整体，保质期内要求所有指标的变化都能控制在标准范围之内。检测方法是将牙膏由低温（−8℃）到高温（45℃）分别放置8h后，检测膏体变化情况。

### 1. 主要仪器

（1）冰箱　1台。

（2）电热恒温培养箱　20～60℃，1台，精度1℃。

### 2. 测定步骤

将试样牙膏1支放入−8℃的冰箱内，8h后取出，随即放入45℃恒温培养箱内，8h后取出，回复室温。开盖，膏体不应溢出管口。将膏体全部挤于白纸上，应不分离出水；香味、色泽正常。

### （六）过硬颗粒的测定

过硬颗粒是指膏体内有无硬颗粒，用过硬颗粒测定仪检测。

### 1. 主要仪器

过硬颗粒测定仪1台。

### 2. 测定程序

任取试样牙膏1支，从中称取牙膏5g于无划痕的载玻片上（255mm×75mm），将载玻片放入测定仪的固定槽内，压上摩擦铜块，启动开关，使铜块往返摩擦10次后，停止摩擦，取出载玻片，用水或热硝酸（1∶1）将载玻片洗净，然后观察该片有无划痕。

### （七）游离氟、可溶性氟和总氟含量的测定

氟是人体不可缺少的一种微量元素，人体的任何组织和器官中都含有氟。尤其是在我们的骨骼和牙齿中，集中了人体氟总量的90%以上。20世纪50年代初，一些流行病学研究指出，氟化物具有防治龋齿的作用。由于氟化物具有防龋的功能，因此牙膏制造商们在牙膏中加入氟化物以起到预防蛀牙的作用。使用含氟牙膏可以增加牙齿的硬度。目前，国内含氟牙膏的使用已经非常普遍，很多牙膏中都加入了一定量的氟。氟化物之所以能够防治龋齿，主要是氟离子与牙齿表面物质反应，矿化这些物质，使牙齿变得坚固。含氟牙膏还能减少蛀牙，因为它比起较大的氢氧根离子在磷灰石晶体结构里更匹配，它还能抑制口腔细菌产生酸，改变口腔内的细菌适于生存的环境，从而防治蛀牙。含氟牙膏已经使全世界千千万万的人减少龋齿，使大家的牙齿保持得长久。因此世界卫生组织一直推荐使用含氟牙膏来预防龋齿。

适量的氟不仅可以保持骨骼的健康，同时还能防止蛀牙的产生。然而氟作为人体必需的微量元素，摄入过多或过少都会给人体健康带来不利影响，在牙齿形成和矿化期间摄入过多氟化物可能会导致氟牙症，因此在牙膏生产和销售中严格控制氟的含量很有必要。

### 1. 测定方法与原理

目前氟的分析方法有比色法、离子色谱法和离子选择电极法。国家标准对牙膏中氟的测定就是采用离子选择电极法。离子选择电极法是配制不同浓度的氟离子标准溶液，通过电位对浓度的对数标准工作曲线，再计算出样品的浓度。

### 2. 主要仪器与用具

（1）氟离子选择电极　1 支。

（2）甘汞参比电极　1 支。

（3）PHS-3C 型酸度计　1 台，或 720 AORION 酸度计，1 台。

（4）BD-Z 型离子沉淀器　1 台。

（5）扩散盒　见图 3-1，1 套。

扩散盒盖：110mm×20mm；
扩散盒：$d$110mm×60mm；
吸收池：$LSH$=75mm×50mm×35mm

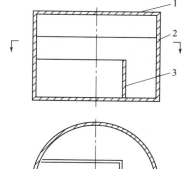

图 3-1　扩散盒

1—扩散盒盖；2—扩散盒；3—吸收池

### 3. 试剂

（1）盐酸溶液（4mol/L）。

（2）氢氧化钠溶液（4mol/L）。

（3）氢氧化钾溶液（2mol/L）。

（4）高氯酸溶液（0.4mol/L）。

（5）六甲基二硅醚饱和高氯酸溶液　将 58% 高氯酸溶液倒入分液漏斗，加入六甲基二硅醚（HMDS），经剧烈摇动后，放置分层，下层即为六甲基二硅醚饱和高氯酸溶液。

（6）柠檬酸盐缓冲液　100g 柠檬酸三钠，60mL 冰醋酸，60g 氯化钠，30g 氢氧化钠，用水溶解，并调节 pH＝5.0～5.5，用水稀释到 1000mL。

（7）氟离子标准溶液　精确称取 0.1105g 基准氟化钠（105℃干燥 2h），用去离子水溶解并定容至 500mL，摇匀，贮存于聚乙烯塑料瓶内备用。该溶液浓度为 100mg/kg。

### 4. 样品制备

任取试样牙膏 1 支，从中称取牙膏 20g（精确至 0.001g）置于 50mL 塑料烧杯中，逐渐加入去离子水搅拌使溶解，转移至 100mL 容量瓶中，稀释至刻度，摇匀，分别倒入两个具有刻度的 10mL 离心管中，使其重量相等，在离心机（2000r/min）中离心 30min，冷却至室温，其上清液用于分析游离氟、可溶性氟浓度，悬浮液用于分析总氟浓度。

### 5. 标准曲线绘制

精确吸取 0.5mL、1.0mL、1.5mL、2.0mL、2.5mL 氟离子标准溶液，分别移入五个 50mL 容量瓶中，各吸入柠檬酸盐缓冲液 5mL，用去离子水稀释至刻度，然后逐个转入 50mL 塑料烧杯中，在磁力搅拌下测量电位值 $E$，记录并绘制 $E$-$\lg c$（$c$ 为浓度）标准曲线。

### 6. 游离氟测定

吸取上清液 10mL 置于 50mL 容量瓶中，加柠檬酸盐缓冲液 5mL，用去离子水稀释至刻度，转入 50mL 塑料烧杯中，在磁力搅拌下测量其电位值，在标准曲线上查出其相应的氟含量，从而计算出游离氟浓度。

### 7. 可溶性氟测定

吸取 0.5mL 上清液，转入到 2mL 微型离心管中，加 0.7mL 4mol/L 的盐酸，离心管加盖，50℃水浴 10min，移至 50mL 容量瓶，加入 0.7mL 4 mol/L 的氢氧化钠，中和，再加 5mL 柠檬酸盐缓冲液，用去离子水稀释到刻度，转入到 50mL 的塑料烧杯中，在磁力搅拌下测量其电位值，在标准曲线上查出其相应的氟含量，从而计算出可溶性氟浓度。

**8. 总氟含量测定**

(1) 将扩散盒与盒盖交接处抹上凡士林，预先放在一个倾斜的位置（如图 3-2），形成

相互分隔的三个小室，吸取 0.5mL 悬浮液移入扩散盒左室，加 5mL 0.4mol/L 的高氯酸摇一下，中间室放入 0.5mL 2mol/L 的氢氧化钾，将六甲基二硅醚饱和高氯酸溶液 5mL 移入右室，扩散盒加盖密封，将左、右室溶液充分混合，静置 7h 以上。

(2) 打开扩散盒，取中间室溶液，将溶液转移至 50mL 容量瓶，加 0.25mL 4mol/L 盐酸中和，加 5mL 柠檬酸盐缓冲液，用去离子水稀释到刻度，转入到 50mL 的塑料烧杯中，在磁力搅拌下测量其电位值，

图 3-2　扩散盒放置图
扩散盒制作材料为聚苯乙烯

在标准曲线上查出其相应的氟含量，从而计算出总氟浓度。

**9. 计算公式**

$$游离氟 = \text{anti lg}c \times \frac{50}{10} \times \frac{100}{m}$$

$$可溶性氟 = \text{anti lg}c \times \frac{50}{0.5} \times \frac{100}{m}$$

$$总氟 = \text{anti lg}c \times \frac{50}{0.5} \times \frac{100}{m}$$

式中　anti lg$c$——标准曲线上所查出氟含量的对数值，再取反对数；

　　　　$m$——样品质量，g。

最后将上述计算结果（mg/kg）换算成质量分数。

在 8.（1）中"吸取 0.5mL 悬浮液"，也可用 0.2～0.3g 牙膏加少量去离子水代替，其计算公式为：

$$总氟 = \text{anti lg}c \times \frac{50}{m}$$

### 三、卫生指标的检测

微生物指标是衡量牙膏卫生质量的重要指标。为此，国标 GB 8372—2001《牙膏》制定了牙膏卫生指标，即牙膏细菌总数≤50 个/g，其中粪大肠菌群、绿脓杆菌、金黄色葡萄球菌均不得检出。

**（一）细菌总数的测定**

细菌总数系指 1g 或 1mL 牙膏中所含的活菌数量。测定细菌总数可用来判断牙膏被细菌污染的程度，以及生产单位所用的原料、工具、设备、工艺流程、操作者的卫生状况，是对牙膏进行卫生学评价的综合依据。

牙膏细菌总数的测定按标准 GB/T 7918.2—87《化妆品微生物标准检验方法　细菌总数测定》进行检测。

**（二）粪大肠菌群的测定**

粪大肠菌为总大肠菌群的一个亚种，直接来自粪便，除了耐热，在 44～44.5℃ 的高温条件下仍可生长繁殖并将色氨酸代谢成吲哚，其他特性均与总大肠菌群相同。

总大肠菌群中的细菌除生活在肠道中外，在自然环境中的水与土壤中也经常存在，但此等

在自然环境中生活的大肠菌群培养的最合适温度为 25℃ 左右，如在 37℃ 培养，则仍可生长，但如将培养温度再升高至 44.5℃，则不再生长。而直接来自粪便的大肠菌群细菌习惯于 37℃ 左右生长，如将培养温度升高至 44.5℃，仍可继续生长。因此，可用提高培养温度的方法将自然环境中的大肠菌群与粪便中的大肠菌群区分。在 37℃ 培养生长的大肠菌群，包括在粪便内生长的大肠菌群称为"总大肠菌群"（Total Coliform）；在 44.5℃ 仍能生长的大肠菌群，称为"粪大肠菌群"（Fecal Coliform），粪大肠菌群细菌在卫生学上具有重要的意义。

粪大肠菌群测定按标准 GB/T 7918.3—87《化妆品微生物标准检验方法 粪大肠菌群》进行检测。

（三）绿脓杆菌的测定

绿脓杆菌的测定按标准 GB/T 7918.4—87《化妆品微生物标准检验方法 绿脓杆菌》进行检测。

（四）金黄色葡萄球菌的测定

金黄色葡萄球菌的测定按标准 GB/T 7918.5—87《化妆品微生物标准检验方法 金黄色葡萄球菌》进行检测。

（五）重金属含量的测定

牙膏中的铅、镉、铜是有害元素。锶和锌是保健牙膏中的重要成分之一，含锶盐的牙膏有脱敏、镇痛作用；锌盐可以置换磷酸钙中的钙，从而可抑制牙垢的生成。牙膏中铅、镉、铜、锌、锶总含量用原子吸收法测定，以铅计。

本方法为仲裁检测法，非仲裁检测也可用附录 A 所述方法。

**1. 以碳酸钙和磷酸氢钙为基质的牙膏**

（1）试剂及仪器

① 硝酸

a. 5mol/L 硝酸溶液 取分析纯硝酸 158mL，加水稀释至 500mL。

b. 0.2mol/L 硝酸溶液 取分析纯硝酸 6.3mL，加水稀释至 500mL。

c. 0.01mol/L 硝酸溶液 取 0.2mol/L 硝酸 25.00mL，加水稀释至 500mL。

② 过氧化氢溶液 分析纯，含量 30%。

③ 氨水 分析纯，氨含量 25%～28%。

④ 1% 氨水溶液 取氨水 4mL，加水稀释至 100mL。

⑤ 10% 氨基磺酸铵溶液 称取分析纯氨基磺酸铵 10g，加水溶解并稀释至 100mL。

⑥ 2% APDC 溶液 APDC 为原子吸收分析试剂（Ammonium Pgrroline Dithiocarbamate，二硫代氨基甲酸四氢化吡咯铵），称取 APDC 500mg，加水 25mL 溶解。溶液需盛于棕色瓶，冰箱保存，一周后应重配。

⑦ 铅标准贮备液 含铅 1mg/mL。

⑧ 铅标准溶液 吸取铅贮备液 10.0mL 于 100mL 容量瓶中，用 0.01mol/L 硝酸溶液稀释至刻度（含铅 $100\mu g/mL$）。用 0.01mol/L 硝酸溶液再分别稀释，使含铅为：$1\mu g/mL$，$3\mu g/mL$，$5\mu g/mL$。

⑨ 三氯甲烷 分析纯。

⑩ $Hg^{2+}$ 溶液 称取氧化汞 0.537g 于小烧杯中，加硝酸 1mL 使之溶解，加水约 50mL，过滤，少许水洗烧杯及漏斗。加水至约 480mL，用 5mol/L 和 0.2mol/L 硝酸溶液调 pH 至 1.6，加水至 500mL，溶液含 $Hg^{2+}$ 为 $1000\mu g/mL$。

⑪ 仪器 pH 计，1 台，用 pH＝4.00 缓冲液校正；原子吸收分光光度计，1 台，仪器

条件：波长 283.3nm。

（2）样品制备及测定　任取试样牙膏 1 支，从中称取牙膏 2.00g 于 150mL 三角烧瓶中，加水 5mL、硝酸 5mL，用小火加热并振摇，至牙膏溶解。稍冷，加 30％过氧化氢溶液 1.5mL，振摇，小火加热至过氧化氢完全分解，如产生红棕色二氧化氮烟雾，立即加 10％氨基磺酸铵溶液 2mL 加热至溶液微沸，迅速加水至 50mL，使其快速冷却，加氨水 3mL 冷至室温后溶液转入 100mL 烧杯，用水 10mL 分两次洗涤三角烧瓶。用氨水及 1％氨水溶液调 pH 至 1.1～1.2。此时溶液会出现少量浑浊；过滤入 125mL 分液漏斗中，用 5mL 水洗涤烧杯及漏斗。溶液中加 2％APDC 溶液 1mL 摇匀放置约 3min，加三氯甲烷 10mL，振摇 2min，分层后三氯甲烷转入另一分液漏斗中，再用三氯甲烷 10mL 重复萃取，合并萃取液。加 $Hg^{2+}$ 溶液 10.0mL，振摇 2min，分层后取上层水相供火焰原子吸收测定。同时以 0.01mol/L 硝酸溶液为空白，测定铅标准系列 $1\mu g/mL$、$3\mu g/mL$、$5\mu g/mL$ 的吸收，以铅浓度为横坐标、铅吸收为纵坐标绘制标准曲线。

**2. 以氢氧化铝和二氧化硅为基质的牙膏**

（1）试剂

① 硝酸

a. 5mol/L 硝酸溶液　取分析纯硝酸 158mL，加水稀释至 500mL。

b. 0.2mol/L 硝酸溶液　取分析纯硝酸 6.3mL，加水稀释至 500mL。

c. 0.01mol/L 硝酸溶液　取 0.2mol/L 硝酸 25.00mL，加水稀释至 500mL。

② 三氯甲烷　分析纯。

③ 过氧化氢溶液　分析纯，含量 30％。

④ 氨水　分析纯，氨含量 25％～28％。

⑤ 1％氨水溶液　取氨水 4mL 加水稀释至 100mL。

⑥ 10％氨基磺酸铵溶液　称取分析纯氨基磺酸铵 10g，加水溶解并稀释至 100mL。

⑦ 2％ APDC 溶液　APDC 为原子吸收分析试剂（Ammonium Pgrroline Dithiocarbarnate，二硫代氨基甲酸四氢化吡咯铵），称取 APDC 500mg，加水 25mL 溶解。溶液需盛于棕色瓶，冰箱保存，一周后重配。

⑧ 铅标准贮备液　含铅 1mg/mL。

⑨ 铅标准溶液　吸取铅贮备液 10.0mL 于 100mL 容量瓶中，用 0.01mol/L 硝酸溶液稀释至刻度（含铅 $100\mu g/mL$）。用 0.01mol/L 硝酸溶液再分别稀释，使含铅为：$1\mu g/mL$，$3\mu g/mL$，$5\mu g/mL$。

⑩ $Hg^{2+}$ 溶液　称取氧化汞 0.537g 于小烧杯中，加硝酸 1mL 使之溶解，加水约 50mL，过滤，少许水洗烧杯及漏斗。加水至约 480mL，用 5mol/L 和 0.2mol/L 硝酸溶液调 pH 至 1.6，加水至 500mL，溶液含 $Hg^{2+}$ 为 $1000\mu g/mL$。

（2）仪器　pH 计，1 台，用 pH＝4.00 缓冲液校正；原子吸收分光光度计，1 台，仪器条件：波长 283.3nm。

（3）样品制备及测定

① 氢氧化铝牙膏　任取试样牙膏 1 支，从中称取 2.0g 牙膏于 250mL 三角烧瓶中，加入硝酸 15mL、硫酸 1mL，加热至产生红棕色二氧化氮气体取下，稍冷，加入过氧化氢溶液 2mL，振摇，冷却至室温，加水 10～15mL 及过氧化氢溶液 1mL，煮沸 5～6min，且不断振摇来去除过氧化氢，加入 2mL 10％氨基磺酸铵溶液，稍冷取下，快速加水至 60mL，使其快速冷却至室温. 调节溶液 pH 至 1.0 后，移入 125mL 分液漏斗，加 2％APDC 溶液 1mL

与三氯甲烷 10mL；振摇 2min，分层后三氯甲烷转入另一分液漏斗中，再用三氯甲烷 10mL 重复萃取，合并萃取液，加 $Hg^{2+}$ 溶液 10.0mL，振摇 2min，分层后取上层水相供火焰原子吸收测定。同时以 0.01mol/L 硝酸溶液为空白，测定铅标准系列 $1\mu g/mL$、$3\mu g/mL$、$5\mu g/mL$ 的吸收，以铅浓度为横坐标、铅吸收为纵坐标绘制标准曲线。

② 二氧化硅牙膏　任取试样牙膏 1 支，从中称取牙膏 2.0g 于 250mL 三角烧瓶中，加水 5mL、硝酸 5mL，用小火加热至膏体溶解，稍冷，加过氧化氢溶液 1.5mL，振摇，用小火加热至红棕色二氧化氮气体生成，立刻加入 10％氨基磺酸铵溶液 2mL，稍热取下，加水 20mL，冷却至室温，用两层滤纸进行抽滤，用 15mL 水分数次洗涤三角烧瓶及布氏漏斗内壁与沉淀物，将抽滤液移入 100mL 烧杯，用 10mL 水分两次洗涤抽滤滤瓶，调 pH 至 1.2，以下操作除加 5.0mLHg$^{2+}$ 溶液反萃取外，其余按氢氧化铝牙膏络合萃取及测定进行。

（六）砷含量的测定

砷含量的测定按标准 GB/T 7917.2—87《砷斑法检验》进行检测。

## 附录 A　中华人民共和国国家标准 GB 8372—2001　石墨炉直接进样测定铅含量

1. 仪器及试剂

（1）原子吸收光谱仪（带 CXR90 石墨炉）一台。

主机条件：波长 283.3nm，灯电流 3.5mA，狭缝 1.0，用氘灯扣除背景。

石墨炉测定条件见表 A-1。

表 A-1　石墨炉测定条件

| 项　目 | 温度/℃ | 保持时间/s | 升温速率/(℃/s) |
|---|---|---|---|
| 干燥 | 90～120 | 80 | — |
| 灰化 | 700 | 50 | — |
| 原子化 | 1750 | 2.0 | 400 |

（2）10$\mu$L 微量进样器一支。

（3）磁力搅拌器一台。

（4）千分之一天平一台。

（5）50mL 吸管一支。

（6）100mL 烧杯若干。

（7）1∶1 硝酸（优级纯）。

（8）铅标准贮备溶液　称取硝酸铅 0.1598g，用适量的 1∶1 硝酸溶解，用蒸馏水定容至 1000mL，该溶液浓度为 100$\mu$g/mL。

（9）稀释液　取适量琼脂、磷酸二氢铵、释放剂用蒸馏水定容到一定体积。

2. 样品处理

任取试样牙膏 1 支，从中称取牙膏 2.00g 置于 100mL 烧杯中，加入 50mL 稀释液、1.0mL 1∶1 硝酸，在磁力搅拌器上搅拌，直到成为均匀的溶液（约 20min）。

3. 样品测定

样品在磁力搅拌器搅拌的条件下，用微量进样器吸取 10$\mu$L（勿吸入气泡），立即注入石墨管中，启动石墨炉开关，对样品进行测定，记录吸收值，同时做空白试验。

4. 标准曲线的绘制

根据样品的吸收值，配制 3～5 个相应浓度的铅标准液，测定其吸收值，减去空白吸收值，做浓度与吸收值曲线。

5. 结果计算

样品吸收值减去空白吸收值，查标准曲线得出相应浓度，乘上稀释倍数，即为样品牙膏中的铅含量（mg/kg）。

$$X = K/c$$

式中　$X$——牙膏中铅含量，mg/kg；

　　　$K$——样品的稀释倍数；

　　　$c$——标准曲线上查得的相应浓度，mg/kg。

6. 允许差

两次平行测定结果的允许差为±5%。

 【阅读材料 3-3】

### 选用优质牙膏的诀窍

随着人们生活水平的提高，消费者开始追求健康的生活，而牙齿健康是个人健康的重要体现，于是牙齿护理越来越受到人们的重视。但面对市场上琳琅满目的牙膏，消费者在有了更大选择空间的同时，也面临着更大的选择难度。那么应该怎样选择一款适合自己的优质牙膏呢？

一、药物牙膏的种类和适用人群

近年来牙膏工业得到很大的发展，新成分的开发和应用使牙膏产品不断升级换代，同时牙膏从普通的洁齿功能发展到具有防龋齿和亮白等多种功能。目前，市场上的药物牙膏主要有含氟牙膏、消炎牙膏、防敏牙膏、亮白牙膏等。

含氟牙膏是在牙膏中加入适量氟化物使其具有预防龋病的功能，目前已广泛使用。氟可以提高牙齿的抗腐蚀能力、抑制牙齿细菌的生长繁殖。使用含氟牙膏是近年龋齿减少的主要原因之一。但是，在高氟地区和重工业地区不宜使用含氟牙膏。另外，由于儿童存在吞咽牙膏的情况，学龄前儿童不宜使用含氟牙膏，少年儿童应适量使用。

消炎牙膏是在普通牙膏的基础上加入洗必泰等抗菌药物，以消炎抗菌抑制牙结石和牙菌斑形成，从而起到预防和辅助治疗牙龈出血、牙周病的作用，但消炎牙膏会在杀灭细菌的同时将口腔中的正常细菌也杀灭，易使口腔产生新的疾患，因此，没有牙周疾患的消费者无需选用消炎牙膏。

防过敏牙膏是在牙膏中加入脱敏化合物。牙过敏是牙齿受到冷热、渗透压、脱水刺激物等使人产生疼痛感。在牙膏中加入硝酸钾或氯化锶等脱敏成分，可克服过敏现象。牙过敏的人可选用防敏牙膏。

亮白牙膏是在牙膏中加入过氧化物或羟磷灰石等药物，通过内含的摩擦剂与牙齿表面的色斑发生物理性摩擦，采用摩擦和化学漂白的原理去除牙齿表面的着色，起到洁白牙齿的作用。长期喝茶或吸烟的人，可选择这种牙膏。

许多药物牙膏中因含有生物碱和刺激性物质，长期使用会损害口腔组织；有些带有苦辣味的药物牙膏长期使用会使人胃肠不适；有些药物牙膏含有一定量的色素，长期使用，可使牙齿失去光泽。因而消费者应经常换用不同品牌的牙膏。

二、如何选择优质牙膏

现在的牙膏品种已由原来单一的清洁型牙膏，发展成为品种齐全、功能多样的功能型牙膏，满足了不同消费者的需求。如何选择适合于自己的优质牙膏呢？口腔护理专家认为，清洁牙齿和预防蛀牙应该是选择牙膏的主要依据。

如果牙齿坚固、洁白，选用牙膏一般从香型上考虑；如果牙齿有牙锈或喜欢吸烟、喝茶的人，宜用含磷牙膏和加酶牙膏；有龋齿的人，应首选含氟牙膏，如含氟化锶、氟化钠的牙膏；牙齿遇冷、热、酸、甜感到酸麻不适的，可用防酸牙膏、脱敏牙膏；牙齿常肿痛出血，宜选用有消炎、止痛作用的中草药牙膏等。一支好的牙膏，轻轻一挤，就会冒出洁白润滑的膏体。它具有高雅的香味、适度的甘甜、细腻的口感和充分的泡沫。建议消费者应该特别注意选择含氟、防蛀又确保不磨损牙齿的优质牙膏。

摘自《中国检验检疫》2008，3：63.

# 第四节　牙膏检测实训

## 实训一　牙膏感官指标的检测

### 一、检测意义

消费者在购买牙膏时一般采用的是嗅牙膏气味的方法，同时牙膏在消费者使用过程中口感很重要。此外，消费者在购买时对牙膏膏体的要求是，膏体洁净、均匀、细腻，色泽符合自己需要。消费者在购买前最多采用挤出少许观察膏体，一般很难在购买时发现问题，但消费者在消费过程中则很容易发现问题。因此，对牙膏感官指标的要求及检测是非常必要的。

### 二、实训要求

（1）了解牙膏中感官指标检测的意义。

（2）理解牙膏国家标准中膏体、香味的检测要求。

（3）掌握牙膏中膏体、香味指标的检测方法。

### 三、执行标准

GB 8372—2001《牙膏（Toothpaste）》。

技术要求：膏体洁净、均匀、细腻、色泽正常。香味符合规定香型。

### 四、样品

采集市场各大百货商场及个体经销商销售的不同香型（留兰香、薄荷香、冬青香、水果香、豆蔻香、茴香、水果型等香型）的牙膏各 2 支。

### 五、项目检测

（1）膏体　按本章第三节介绍的方法测定。

（2）香味　按本章第三节介绍的方法测定。

## 实训二　牙膏中可溶性氟、游离氟含量的检测

### 一、检测意义

氟作为一种坚固骨骼和牙齿的物质，世界卫生组织一直推荐使用含氟牙膏来预防龋齿，含氟牙膏可以预防龋齿虽已经科学实验证明，国内外的牙膏生产厂家也以含氟牙膏作为主推产品。但过度使用含氟牙膏导致氟的摄入量过多可能会引起氟中毒，导致牙齿珐琅质的破坏，出现斑牙症；长期摄入过量的氟还可引发骨质疏松和肾脏的损害，特别是生活在高氟地区的人更应该禁用或慎用。但若在低氟区或适氟区，牙膏中的氟离子浓度达不到一定范围，就起不到防龋效果。因此对市场 3 个品种的含氟牙膏进行检测其是否达到国家标准。

### 二、实训要求

（1）了解牙膏中含氟情况，为预防龋齿提供依据。

（2）理解牙膏国家标准中含氟量的检测要求。

（3）掌握牙膏中可溶性氟、游离氟含量等指标的检测方法。

### 三、执行标准

GB 8372—2001《牙膏（Toothpaste）》。技术要求如下。

（1）可溶性氟量≥0.04%。

（2）游离氟量≥0.04%。

### 四、材料与方法

#### 1. 检品及器材

（1）样品来源　采集市场各大百货商场及个体经销商销售的不同品牌的牙膏（包括进口、中外合资、国产）共 6 支，其中双氟牙膏 2 支、单氟牙膏 2 支、普通型牙膏 2 支。

（2）主要仪器　氟离子选择电极、甘汞参比电极、pHS-3C 型酸度计、LD4-2 低速离心机。

#### 2. 试剂

所用水均为不含氟的去离子水，试剂为分析纯，全部试剂贮于聚乙烯塑料瓶中。

（1）盐酸溶液（4mol/L）。

（2）氢氧化钠溶液（4mol/L）。

（3）柠檬酸盐缓冲液　100g 柠檬酸三钠、60mL 冰醋酸、60g 氯化钠、30g 氢氧化钠，用水溶解，并调节 pH＝5.0～5.5，用水稀释至 1000mL。

（4）氟离子标准溶液　精确称取 0.1105g 基准氟化钠（105℃干燥 2h），用去离子水溶解并定容至 500mL，摇匀，贮存于聚乙烯塑料瓶内备用。该溶液浓度为 100mg/kg。

#### 3. 样品制备

精确称取样品 20g（精确至 0.001g），置于 50mL 小烧杯中，逐渐加入 40℃左右去离子水搅拌使溶解，转移至 100mL 容量瓶中，稀释至刻度，摇匀，放置半小时，将上清液分别倒入 2 个具有刻度的 10mL 精确离心管中，使其重量相等，在离心机（2000r/min）中离心 30min，冷却至室温，其上清液用于分析游离氟、可溶性氟浓度。

#### 4. 标准曲线绘制

准确吸取 0.50mL、1.00mL、2.00mL、3.00mL、4.00mL、5.00mL 氟离子标准溶液，分别移入 50mL 容量瓶中，各加入柠檬酸缓冲液 5mL，用去离子水稀释至刻度，然后逐个转入 50mL 聚乙烯杯中，在磁力搅拌下测量其电位值 $E$，记录并绘制 $E$-lg$c$（$c$ 为浓度）标准曲线。

#### 5. 测定步骤

（1）游离氟测定法　吸取上清液 10mL 置于 50mL 容量瓶中，加柠檬酸缓冲液 5mL，用去离子水稀释至刻度，转入 50mL 聚乙烯杯中，在磁力搅拌下测量其电位值，在标准曲线上查出其相应的氟含量，从而计算出游离氟浓度（或用回归方程式计算氟浓度）。

（2）可溶性氟测定法　吸取 0.5mL 上清液，转入到 2mL 微型离心管中，加 0.7mL 4mol/L 的盐酸，离心管加盖，50℃水浴 10mim，移至 50mL 容量瓶，加入 0.7mL 4mol/L 的氢氧化钠，中和，再加 5mL 柠檬酸盐缓冲液，用去离子水稀释到刻度，转入到 50mL 的塑料烧杯中，在磁力搅拌下测量其电位值，在标准曲线上查出其相应的氟含量，从而计算出可溶性氟浓度（或用回归方程式计算氟浓度）。

（3）计算公式

$$游离氟＝anti\,lg c \times \frac{50}{10} \times \frac{100}{m}$$

$$可溶性氟＝anti\,lg c \times \frac{50}{0.5} \times \frac{100}{m}$$

式中　anti lg$c$——标准曲线上所查出氟含量的对数值，再取反对数值；

　　　　$m$——样品质量，g。

### 五、结果与讨论

在所检的 6 支不同品牌的牙膏中，可溶性氟、游离氟是否符合标准，有无相关关系，国产和进口牙膏中游离氟及可溶性氟是否存在超标情况？

# 实训三　牙膏中重金属铅（Pb）含量的检测

### 一、检测意义

牙膏主要是由摩擦剂、保湿剂、胶合剂、表面活性剂、香料及甜味剂等组成。原料本身及加工过程中都难免引入某些重金属，而铅是其中毒性较大的一种。牙膏中的铅直接与口腔接触会积蓄在人体内，产生毒性作用，影响人体的健康。因此，对牙膏中铅（Pb）元素的含量有严格的控制指标。在牙膏检测中，铅含量是很重要的一项指标。

### 二、实训要求

（1）了解牙膏中重金属含量检测的意义。

（2）理解牙膏国家标准中重金属含量的检测要求。

（3）掌握牙膏中重金属含量的检测方法。

### 三、执行标准

GB 8372—2001《牙膏（Toothpaste）》；技术要求：重金属含量（Pb）≤15mg/kg。

### 四、样品

采集市场各大百货商场及个体经销商销售的分别以碳酸钙和磷酸氢钙、氢氧化铝、二氧化硅为基质的牙膏各1支。

### 五、项目方法

按本章第三节介绍的原子吸收分光光度法（仲裁检测法）测定，并与附录A的石墨炉直接进样法（非仲裁检测法）进行比较。

### 六、结果与讨论

在所检的三种不同基质的牙膏中，重金属含量（Pb）是否符合标准？基质不同与重金属含量有无相关的关系？

## 习　　题

1. 牙膏有哪些分类？
2. 牙膏主要是由什么原料配制的？
3. 合成洗涤剂型的牙膏有哪些制膏工艺？
4. 牙膏用天然碳酸钙原料中碳酸钙含量的测定是用什么方法？其原理是什么？
5. 牙膏用山梨糖醇液原料中总糖的测定是用什么方法？其原理是什么？
6. 牙膏用二氧化硅原料中二氧化硅含量的测定用什么方法？与哪些指标有直接联系？
7. 牙膏用羧甲基纤维素钠原料中重金属、砷、铁均用什么方法检测？
8. 牙膏感官检测有哪些？
9. 牙膏理化检测有哪些？
10. 牙膏卫生检测有哪些？
11. 牙膏游离氟、可溶性氟和总氟含量的测定是用什么方法测定的，其原理是什么？
12. 牙膏铅含量用哪几种方法检测？其原理是什么？
13. 牙膏标准中要对哪些菌进行检测？

## 参　考　文　献

[1] 陈秀霞. 中国牙膏工业的昨天、今天与明天 [J]. 日用化学品科学，2001，24（6）：8-9.

[2] 中华人民共和国国家标准. GB 8372—2001 牙膏 [S].

[3] 中华人民共和国轻工行业标准. QB/T 2317—1997 牙膏用天然碳酸钙 [S].

[4] 中华人民共和国轻工行业标准. QB/T 2335—1997 牙膏用山梨糖醇液 [S].

[5] 中华人民共和国轻工行业标准. QB/T 2346—1997 牙膏用二氧化硅 [S].

[6] 郭玉亮，王勤. 牙膏 [J]. 日用化学工业，1985，4：45-49.

[7] 赖冬梅. 电位滴定法测定牙膏中的氟 [J]. 四川有色金属，2004，4：43-44.

[8] 李昌灵，吴镝. 牙膏中微生物的检测方法 [J]. 牙膏工业，2007，3：31-33.

[9] 胡国媛，于桂兰，杨阳等. 牙膏中可溶性氟、游离氟含量的检测 [J]. 中国卫生检验杂志，2005，3，15（3）：341-345.

# 第四章　油脂的检测

【学习目标】
1. 了解油脂的成分及分类等基本常识、基本概念。
2. 了解油脂的标准化管理情况。
3. 掌握油脂试样的制备及主要技术指标的检测方法。

## 第一节　油脂检测基础知识

### 一、油脂概述

油脂是油和脂肪的统称，一般在常温下呈液态的叫油，呈固态或半固态的叫脂肪。各种油脂的主要成分都是多种高级脂肪酸甘油酯的混合物，并无本质区别。只不过油中含高级不饱和脂肪酸甘油酯较多，因此熔点较低；而脂肪中含高级饱和脂肪酸甘油酯较多，熔点较高。

油脂不溶于水，易溶于有机溶剂如烃类、醇类、酮类、醚类和酯类等。在较高温度、有催化剂或有解脂酵素存在时，经水解而成脂肪酸和甘油。与钙、钾和钠的氢氧化物经皂化而成金属皂和甘油。并能起其他许多化学反应如卤化、硫酸化、磺化、氧化、氢化、去氧、异构化、聚合、热解等。

油脂主要来源于天然动植物体。各种植物的种子、动物的组织和器官中都存在一定数量的油脂，特别是油料作物的种子和动物皮下的脂肪组织，油脂含量丰富。制法主要有压榨法、溶剂提取法、水代法和熬煮法等，所得的油脂可按不同的需要，用脱磷脂、干燥、脱酸、脱臭、脱色等方法精制。由于提炼和精制过程的原因，成品油脂中除脂肪酸甘油酯外，一般还含有少量游离脂肪酸、磷脂、甾醇、色素和维生素等。

油脂的平均分子量可通过它的皂化值〔1g 油脂皂化时所需 KOH 的质量（mg）〕反映，皂化值越小，油脂的平均分子量越大。油脂的不饱和程度常用碘值〔100g 油脂跟碘发生加成反应时所需碘的质量（g）〕来表示，碘值越大，油脂的不饱和程度越大。油脂中游离脂肪酸的含量常用酸值〔中和 1g 油脂所需 KOH 的质量（mg）〕表示。新鲜油脂的酸值极低，保存不当的油脂因氧化等原因会使酸值增大。

油脂是食物组成中的重要部分，也是产生能量最高的营养物质。1g 油脂在完全氧化（生成二氧化碳和水）时，放出热量约 39kJ，大约是糖或蛋白质的 2 倍。成人每日约需进食 50~60g，可提供日需热量的 20%~25%。脂肪在人体内的化学变化主要是在脂肪酶的催化下，进行水解，生成甘油（丙三醇）和高级脂肪酸，然后再分别进行氧化分解，释放能量。

除供食用外，油脂还广泛用于制造肥皂、脂肪酸、甘油、油漆、油墨、乳化剂、润滑剂等，是一种重要的工业原料。

油脂可根据原料分为植物油脂和动物油脂。液态油类可根据它们在空气中能否干燥的情况分为干性油、半干性油和非干性油三类。碘值大于 130gI$_2$/100g 的油脂一般在空气中能形成一层硬而有弹性的薄膜，有这种性质的油叫干性油，例如桐油和亚麻油。碘值小于 100gI$_2$/100g 的属于不干性油脂类，如蓖麻油、花生油；碘值在 100~130gI$_2$/100g 之间的则属半干性油脂类，如棉籽油。

另外，矿物油虽然也叫"油"，但它并不是脂类，而是高级烷烃的混合物，又称为液体石蜡。矿物油无色无味，性质稳定，不易氧化，但因不能被消化，对动物无营养作用。

## 二、油脂检测标准

常见的油脂检测标准系列有 ISO 国际标准、国家标准（GB）、农业行业标准（NY/T）、进出口行业标准（SN/T）等。本章内容主要以国家标准为基础，大致可分为检测方法标准和产品标准两类。常用的检测方法标准有如下几个。

GB/T 5525—85　植物油脂检验　透明度、色泽、气味、滋味鉴定法

GB/T 5526—85　植物油脂检验　比重测定法

GB/T 5527—85　植物油脂检验　折光指数测定法

GB/T 5528—1995　植物油脂水分及挥发物含量测定法

GB/T 5529—85　植物油脂检验　杂质测定法

GB/T 5530—2005　动植物油脂　酸值和酸度的测定

GB/T 5531—85　植物油脂检验　加热试验

GB/T 5532—1995　植物油碘价测定

GB/T 5533—85　植物油脂检验　含皂量测定法

GB/T 5534—1995　动植物油脂皂化值的测定

GB/T 5535.1—1998　动植物油脂　不皂化物测定

GB/T 5536—85　植物油脂检验　熔点测定法

GB/T 5537—85　植物油脂检验　磷脂测定法

GB/T 5538—2005　动植物油脂　过氧化值测定

GB/T 5539—85　植物油脂检验　油脂定性试验

GB/T 17377—1998　动植物油脂　脂肪酸甲酯的气相色谱分析

GB/T 15688—1995　动植物油脂中不溶性杂质含量的测定

GB/T 17375—1998　动植物油脂　灰分测定法

以上这些标准绝大多数是等效或参照 ISO 国际标准制定的，读者可自行查阅使用。

## 三、试样的制备

### （一）取样

商品植物油脂的取样按照 GB/T 5524—85《植物油脂检验　扦样、分样法》进行。具体要求如下。

**1. 扦样工具**

（1）扦样管　适用于桶装油扦样。内径 1.5～2.5cm、长约 120cm 的玻璃管。

（2）扦样筒　适用于散装油扦样。用圆柱形铝筒制成，容量约 0.5L，有盖底和筒塞。在盖和底的两圆心处装有同轴筒塞各一个，作为进样用。盖上有两个提环，筒塞上有一个提环，系以细绳，筒底有三足。

（3）样品瓶　磨口瓶，容量 1～4kg。

**2. 桶装油扦样法**

（1）取样数量　7 桶以下：逐桶扦样；10 桶以下：不少于 7 桶；11～50 桶：不少于 10桶；51～100 桶：不少于 15 桶；101 桶以上：按不少于总桶数的 15% 扦取。扦样的桶点要分布均匀。

（2）扦样步骤　先将油脂搅拌均匀，将扦样管缓慢地自桶口斜插至桶底，然后堵压上口提出扦样管，将油样注入样品瓶内。如指定扦取某一部位油样时，先用拇指堵压扦样管上孔，插至要扦取的部位放开拇指，待扦取部位的油样进入管中后，立即堵压上孔提出，将油样注入样品瓶内。如扦取的样品数量不足 1kg 时，可增加扦样桶数，每桶扦样数量一致。

### 3. 散装油扦样法

（1）取样数量　散装油以一个油池、一个油罐、一个车槽为一个检测单位。500t 以下：不少于 1.5kg；501～1000t：不少于 2.0kg；1001t 以上：不少于 4.0kg。

（2）分层　按散装油层高度，等距离分为上、中、下三层，上层距油面约 40cm 处；中层在油层中间；下层距油池底板 40cm 处，三层扦样数量比例为 1：3：1（卧式油池、车槽为 1：8：1）。

（3）扦样步骤　将扦样筒关闭筒塞，沉入扦样部位后，提动筒塞上的细绳，让油进入筒内，提起样筒扦取油样。

### 4. 输油管流动油取样

根据油脂数量和流量，计算流动时间，采用定时、定量法用油勺在输油管出口处取样。

### 5. 分样方法

将扦取的油脂样品经充分摇动、混合均匀后，分出 1kg 作为平均样品备用。

其他种类油脂的取样方法按照相应检测标准的要求进行，液态油脂也可参照上述方法取样。

### （二）试样的制备

用上述方法取得的样品，需经过恰当的处理制备成符合要求的试样后，方可用于各种技术指标的检测。具体要求如下。

### 1. 混合与过滤

（1）澄清无沉积物的液态样品　摇动密闭的盛样容器使其尽量均匀即可。

（2）浑浊或有沉积物的液态样品　按以下方法操作。①测定水分和挥发物、不溶性杂质、密度，任何需要使用不可过滤样品或加热影响测定的项目时，剧烈摇动盛样容器直至沉积物从器壁上完全分离使其混合到样品中去，并立即将样品转移到另一容器。②其他测定项目，将盛样容器置于 50℃ 的干燥箱内直到样品达到 50℃，然后将其摇匀。如果加热混合后样品不完全澄清，可将其在 50℃ 恒温干燥箱内过滤（或用热过滤漏斗）。为避免油脂氧化或聚合，样品在干燥箱内不能放置太久，滤液应完全澄清。

（3）固态样品　测定水分和挥发物、不溶性杂质这两个项目时，要对样品缓慢加温直到刚刚混合，并通过混合使样品尽量均匀。对其他所有测定项目，应在干燥箱中熔化样品，温度控制在高于熔点 10℃。加热后如果样品完全澄清，在密闭容器中摇匀即可；如果浑浊或有沉积物，需以适当温度在干燥箱内（或热过滤漏斗）过滤，滤液应完全澄清。

### 2. 干燥

如果混合后的样品仍含水分（特别是酸性油脂和固体脂肪），由于水分的存在会影响结果的那些测定项目（如：碘价）应对样品进行干燥，但采用的方法必须避免样品被氧化。操作步骤如下。

（1）将充分混合的样品置于高于熔点 10℃ 的干燥箱中，在氮气流保护下干燥，按 10g样品加 1～2g 的比例加入无水硫酸钠。此干燥过程越短越好，并且温度不得超过 50℃。

（2）充分搅拌热的样品，然后过滤。如油脂发生凝固，可在适当温度下（但不得超过50℃），在干燥箱内或用热过滤漏斗过滤。

注意：当温度超过 32.4℃时，硫酸钠失去干燥性能，因此必须在真空下干燥。对于需要在 50℃以上干燥的脂肪，必须先溶于溶剂然后干燥。

### 3. 存贮

实验室样品应装于密闭容器内，避光保存在不易氧化的环境，且温度低于 10℃的冰箱中，这样可存贮三个月。对于经过加热和过滤操作的样品，其组成容易改变，所以要优先存贮。

# 第二节　油脂的理化检测

油脂的物理常数，如：密度、熔点、凝固点、折射率等通常项目的检测，这里就不再叙述了。本节主要学习油脂的重要化学指标和个别物理指标的检测方法。

## 一、色泽

油脂愈纯其颜色和气味愈淡，纯净的油脂应是无色无味无臭的。通常，商品油脂受提炼、贮存条件和方法等因素的影响，一般油脂都带有不同程度的色泽。例如：羊油、牛油、硬化油、猪油、椰子油等为白色至灰白色；豆油、花生油和精炼的棉籽油等为淡黄色至棕黄色；蓖麻油为黄绿色至暗绿色；骨油为棕红色至棕褐色等。

油脂的色泽直接影响以其为原料的产品的色泽，例如，用色泽较深的油脂生产的肥皂，其色泽也较深。色泽较深的食用油脂也不受消费者欢迎。所以色泽是油脂质量指标必不可少的项目。

### 1. 测定方法

测定色泽的方法有铂-钴分光光度法、罗维朋比色计法等，条件不具备也可用肉眼观察，作粗略的评定。本节依据国家标准 GB 5525—85，介绍罗维朋比色计法和重铬酸钾溶液比色法。

### 2. 罗维朋比色计法

（1）原理　罗维朋比色计法是利用光线通过标准颜色的玻璃片及油槽，目视确定与油脂色泽相近或相同的玻璃片色号，作为测定结果。

（2）仪器

① 罗维朋比色计　带有深浅不同的红、黄、蓝三种标准颜色玻璃片和两片接近标准白色的碳酸镁反光片。在检测油脂的色泽时，蓝玻璃片很少使用，主要是用红色和黄色两种。玻璃片上标有如下号码，号码愈大，颜色愈深。

黄色：1.0，2.0，3.0，5.0，10.0，15.0，20.0，35.0，50.0，70.0。

红色：0.1，0.2，0.3，0.4，0.5，0.6，0.7，0.8，0.9，1.0，2.0，2.5，3.0，4.0，5.0，6.0，7.0，8.0，9.0，10.0，11.0，12.0，16.0，20.0。

所有玻璃片同装于一个暗盒中，可以通过拉动标尺进行组合，以调整色泽。

罗维朋比色计的油槽用无色玻璃制成，有几种不同的规格。

② 漏斗、锥形瓶、滴管、滤纸等。

（3）操作步骤　放平仪器，安置观测管和碳酸镁片，检查光源是否完好。将澄清透明或已经过滤的油脂样品注入适当长度的洁净油槽中，小心放入比色计内。样品若是固态或在室温下呈不透明状态的液体，应在不超过熔点 10℃的水浴上加热，使之熔化后再进行比色。关闭活动盖，仅露出玻璃片的标尺及观察管。先按规定固定黄色玻璃片色值，打开光源，移动红色玻璃片调色，直至玻璃片色与油样色完全相同为止。黄色玻璃片的色值可参考红色玻璃片的深浅来确定。

例如，棉籽油、花生油、豆油：红色 1.0～3.5，黄色可用 10.0；红色高于 3.5，黄色可用 70.0。椰子油及棕榈油：红色 1.0～3.9，黄色可用 6.0；红色高于 3.9，黄色可用 10.0。牛油及脂肪酸：红色 1.0～3.5，黄色可用 10.0；红色 3.5～5.0，黄色可用 35.0；红色高于 5.0，黄色可用 70.0。

如果油色有青绿色，必须配入蓝色玻璃片，这时移动红色玻璃片，使配入蓝色玻璃片的号码达到最小值为止。记下黄、红或黄、红、蓝玻璃片的号码的各自总数，即为被测油样的色值。

（4）结果表示　结果注明不深于黄多少号和红多少号，同时注明比色槽厚度。双试验结果允许差红不超过 0.2，以试验结果高的作为测定结果。

**3. 重铬酸钾溶液比色法**

（1）仪器和用具　容量瓶，纳氏比色管，天平（感量 0.0001g），称量瓶，移液管，量筒，试管架，棕色试剂瓶，研钵等。

（2）试剂　重铬酸钾浓硫酸（密度 1.84g/mL、无还原性物质）溶液：精确称取研细的重铬酸钾 1g（准确至 0.0002g），在烧杯中加少量硫酸溶解，然后全部倒入 100mL 容量瓶中，加浓硫酸至刻度，摇匀，装入棕色瓶中作 1 号液。

（3）操作方法　取 7 只纳氏比色管编号，按表 4-1 规定的稀释比例，用 1 号液和浓硫酸配成标准系列。然后取澄清试样 50mL 注入纳氏比色管中，与标准系列进行比色。

**表 4-1　重铬酸钾溶液标准系列与色值表**

| 比色管 | 稀释比例 | | 总计/mL | 色值 |
|---|---|---|---|---|
| 编　号 | 1 号液/mL | 浓硫酸/mL | | |
| 1 | 20.0 | 30.0 | 50.0 | 0.40 |
| 2 | 17.5 | 32.5 | 50.0 | 0.35 |
| 3 | 15.0 | 35.0 | 50.0 | 0.30 |
| 4 | 12.5 | 37.5 | 50.0 | 0.25 |
| 5 | 10.0 | 40.0 | 50.0 | 0.20 |
| 6 | 7.5 | 42.5 | 50.0 | 0.15 |
| 7 | 5.0 | 45.0 | 50.0 | 0.10 |

（4）结果表示　比至等色时的色值，就是重铬酸钾法色值。

## 二、水分及挥发物

水分的存在是油脂酸败变质的基础，因此加工油脂或使用油脂作原料时都需要注意水分的含量。通常纯度较高或精炼过的油脂含水量极少，但水分不可能完全除去。因为油脂中常含磷脂、蛋白质以及其他能与水结合成胶体的物质，使水不易下沉而混杂在油脂中。此外，骨油、牛油、羊油等固状、半固状油脂在凝固时往往也会夹带较多的水分，有时含水量高达 20% 左右。

**1. 测定方法**

测定油脂中水分的方法有：烘干法、电热板法、蒸馏法等。其中烘干法不适于干性或半干性油脂，因为烘干的时间长易被氧化（此时也可采用真空烘干法）。电热板法精度稍差，但测定速度快，实际生产中常用，一般含水量较高的样品宜用此法。含水量低的样品宜选用蒸馏法，蒸馏法测得的结果是水的真实含量，其中不含挥发物。烘干法和电热板法测得的都是水分和挥发分的总和。

本节只介绍电热板法，参照国家标准 GB/T 5528—1995 和 GB/T 9696—88。

**2. 仪器和用具**

电热板（平板型或槽型，恒温±2.0℃）；分析天平；蒸发皿（或烧杯）；温度计等。

**3. 测定步骤**

预先称出干燥洁净的蒸发皿和温度计的总质量，再加入约 20g 试样，称准至 0.001g。将蒸发皿置电热板上，以合适速度升温至（103±2）℃，不断搅拌油脂，并注意勿让水蒸发过猛使油脂溅出。加热到油中无气泡为止，冷却至室温后，准确称量至 0.001g。

**4. 结果计算**

样品中水分及挥发物的百分含量 $X$（%）按下式计算：

$$X = \frac{m_1 - m_2}{m} \times 100\%$$

式中　$m_1$——样品、蒸发皿及温度计加热前的总质量，g；

　　　$m_2$——样品、蒸发皿及温度计加热后的总质量，g；

　　　$m$——样品质量，g。

### 三、酸值和酸度

酸值又称酸价，是指中和 1g 油脂中的游离脂肪酸所需氢氧化钾的质量，单位为 mgKOH/g。酸度是指油脂中游离脂肪酸的含量，用质量分数表示。酸度一般可由酸值推导计算出来，无需单独测定。

油脂中一般都含有游离脂肪酸，其含量多少和油源的品质、提炼方法、水分及杂质含量、贮存的条件和时间等因素有关。若水分、杂质含量高，贮存和提炼温度高和时间长，都会导致游离脂肪酸含量增高，促进油脂的水解和氧化等化学反应，故酸值是决定油脂品质的重要指标之一。

**1. 测定方法和原理**

GB/T 5530—2005《动植物油脂　酸值和酸度的测定》提出了三种方法：热乙醇法、冷溶剂法和电位计法。其中热乙醇法是测定脂肪酸值的参考方法，冷溶剂法适用于浅色油脂。三种方法的原理均是以氢氧化钾溶液滴定油脂中的游离脂肪酸，只是所用的溶剂、指示剂及滴定方法有所不同。限于篇幅，以下只介绍热乙醇法。

**2. 仪器用具**

(1) 微量滴定管　10mL，最小刻度 0.02mL；

(2) 分析天平　精确度参见表 4-2。

**3. 试剂**

(1) 乙醇　最低浓度为 95%。

(2) 氢氧化钠或氢氧化钾标准溶液　$c=0.1\text{mol/L}$，$c=0.5\text{mol/L}$。

(3) 酚酞指示剂　10g 酚酞溶于 1L 95% 乙醇溶液中。

(4) 碱性蓝 6B 或百里酚酞（用于深色油脂）　20g 碱性蓝 6B 或百里酚酞溶于 1L 95% 乙醇溶液中。

**4. 操作步骤**

(1) 根据样品的颜色和估计的酸值，按表 4-2 所示称样，装入锥形瓶中。

(2) 在另一只锥形瓶中加入 50mL 乙醇和 0.5mL 酚酞指示剂，加热至沸腾，当温度高

**表 4-2　试样称量要求**

| 估计的酸值/(mgKOH/g) | 试样量/g | 试样称重的精确度/g |
|---|---|---|
| <1 | 20 | 0.05 |
| 1～4 | 10 | 0.02 |
| 4～15 | 2.5 | 0.01 |
| 15～75 | 0.5 | 0.001 |
| >75 | 0.1 | 0.0002 |

注：试样的量和滴定液的浓度应使得滴定液的用量不超过 10mL。

于 70℃时，用 0.1mol/L 的氢氧化钠或氢氧化钾标准溶液滴定至溶液变色，并保持 15s 不褪色，即为滴定终点（此步骤的意义是预先中和乙醇溶液中的酸性物质，以免影响测定结果）。

（3）将中和后的乙醇倒入盛有样品的锥形瓶中，充分混合，煮沸。用氢氧化钠或氢氧化钾标准溶液（0.1mol/L 或 0.5mol/L，取决于估计的样品酸值）滴定，至溶液变色且保持 15s 不褪色，即为滴定终点。

#### 5. 结果计算

酸值 $S$（mgKOH/g）按下式计算：

$$S = \frac{56.1cV}{m}$$

式中　$c$——氢氧化钠或氢氧化钾标准溶液的实际浓度，mol/L；

$V$——滴定消耗的体积，mL；

$m$——样品的质量，g；

56.1——氢氧化钾的摩尔质量，g/mol。

根据油脂中脂肪酸的类型（见表 4-3），酸度 $S'$ 以 $10^{-2}$ 或%计，按下式计算：

$$S' = \frac{VcM}{1000} \times \frac{100}{m} = \frac{VcM}{10m}$$

式中　$M$——表示结果所用脂肪酸的摩尔质量，g/mol。

**表 4-3　表示酸度的脂肪酸类型**

| 油脂的种类 | 表示酸度的脂肪酸 | |
|---|---|---|
| | 名称 | 摩尔质量/(g/mol) |
| 椰子油、棕榈仁油及类似的油 | 月桂酸 | 200 |
| 棕榈油 | 棕榈酸 | 256 |
| 从某些十字花科植物得到的油 | 芥酸 | 338 |
| 所有其他油脂 | 油酸 | 282 |

注：1. 当样品含有矿物酸时，通常按脂肪酸测定。

2. 如果结果仅以"酸度"表示，没有进一步的说明，通常为油酸。

3. 芥酸含量低于 5%的菜籽油，酸度仍用油酸表示。

#### 四、碘价的测定

碘价又称碘值，是指 100g 油脂所能吸收碘的质量，单位为 $gI_2/100g$。

各种油脂均含有一定量的不饱和脂肪酸，无论是存在于甘油酯分子中还是游离态，都能在每个双键上加成 1 个卤素分子，因此可通过油脂与碘的加成反应检测油脂的不饱和程度。碘价大于 $130gI_2/100g$ 的油脂，一般都属于干性油脂；小于 $100gI_2/100g$ 属于不干性油脂；

在 $100\sim130gI_2/100g$ 之间的则属半干性油脂。各种油脂的碘价范围是一定的，例如大豆油碘价一般为 $123\sim142gI_2/100g$，花生油碘价为 $80\sim106gI_2/100g$，因此，通过测定油脂的碘价，有助于了解它们的组成是否正常、有无掺杂使假等。碘价对油脂及相关行业的生产也有重要意义，例如：在硬化油的生产中可根据碘价估计氢化程度和需要氢的量；制肥皂用的油脂，其碘价一般要求不大于 $65gI_2/100g$。

### 1. 测定方法与原理

测定碘价的方法很多，如氯化碘-乙醇法、氯化碘-乙酸法、碘酊法、溴化法、溴化碘法等。各方法的不同点主要在于溶解卤素的溶剂和加成反应时卤素的结合状态不同。通常，为避免取代反应的产生，一般不用游离卤素反应，而是采用卤素的化合物。下面依据 GB/T 5532—1995《植物油碘价测定》介绍氯化碘-乙酸法（韦氏法）。其原理是：用溶剂溶解试样并加入 wijs 试剂，wijs 试剂中的氯化碘与油脂中的不饱和脂肪酸起加成反应，在规定的反应时间后加入碘化钾还原多余的氯化碘，析出的碘用硫代硫酸钠标准溶液滴定。反应式如下：

$$\sim CH\!=\!\!CH\!-\!COOH+ICl\longrightarrow\sim CHI\!-\!CHCl\!-\!COOH$$

$$ICl+KI\longrightarrow KCl+I_2$$

$$I_2+2Na_2S_2O_3\longrightarrow 2NaI+Na_2S_4O_6$$

### 2. 仪器

碘量瓶：500mL；滴定管：25mL；分析天平：感量 0.0001g。

### 3. 试剂

（1）碘化钾溶液　100g/L，不含碘酸盐或游离碘。

（2）0.5％淀粉溶液。

（3）硫代硫酸钠标准溶液　0.1mol/L，标定后 7 天内使用。

（4）wijs 试剂　含一氯化碘的乙酸溶液。配制方法如下。

称取 9g 一氯化碘溶于 700mL 冰醋酸和 300mL 环己烷的混合液中。取 5mL 该溶液加 5mL 碘化钾溶液和 30mL 水，用几滴淀粉溶液作指示剂，用 0.1mol/L 硫代硫酸钠标准溶液滴定析出的碘，消耗体积计为 $V_1$。

加 10g 纯碘于试剂中，使其完全溶解后，取 5mL 同上法滴定，消耗体积计为 $V_2$，$V_2/V_1$ 应大于 1.5，否则可再稍加一点纯碘直至 $V_2/V_1$ 略超过 1.5。

将溶液静置后把上层清液倒入具塞棕色试剂瓶中，避光保存，在室温下可保存几个月。

### 4. 检测步骤

（1）称样　试样的质量根据估计的碘价而异：估计碘价＜$5gI_2/100g$，试样为 3.00g；估计碘价 $5\sim20gI_2/100g$，试样为 1.00g；估计碘价 $21\sim50gI_2/100g$，试样为 0.40g；估计碘价 $51\sim100gI_2/100g$，试样为 0.20g；估计碘价 $101\sim150gI_2/100g$，试样为 0.13g；估计碘价 $151\sim200gI_2/100g$，试样为 0.10g。

（2）将试样放入碘量瓶中，加入 20mL 冰醋酸和环己烷的等体积混合液溶解试样，再准确加入 25mLwijs 试剂，盖好塞子，摇匀后置于暗处。碘价低于 $150gI_2/100g$ 的样品放置 1h，碘价高于 $150gI_2/100g$ 和氧化程度高的油脂放置 2h。

（3）不加试样，同上法制备空白液。

（4）反应时间结束后加入 20mL 碘化钾溶液和 150mL 蒸馏水，用标定过的硫代硫酸钠标准溶液滴定至浅黄色。加几滴淀粉溶液继续滴定，直到剧烈摇动后蓝色刚好消失。

**5. 结果计算**

样品的碘价（IV）按下式计算：

$$IV = \frac{0.1269c(V_0 - V_1)}{m} \times 100$$

式中　$c$——硫代硫酸钠溶液的标定浓度，mol/L；

　　$V_0$——空白试验消耗硫代硫酸钠标准溶液的体积，mL；

　　$V_1$——样品消耗硫代硫酸钠标准溶液的体积，mL；

0.1269——$\frac{1}{2}$ $I_2$ 的毫摩尔质量，g/mmol；

　　$m$——试样的质量，g。

平行测定两次，测定结果的允许差不得超过 0.5 碘价单位。

### 五、皂化值的测定

油脂的皂化值是指皂化 1g 油脂中的可皂化物所需氢氧化钾的质量，单位为 mgKOH/g。

油脂中的可皂化物包括脂肪酸甘油酯和游离脂肪酸。皂化值的大小与油脂所含甘油酯的化学成分有关，一般来说甘油酯分子量愈小，皂化值愈高。另外，若游离脂肪酸含量增大，皂化值也随之增大。

油脂的皂化值是指导肥皂生产的重要数据，可根据皂化值计算皂化反应所需碱量、油脂内的脂肪酸含量和油脂皂化后生成的理论甘油量三个重要数据。

**1. 测定方法与原理**

按 GB/T 5534—1995《动植物油脂皂化值的测定》，将油脂在回流条件下与过量的氢氧化钾乙醇溶液进行皂化反应，剩余的氢氧化钾以盐酸标准溶液滴定。其反应式如下：

$$(RCOO)_3C_3H_5 + 3KOH \longrightarrow 3RCOOK + C_3H_5(OH)_3$$

$$RCOOH + KOH \longrightarrow RCOOK + H_2O$$

$$KOH + HCl \longrightarrow KCl + H_2O$$

**2. 主要仪器**

（1）锥形瓶　250mL，耐碱玻璃制成，带有磨口。

（2）回流冷凝管　带有磨口，能与锥形瓶连接。

（3）加热装置　水浴锅、电热板等，不能用明火加热。

（4）滴定管　50mL，最小刻度 0.1mL。

**3. 试剂**

（1）氢氧化钾乙醇溶液　大约 0.5mol/L。可由下法制得稳定的无色溶液。

将 8g 氢氧化钾和 5g 铝片放在 1L95％乙醇中，回流 1h，立刻蒸馏。将需要量的氢氧化钾溶解于蒸馏物中，静置数天，然后倾出清亮的上层清液而除去碳酸钾沉淀。

（2）盐酸标准溶液　0.5mol/L。

（3）酚酞指示剂　1％的乙醇溶液。

**4. 检测步骤**

（1）称样　皂化值 170～200mgKOH/g 的样品，称取 2g 试样，准至 0.005g，置于锥形瓶中。其他范围的皂化值，取样量以约一半氢氧化钾乙醇溶液被中和为依据。

（2）皂化　移取 25.0mL 氢氧化钾乙醇溶液加到试样中，并加入一些玻璃珠或瓷片（助沸物），连接回流冷凝管与锥形瓶，把锥形瓶放在加热装置上慢慢煮沸，并维持沸腾状态

1h，难于皂化的油脂需煮沸 2h。

（3）滴定　加酚酞指示剂 0.5～1mL 于热溶液中，用盐酸标准溶液滴定至红色刚消失为止。如果皂化液色深，可用碱性蓝 6B 作指示剂。

（4）不加试样，同上法做空白试验。

### 5. 结果表示

样品的皂化值 SV 按下式计算：

$$SV = \frac{56.1c(V_0 - V_1)}{m}$$

式中　$c$——盐酸标准溶液的实际浓度，mol/L；

$\quad\quad V_0$——空白试验消耗盐酸标准溶液的体积，mL；

$\quad\quad V_1$——试样消耗盐酸标准溶液的体积，mL；

$\quad\quad m$——样品质量，g；

$\quad$ 56.1——氢氧化钾的摩尔质量，g/mol。

平行测定两次，两次测定值之差应不超过算术平均值的 0.5%。

## 六、不皂化物的测定

不皂化物是指油脂中所含的不能与苛性碱起皂化反应而又不溶于水的物质，包括天然类脂物，如：甾醇、高分子脂肪醇、萜烯类化合物等，以及混入油脂中的矿物油和矿物蜡等物质。天然油脂中常含有不皂化物，但一般不超过 2%。因此，测定油脂的不皂化物，可以了解油脂的纯度。特别是对可疑的油脂，必须测定其不皂化物含量。不皂化物含量高的油脂不宜用作制肥皂的原料。

### 1. 测定方法与原理

本节介绍 GB/T 5535.1—1998《动植物油脂　不皂化物测定》规定的乙醚提取法。其原理是：油脂的皂化物不溶于醚类有机溶剂，而不皂化物却能溶于醚类溶剂。根据这一性质，将油脂与氢氧化钾乙醇溶液进行皂化反应后，用乙醚从肥皂液中提取不皂化物，蒸发溶剂并对残留物干燥后称重，即得不皂化物含量。

### 2. 试验仪器

（1）带标准磨口的 250mL 圆底烧瓶。

（2）回流冷凝管　与圆底烧瓶磨口配套。

（3）500mL 分液漏斗。

（4）水浴锅。

（5）电烘箱或真空干燥仪器。

### 3. 试剂

（1）乙醚　不含过氧化物和残留物。

（2）丙酮。

（3）氢氧化钾乙醇溶液　约 1mol/L 和 0.5mol/L 两种。

（4）氢氧化钾标准溶液　约 0.1mol/L，最少应五天前配制，移清液于棕色玻璃瓶中贮存，使用前标定。

（5）酚酞指示剂　1% 乙醇溶液。

### 4. 操作步骤

（1）称样　称取约 5g 试样，准至 0.01g，放入圆底烧瓶中。

（2）皂化　向烧瓶中加 50mL1mol/L 氢氧化钾溶液和一些沸石，把烧瓶与回流冷凝管连好后煮沸回流 1h。停止加热，从回流管颈部加入 100mL 水并旋摇。

（3）提取不皂化物 冷却后把溶液转移到 500mL 分液漏斗中，用 100mL 乙醚分几次洗涮烧瓶和沸石，洗液也倒入分液漏斗。盖好塞子，用力摇 1min，静置分层后将下层皂液放入第二只漏斗中，尽量放尽。

每次用 100mL 乙醚，以同样方法将皂液再提取两次以上，收集所有提取液放入装有 40mL 水的分液漏斗中。

过程中若形成乳化液，可加少量乙醇或浓氢氧化钾或氯化钠破乳。

（4）提取液的洗涤 轻轻转动装有 40mL 水和提取液的分液漏斗（剧烈摇动易形成乳化液），完全分层后弃去下面水层。每次用 40mL 水再洗涤两次以上。

先用 40mL 0.5mol/L 氢氧化钾乙醇溶液、后用 40mL 水连续洗涤提取液两次。然后仍每次用 40mL 水连续洗涤提取液，直到洗涤液加入一滴酚酞不再呈粉红色为止。

（5）蒸发溶剂 将提取液转移至已干燥恒重的烧瓶中，在沸水浴上蒸馏回收乙醚。最后加入 5mL 丙酮，在缓缓的空气流下，将溶剂完全蒸发。

（6）残留物的干燥 烧瓶水平放置，把残留物在（103±2）℃的烘箱中干燥 15min，在干燥器中冷却后称准至 0.1mg。重复干燥直至两次称量之差不超过 1.5mg。

（7）校正 当以游离脂肪酸的含量来校正残留物的重量时，将称重后的残留物溶于 4mL 乙醚中，然后加入 20mL 已预先中和到对酚酞指示剂呈淡粉色的乙醇，用氢氧化钾标准溶液滴定到相同的淡粉色为终点。以油酸为准计算游离脂肪酸的质量。

（8）空白试验 不加试样，其他步骤完全相同。

### 5. 结果计算

不皂化物含量以百分含量表示，按下式计算：

$$不皂化物含量 = \frac{m_1 - m_2 - m_3}{m_0} \times 100\%$$

式中 $m_0$——试样的质量，g；

$m_1$——残留物的质量，g；

$m_2$——空白试验残留物的质量，g；

$m_3$——游离脂肪酸的质量，等于 $0.28Vc$，g；

$V$——氢氧化钾标准溶液的体积，mL；

$c$——氢氧化钾标准溶液的浓度，mol/L。

平行测定两次，以算术平均值为结果。

### 七、过氧化值的测定

油脂在贮藏期间，受到光、热、空气中的氧以及油脂中的水分和酶的作用，常会发生复杂的变化，即通常所说的酸败。而过氧化物是油脂酸败过程中产生的一种中间物，它很不稳定，能继续分解为酸、酮类和氧化物等，使油脂进一步酸败变质，食用后严重影响人体健康。因此，过氧化物的含量是影响油脂贮藏稳定性、判断油脂酸败程度的重要参考指标。所谓过氧化值就是指油脂试样在规定操作条件下氧化碘化钾的物质的量，以每千克中活性氧的毫物质的量（mmol/kg，国际单位）表示。目前国内工业生产中仍习惯以每千克毫克当量（meq/kg）表示，它是每千克毫物质的量的两倍。

#### 1. 测定方法与原理

按 GB/T 5538—2005《动植物油脂 过氧化值测定》，其原理是：把试样溶解在乙酸和异辛烷溶液中，与碘化钾溶液反应，用硫代硫酸钠标准溶液滴定析出的碘。

**2. 试验仪器**

250mL 碘量瓶及实验室常用仪器，所有器皿不得含有还原性或氧化性物质。

**3. 试剂**

（1）冰醋酸与异辛烷混合液（体积比 60：40） 冰醋酸和异辛烷均需用纯净、干燥的惰性气体（二氧化碳或氮气）气流清除氧。

（2）碘化钾饱和溶液 新配制且不得含有游离碘和碘酸盐。

（3）硫代硫酸钠溶液 0.1mol/L 和 0.01mol/L 两种，临使用前标定。

（4）淀粉溶液 0.5%。

**4. 操作步骤**

（1）称样 用纯净、干燥的二氧化碳或氮气冲洗碘量瓶，根据估计的过氧化值，按表 4-4 称样，装入碘量瓶中。

表 4-4 测定过氧化值的取样量

| 估计的过氧化值/(mmol/kg)(meq/kg) | 取样量/g | 称量精确度/g |
| --- | --- | --- |
| 0～6(0～12) | 5.0～2.0 | ±0.01 |
| 6～10(12～20) | 2.0～1.2 | ±0.01 |
| 10～15(20～30) | 1.2～0.8 | ±0.01 |
| 15～25(30～50) | 0.8～0.5 | ±0.001 |
| 25～45(50～90) | 0.5～0.3 | ±0.001 |

（2）溶解 加入 50mL 冰醋酸-异辛烷混合液，盖上塞子摇动溶解试样。

（3）反应 再加入 0.5mL 饱和碘化钾溶液，盖好塞子摇动，反应时间为 1min±1s，然后立即加入 30mL 蒸馏水。

（4）滴定 用 0.01mol/L 的硫代硫酸钠标准溶液滴定至黄色几乎消失。加 0.5mL 淀粉溶液继续滴定，不断摇动使所有的碘从溶剂层释放出来，直到蓝色刚好消失。

（5）空白试验 不加试样，其他步骤完全相同。若空白试验消耗 0.01mol/L 的硫代硫酸钠标准溶液超过 0.1mL，应更换试剂重新测定。

**5. 结果表示**

过氧化值 $P$ 以每千克中活性氧的毫克当量表示时，按下式计算：

$$P = \frac{1000(V - V_0)c}{m}$$

式中 $V$——样品消耗硫代硫酸钠标准溶液的体积，mL；

$V_0$——空白试验消耗硫代硫酸钠标准溶液的体积，mL；

$c$——硫代硫酸钠溶液的标定浓度，mol/L；

$m$——试样质量，g。

过氧化值以每千克中活性氧的毫物质的量表示时，按下式计算：

$$P = \frac{1000(V - V_0)c}{2m}$$

平行测定两次的绝对差值不得大于平均值的 10%。

 **【阅读材料 4-1】**

油脂工业名词术语（节选）

油脂的理化特性（Physical Chemical Characteristics of Oils and Fats）

1　油脂的化学特性（Chemical Characteristics of Oils and Fats）

1. 1　酸值（Acid Value）

亦称"酸价"。中和1g油脂（试样）中所含游离脂肪酸需要的氢氧化钾质量（mg），是油脂质量的主要指标之一。

1. 2　游离脂肪酸含量（Free Fatty Acid Content）

油脂中游离脂肪酸占油脂总量的质量分数，表示FFA,%。

1. 3　中和值（Neutralisation Value）

亦称"中和价"。中和1g纯净脂肪酸所需氢氧化钾质量（mg），可用于计算脂肪酸混合物的平均分子量。

1. 4　皂化值（Saponification Value）

亦称"皂化价"。皂化1g油脂所需的氢氧化钾质量（mg），可估计油脂中脂肪酸分子的平均分子量。

1. 5　酯值（Ester Number）

皂化1g油脂中的酯所需氢氧化钾质量（mg），系皂化值与酸值之差。

1. 6　碘值（Iodine Value）

亦称"碘价"。在规定条件下与100g油脂发生加成反应所需碘的质量（g）。

1. 7　硫氰值（Thiocyanic Value）

100g油脂在硫氰作用下，所结合的硫氰量换算成当量碘的质量（g）。

1. 8　乙酰值（Acetyl Value）

1g乙酰化了的样品水解后产生乙酸，中和此乙酸所需要的氢氧化钾质量（mg），可表示油脂中羟基酸含量。

1. 9　羟基值（Hydroxyl Value）

将1g油脂乙酰化，水解此酰化物产生乙酸，中和此乙酸所需用的氢氧化钾质量（mg）。

1. 10　过氧化值（Peroxide Value）

每1000g油脂中过氧化物毫克当量数。

1. 11　不皂化物含量（Unsaponifiable Matter Content）

油脂中不皂化物占总量的质量分数。用定量的溶剂（乙醚、石油醚）进行浸出，再从浸出物中除去混入的脂肪酸，这种浸出物对样品的百分率即称之。

1. 12　瑞修-迈色值（水溶性挥发脂肪酸值）及波仑斯克值（水不溶性挥发脂肪酸）（Reichert-Meissl Value and Polenske Value）

在规定条件下，中和从5g油样中分离出的水溶性挥发脂肪酸所需要的0.1N碱水溶液的质量（mg）即瑞修-迈色值。在同样条件下，中和从5g油样中分离出来的水不溶性挥发脂肪酸所需要的0.1N碱水溶液的质量（mg）为波仑斯克值。

1. 13　羰基值（Carbonyl Value）

羰基化合物和2,4-二硝基苯肼在碱性溶液中反应的红色产物在440$\mu$m下的吸光度。以meq/kg表示。

1. 14　加热试验（Heating Test）

将油样50g于100mL烧杯中加热至280℃时，观察有无析出物和油色深浅情况，以判断油脂中磷脂含量是否符合标准的简易方法。

1. 15　耐热试验（Anti-heating Test）

取油样50g放于带盖器皿中，放入63℃±0.5℃的烘箱里加热，每到规定时间，通过检查气味、过氧化值、重量增加等项目，可知对氧化的稳定程度。

1. 16　稳定性试验（Stability Test）

在严密控制的条件下，向油脂样品充气，使过氧化值达100（以活性氧毫克当量/千克脂肪计）时所需要的时间。

1. 17　氧化酸值（Oxidizing Acid Value）

在规定条件下，油脂中不溶于乙烷而溶于乙醇的物质占油样重量的百分比。

1.18　*p*-茴香胺值（*p*-anisidine Value）

1.00g 油在 100mg 试剂和溶剂混合液（按规定方法）中，使用 1cm 的比色槽测得的光密度 100 倍的值。

1.19　全氧化值（Total Oxidation Value）

*p*-茴香胺值加上两倍的过氧化值之和。

2　油脂的物理特性（Physical Characteristics of Oils and Fats）

2.1　密度（Specific Gravity）

油温 20℃ 的植物油脂的重量与同体积水温 4℃ 蒸馏水的重量之比。

2.2　透明度（Transparency）

油脂透过光线的能力，用比色管观察所得，以"透明"、"微浊"、"浑浊"表示。

2.3　色泽（Colour）

油脂中本身带有的颜色。主要来自于油料种子中的油溶性色素，国际上常用罗维朋比色计法检测。

2.4　气味、滋味（Odour and Taste）

油脂固有的气味和滋味，通过感官进行鉴定。

2.5　折射率（Refractive Index）

光线从空气中射入样品时，光线入射角与折射角的正弦之比。

2.6　熔点（Melting Point）

油脂由固态熔化成液态的温度，即固相和液相蒸气压相等时的温度。

2.7　凝固点（Freezing Point）

油脂冷却凝固时，由溶解潜热引起温度上升的最高点。

2.8　固体脂指数（SFI，Solid Fat Index）

利用指数表示各种温度下油脂中固体脂所占的比率，是决定油脂硬度的指标。

2.9　针入度（Penetratipn）

用针入度仪检测固体脂硬度的值。

2.10　脂酸冻点（Titer）

油样皂化分解得到的脂肪酸的凝固点。

2.11　浊点（Cloud Point）

指油样开始浑浊时的温度。

2.12　冷冻试验（Refrigeration Test）

将油样置于 0℃ 恒温条件下保持一定的时间，观察其澄清度，不浑浊、无固体脂析出者为合格品。

2.13　烟点（Smoking Point）

把油样进行加热至开始发烟时的温度。

2.14　闪点（Flash-point）

把开始发烟的油脂继续加热至油脂表面温度能够燃起火花，但不能连续燃烧时的温度。

2.15　燃点（Burning-point，Fire Point）

油脂已达到可以连续燃烧的温度。

2.16　溶解性试验（Dissolvability Test，Dissolubility Test）

检测油脂是否溶解于乙醇以及冰醋酸的一种观察方法。

2.17　加热着色试验（Heating Colouration Test）

在规定的条件下加热油脂，用标准色度计测定色度的方法。

2.18　干燥试验（Drying Test）

测定油脂到达固化干燥的时间。

摘自中华人民共和国国家标准．GB/T 8873—88.

# 第三节 油脂检测实训——食用棕榈油的检测

## 一、产品简介

棕榈油是从油棕树上的棕果中榨取出来的，果肉压榨出的油称为棕榈油（Palm Oil），而果仁压榨出的油称为棕榈仁油（Palm Kernel Oil），两种油的成分大不相同。棕榈油主要含有棕榈酸（$C_{16}$）和油酸（$C_{18}$）两种最普通的脂肪酸，饱和程度约为 50%；棕榈仁油主要含有月桂酸（$C_{12}$），饱和程度达 80% 以上。传统上所说的棕榈油仅指棕榈果肉压榨出的毛油（Crude Palm Oil，CPO）和精炼油（Refined Palm Oil，RPO），不包含棕榈仁油。

油棕是一种四季开花结果及长年都有收成的农作物，是世界上生产效率最高的产油植物。每公顷油棕所生产的油脂比同面积的花生高出 5 倍，比大豆高出 9 倍。一般的马来西亚已到成熟期的油棕，每年每公顷平均产量是 3.7t 毛棕榈油。目前，棕榈油在世界油脂总产量中的比例超过 30%，是世界油脂市场的一个重要组成部分。

棕榈油容易消化吸收，属性温和，是制造食品的好材料，在世界上广泛用于烹饪和食品制造业。它一般被当作食油、松脆脂油和人造奶油来使用，也适合炎热的气候，成为糕点和面包产品的良好佐料，深受食品制造业的喜爱。

棕榈油的原产地在西非，它被人们当成天然食品来使用已超过五千年的历史。1870 年前后，棕榈树传入马来西亚，逐渐在东南亚地区广泛种植。目前马来西亚和印度尼西亚是全球主要的棕榈油生产国，这两个国家的棕榈油产量占全球产量的 80% 以上。我国是棕榈油的完全进口国。

## 二、实训要求

（1）了解食用棕榈油的用途、成分及技术要求。

（2）理解掌握植物油脂主要技术指标的检测方法。

## 三、项目检测

### （一）执行标准

该产品标准为 GB/T 15680—1995《食用棕榈油》，适用于由棕榈毛油经精炼工序后制得的食用棕榈油，及进一步经分提工序后制得的食用精炼棕榈液油和食用精炼棕榈硬脂。其特征指标及质量指标见表 4-5。

表 4-5 食用精炼棕榈油、棕榈液油、棕榈硬脂的特征指标及质量指标

| 产品名称<br>项目 | 食用精炼棕榈油 | 食用精炼棕榈液油 | 食用精炼棕榈硬脂 |
|---|---|---|---|
| 相对密度 | （50℃/25℃水）<br>0.893～0.905 | （40℃/25℃水）<br>0.902～0.909 | （60℃/25℃水）<br>0.880～0.890 |
| 折射率 | （50℃）<br>1.449～1.445 | | |
| 碘价/（g$I_2$/100g） | 44～60 | ≥54 | ≤50 |
| 皂化价/（mgKOH/g） | 190～209 | 188～207 | 192～210 |
| 透明度 | 50℃澄清透明 | 40℃澄清透明 | 60℃澄清透明 |
| 气味、滋味 | 气味、口感良好 | 气味、口感良好 | 气味、口感良好 |
| 色泽（罗维朋比色槽 133.4mm） | ≤Y30，R3.0 | ≤Y30，R3.0 | ≤Y30，R3.0 |
| 水分及挥发物/% | ≤0.05 | ≤0.05 | ≤0.07 |
| 杂质/% | ≤0.05 | ≤0.05 | ≤0.07 |
| 熔点/℃ | 33～39 | ≤24 | ≥44 |
| 酸价/（mgKOH/g） | ≤0.20 | ≤0.20 | ≤0.20 |
| 不皂化物/% | ≤1.0 | ≤1.0 | ≤1.0 |
| 过氧化值/（meq/kg） | ≤10 | ≤10 | ≤10 |

（二）检测项目

### 1. 相对密度

用比重瓶法在规定温度下测定。

### 2. 折射率

用阿贝折光仪在规定温度下测定。

### 3. 碘价

按 GB 5532 执行，详见本章第二节。

### 4. 皂化价

按 GB 5534 执行，详见本章第二节。

### 5. 透明度

按 GB/T 5525—2008 执行。将样品熔化后（温度不得高于熔点5℃），量取 100mL 注入比色管中。将盛试样的比色管放入规定温度（食用精炼棕榈油 50℃，食用精炼棕榈液油 40℃，食用精炼棕榈硬脂 60℃）的水浴锅中，静置 24h，然后移置到乳白色灯泡前（或在比色管后衬以白纸），迅速观察透明程度。观察结果用"透明"、"微浊"、"浑浊"表示。

### 6. 气味、滋味

按 GB/T 5525—2008 执行。由合格的品评人员在专用实验室进行，品评时间应在饭前 1h 或饭后 2h。取少量样品注入烧杯中，均匀加温至 50℃后，离开热源，用玻璃棒边搅边嗅气味。同时品尝样品的滋味。

当样品具有油脂固有的气味（滋味）时，结果用"具有某某油脂固有的气味（滋味）"表示；当样品无味、无异味时，结果用"无味"、"无异味"表示；当样品有异味时，结果用"有异常气味（滋味）"表示，再具体说明异味为：哈喇味、酸败味、汽油味、热糊味、腐臭味、土味、青草味等。

### 7. 色泽

将试样在（52.5±2.5）℃温度下，按 GB/T 5525—85 执行（2008 版新标准删去了色泽的测定）。详见本章第二节介绍的罗维朋比色计法。

### 8. 水分及挥发物

按 GB 5528 执行。详见本章第二节。

### 9. 杂质

杂质是指油脂中在规定条件下不溶于石油醚或正己烷的外来杂质的含量，用质量分数表示。这些杂质包括机械杂质、矿物质、碳水化合物、含氮化合物、各种树脂、钙皂、脂肪酸内酯和部分碱皂等。通用测定方法见 GB/T 15688—1995《动植物油脂中不溶性杂质含量的测定》。

棕榈油中的杂质按 GB 5529《植物油脂检验　杂质测定法》执行。操作方法如下。

用胶管连接好真空泵、安全瓶和抽滤瓶。用水将石棉分成粗、细两部分，先用粗的，后用细的石棉铺垫玻璃砂芯漏斗。先用水，后用少量乙醇和石油醚抽洗漏斗，然后将漏斗放入 105℃烘箱中，烘至前后两次重量差不超过 0.001g 为止。

称取 15～20g 试样置于烧杯中，加入 20～25mL 石油醚，用玻璃棒搅拌溶解，倾入漏斗中，并用石油醚将烧杯中的杂质也完全冲洗入漏斗内。然后用石油醚分数次抽洗杂质，洗至无油迹为止。同上烘干至恒重。

杂质含量按下式计算：

$$杂质含量 = \frac{m_1}{m} \times 100\%$$

式中　$m$——样品的质量，g；

　　　$m_1$——杂质的质量，g。

### 10. 熔点

按 GB 5536 执行（毛细管法）。

### 11. 酸价

按 GB 5530 执行，其中取样量改为 10g，氢氧化钾标准溶液浓度改为 0.05mol/L，平行检测结果误差改为 0.04mgKOH/g。详见本章第二节。

### 12. 不皂化物

按 GB 5535 执行。详见本章第二节。

### 13. 过氧化值

按 GB 5538 执行。详见本章第二节。

产品出厂、交货必须进行检测，检测样品应妥善保存一个月，以备复检。检测取样方法按 GB 5524 执行。本标准的特征指标（相对密度、折射率、碘价、皂化值、熔点、不皂化物、脂肪酸组成等）需要时进行抽检；质量指标（水分、杂质、色泽、透明度、气味、滋味、酸值、过氧化物等）全部项目检测；卫生指标按 GB 5000.37 执行。检测结果中质量指标有一项不合格，就不能采用本标准的产品名称。

 **【阅读材料 4-2】**

#### 我国油脂市场概况

一、2007 年我国油脂工业及油脂市场综述

2007 年是我国油脂工业发展中遇到的最好年份之一，同时也是给油脂油料经营者带来了许多实惠的一年。2007 年，我国油脂工业及油脂市场出现了一系列之"最"。

（1）国内油料产量连续三年减少，成为 2004 年以来的"最低点"。

（2）进口油脂油料再创历史新高。

2007 年，进口油料合计折油 592.5 万吨，进口油脂油料总计折油 1509 万吨，较 2006 年多进了 306.6 万吨。

（3）我国食用植物油总供给量和人均占有量均创历史最高水平。

2007 年，我国食用植物油总供给量达 2508.1 万吨，食用植物油的人均占有量已达到全球植物油人均占有量 19.48kg 的水平。

（4）我国食用植物油的自给率降到历史最低水平。

2007 年，我国食用植物油自给率只有 41.25%，较 2006 年的 47.5% 又下降了 6.25%，成为我国历史上食用植物油自给率最低的年份。

（5）食用植物油的价格频创历史最高。

各种食用植物油及其饼粕等相关产品的市场价格与两年前相比，高了近一倍。

（6）油脂工业的各项经济技术指标均创历史之"最"。

2007 年，由于我国食用植物油总供给的快速增长，加上油脂市场产销两旺，我国油脂工业的产量、产值、销售量、销售额和利润总额等经济技术指标都创了历史最高记录。

二、2008 年油脂工业和油脂市场展望

2008 年的油脂市场受 2007/2008 年度油料生产情况影响极大，至少会影响到今年上半年。简单地说，可概括为四句话，即"产量减少、用途增多、库存下降、价格暴涨"。

所谓"产量减少"是指全球 2007/2008 年度油料产量为 3.913 亿吨，比上年度减产 3.7%。其中，主

要是大豆减产幅度较大，减幅达 8.8%。

　　所谓"用途增多"是指食用植物油脂不仅可以作为食用和工业用，而且还能作为生物能源——即生产生物柴油。

　　所谓"库存下降"是指由于全球 2007/ 2008 年度油料的产量减少，用途和消费的增长，油脂、油料的库存被迫下降。

　　所谓"价格暴涨"是指油脂油料的市场价格出现了非正常的调价。据测算，2007 年全球各种油脂、油料的价格上涨幅度已超过 50%。

摘自中国饲料信息网，2008. 6. 3.

## 习　　题

　　1. 测定水分和挥发物、不溶性杂质、相对密度等项目的样品为什么不能进行加热和过滤处理？

　　2. 对样品进行干燥处理的温度如何确定？为什么要求干燥过程越短越好？

　　3. 水分对油脂的质量有何影响？电热板法测得的是油脂中真正的水分含量吗？

　　4. 酸值和酸度有何区别？有哪些测定方法？

　　5. 为什么计算酸度时要考虑各种油脂中所含游离脂肪酸的种类不同，而计算酸值时不用？

　　6. 测定油脂的碘价时，为什么要根据估计的碘价范围采取不同的取样量和放置（反应）时间？

　　7. 韦氏法测定油脂的碘价时，是否需要准确知道 wijs 试剂中氯化碘的浓度？为什么？

　　8. 油脂的皂化值和不皂化物各是什么含义？表示方法有什么不同？

　　9. 测定食用棕榈油的透明度时，温度上有什么要求？测定结果如何表示？

　　10. 测定食用棕榈油的气味和滋味时，测定结果如何表示？

　　11. 测定食用棕榈油的杂质含量时，为什么要用水、乙醇和石油醚预先抽洗漏斗？

　　12. 称取某种棕榈油样品 10.12g，测定其酸值。至滴定终点时，消耗氢氧化钾标准溶液 3.56mL，氢氧化钾标准溶液的浓度是 0.1007mol/L。试计算该样品的酸值和酸度。（参考答案：酸值 $S=1.99$ mg/g；酸度 $S'=5.57\%$）

　　13. 称取棉籽油样品 0.1306g，用 wijs 试剂测定其碘价。至滴定终点时，消耗硫代硫酸钠标准溶液 5.21mL，空白试验消耗硫代硫酸钠标准溶液 16.65mL，硫代硫酸钠溶液的标定浓度是 0.0993mol/L。试计算该样品的碘价。（参考答案：$110gI_2/100g$）

　　14. 称取工业猪油样品 2.010g，测定其皂化值。至滴定终点时，消耗盐酸标准溶液 12.08mL，空白试验消耗盐酸标准溶液 26.32mL，盐酸溶液的标定浓度是 0.5012mol/L。试计算该样品的皂化值。（参考答案：199mgKOH/g）

　　15. 准确称取 4.90g 花生油样品，测定不皂化物含量。经皂化、提取、洗涤、蒸发、干燥恒重后得到残留物 0.0525g。将此残留物溶于 4mL 乙醚中，以游离脂肪酸的含量来校正时，消耗浓度为 0.1008mol/L 的氢氧化钾标准溶液 1.20mL。在空白试验中得到残留物 0.0086g。试计算该样品的不皂化物含量。（参考答案：0.2%）

　　16. 准确称取 3.82g 食用精炼棕榈油样品，测定过氧化物含量。加入饱和碘化钾溶液反应后，用 0.0104mol/L 的硫代硫酸钠标准溶液滴定至终点，消耗 6.24mL。空白试验消耗硫代硫酸钠标准溶液 0.06mL。试计算该样品的过氧化物含量是否合格。（参考答案：16.8meq/kg，不合格）

## 参　考　文　献

[1] 龚盛昭主编. 精细化学品检验技术 [M]. 北京：科学出版社，2006.

[2] 张水华主编. 食品分析 [M]. 北京：中国轻工业出版社，2007.

[3] 中华人民共和国国家标准. GB/T 16997—1997 [S].

[4] 卢艳杰主编. 油脂检测技术 [M]. 北京：化学工业出版社，2004.

[5] 中华人民共和国国家标准. GB/T 15680—1995.

[6] 张振宇主编. 化工产品检验技术 [M]. 北京：化学工业出版社，2005.

# 第五章 合成洗涤剂的检测

【学习目标】

1. 了解合成洗涤剂的发展简史。
2. 掌握洗涤剂去污原理，了解洗涤剂的分类、组成、各组分的作用。
3. 掌握合成洗涤剂的样品分样方法。
4. 掌握合成洗涤剂检测方法。

## 第一节 洗涤剂概述

### 一、合成洗涤剂的发展简史

早期没有肥皂和合成洗涤剂时，人们采用在水中搓、揉等机械方法除去织物上的污垢。后来人们发现某些植物的叶、根、皮或果实浸在水中可产生泡沫，并可将衣物上的污垢洗去。这也许是人类最早使用的天然洗涤剂了。现在知道，这类物质都含有一种具有一定去污能力的皂草苷类化合物。

肥皂的出现有一千多年了。它是人类最早制备的化学洗涤剂。肥皂是用油脂与碱进行皂化而制得的。如今，肥皂仍是良好的洗涤剂，在人类生活中仍然发挥着重要作用。

合成洗涤剂最早是在第一次世界大战时德国用丁基萘进行磺化时制得。1928年，人们开发了烷基硫酸盐，10年后又出现了硬性烷基苯磺酸钠，第二次世界大战后，烷基苯磺酸钠成为家用合成洗涤剂的主流，但由于它具有抗生物降解性，造成环境污染，20世纪70年代中期被直链烷基苯磺酸钠（R—$C_6H_4$—$SO_3Na$）所取代。此外，在1930年还开发了烷基聚氧乙烯醚和仲烷基磺酸盐，20世纪40年代开发了烷基聚氧乙烯硫酸盐等，发展了家庭和工业用表面活性剂。

我国表面活性剂工业始于20世纪50年代末，60年代初由民用逐步扩大到工业用。改革开放以来，随着生活水平的不断提高，洗衣机进入千家万户，洗衣粉的产量已占合成洗涤剂的90%左右。如今，人们对合成洗涤剂提出了更多更高的要求，既要求能去除各种顽固性污垢，漂洗方便，洗后增白，又要求对衣物损伤小，手洗时不刺激皮肤，对环境友好以及洗涤剂更专用化、功能化等。消费者对洗涤剂的要求推动了合成洗涤剂和肥皂业在质量、品种、数量上的发展，同时，随着产品质量标准的不断提高，更多具有特色的、质优价廉的合成洗涤剂不断涌现。

洗衣粉在合成洗涤剂中产量最大，但是与固体洗涤剂相比，液体洗涤剂在生产工艺、品种、性能等方面具有许多优势，所以，液体洗涤剂发展很快。

合成洗涤剂发展的另一个重要趋势是产品形式呈现多样化，合成洗涤剂由单一的粉状向液体、浆体、浓缩型等多种外观形态改变。另外，含杀菌剂的洗涤剂正逐渐受到人们青睐。

### 二、洗涤剂的组成

洗涤剂是以去污为目的、按一定配方制备的产品，主要由表面活性剂和洗涤助剂两部分组成。

**（一）表面活性剂**

表面活性剂是一种能在较低的浓度下显著降低溶液表面张力的有机化合物。表面活性剂分子具有两亲性结构，分子的一端是由一个较长的烃链组成的，它具有憎水性，能溶于油，但不能溶于水中，称为憎水基或亲油基；分子的另一端是较短的极性基团，它能溶于水中而不能溶于油中，称为憎油基或亲水基，如羟基、羧酸基、磺酸基、硫酸基、醚基、磷酸基等。

表面活性剂在性质上和使用上的差异与它的亲水基和亲油基的种类直接有关，其中亲水基的种类和结构改变对表面活性剂的性质影响远大于亲油基改变。所以表面活性剂的分类通常以亲水基的离子性来划分的。表面活性剂溶于水时，凡能离解成离子的叫离子型表面活性剂；凡不能离解成离子的叫非离子型表面活性剂。而离子型表面活性剂按其在水中生成的离子种类又可分为阴离子表面活性剂、阳离子表面活性剂和两性表面活性剂。

**（二）洗涤助剂**

洗涤剂中除表面活性剂外，还要添加其他一些物质，才能发挥良好的洗涤能力，获得更好的洗涤效果，而且能降低成本。这种添加物被称为洗涤助剂。在洗涤剂中配入洗涤助剂，可使洗涤剂的性能得到明显改善或者降低表面活性剂的配合量。因此，洗涤助剂又叫去污力增强剂或洗涤强化剂。

洗涤助剂分为无机助剂和有机助剂两大类。

无机洗涤助剂主要有碳酸盐、重碳酸盐、正磷酸盐、三聚磷酸盐、焦磷酸盐、硅酸盐、硼酸盐和沸石等。这些助剂有降低表面活性剂临界胶束浓度的作用或螯合金属离子使硬水软化的作用。在洗涤剂中添加这类助剂，即使表面活性剂用量降低，也能更好地发挥其洗涤效果，在碱性条件下还能进一步提高洗涤能力。

有机助剂主要有乙二胺四乙酸四钠、次氨基三乙酸钠、柠檬酸钠、柠檬酸衍生物、丙烯酸聚合物等。这些助剂有螯合剂的作用或阻止钙、镁离子与碱性阴离子表面活性剂形成不溶性盐的作用。

此外，根据需要或用途，洗涤剂中还可以加入抗再沉积剂、泡沫促进剂或泡沫抑制剂、荧光增白剂、漂白剂、酶制剂、香料、色素等助剂。

 **【阅读材料 5-1】**

### 洗涤剂的发展趋势

（1）随着洗衣机的普及，洗衣粉由高泡型向低泡型和抑泡型（或控泡型）方向发展。高泡型洗涤剂使用时泡沫产生量大、稳定，且不易漂洗，所以不适合于洗衣机使用。低泡型洗涤剂在洗衣时几乎不产生泡沫，但不符合消费者的习惯。抑泡型洗涤型在洗衣时有泡沫感，在漂洗时随着洗涤剂浓度的降低则泡沫很快消失。

（2）以多种表面活性剂配方代替单一表面活性剂配方。例如，通过非离子表面活性剂与离子型表面活性剂复配所产生的协同效应，可提高洗涤力并控制泡沫。现在还出现了肥皂与合成表面活性剂复配的洗涤用品，其洗涤力与抗硬水等性能均优于肥皂。

（3）为了节能，开发洗涤能力受温度影响较小的洗涤剂，可以用冷水洗涤且仍有较好的洗涤效果。

（4）洗涤用品向专用型方向发展，以便有效针对洗涤对象更好地发挥其效用。例如，衣用洗涤剂有重垢型洗涤剂、轻垢型洗涤剂、羊毛衫洗涤剂等。又如居室用清洁剂有厨用清洁剂、厕所清洁剂、玻璃清洁剂等。

（5）适应环境保护方面的要求，减少洗涤剂排放后对环境的污染。如洗涤剂配方将向低磷型和无磷型方向发展，配制不含磷酸盐的液体洗涤剂，在洗衣粉中以沸石代替三聚磷酸盐等。

（6）产品形式向多样化方向发展，由单一的粉状向液体、浆体、浓缩型等多种外观形态改变。

摘自 http://blog.163.com.

# 第二节　洗　涤　原　理

## 一、洗涤去除对象——污垢的特点

### 1. 污垢的来源

洗涤的目的是去除衣物等被洗物上所存在的污垢，污垢来源于人们的生存环境，例如人体分泌、空气传播以及生活工作需要的接触三个方面。

### 2. 污垢的分类

根据污垢的特性，可分为油质污垢、固体污垢及水溶性污垢。

（1）油质污垢，如动植物油脂、脂肪酸、矿物油等，它们对衣物、人体黏附比较牢固，而且不溶于水。

（2）固体污垢，如灰尘、泥土、棉绒、皮屑等，这种污物颗粒较大，直径大致在 $1\sim20\mu m$ 之间，它们或与油水混在一起，或单独存在，通常带负电，也有带正电的，但不溶于水。

（3）水溶性污垢，如淀粉、果汁、有机酸、无机盐等，它们或溶于水，或与水混合而形成胶态溶液。

### 3. 污垢特点

（1）上述三类污垢一般不单独存在，而是互相混合成一体，随着时间的推移，或受环境因素的影响而氧化分解，或受微生物的作用而腐败，往往会产生更加复杂的化合物。

（2）污垢的黏附情况复杂。按其结合力来说，有化学结合力和物理结合力两大类。化学结合力是指污垢与被洗织物产生化学反应而造成化学键的结合；物理结合力是指微粒质点间的静电结合和物质间的分子间作用力（范德华力）。

因此，要实现污垢与被污物的有效分离，最好的办法是消除两者间的结合力。洗涤用品恰好在这方面显示了它的独特作用。

## 二、洗涤表面活性剂的基本性质

肥皂和合成洗涤剂能去除污垢主要因为在它们的成分中，含有表面活性剂。表面活性剂是一种能在较低浓度下即能显著降低溶液表面张力的物质，肥皂和合成洗涤剂都有降低水溶液表面张力的性能，同样也有降低水-油、水-固之间界面张力的性能，这与它们的分子结构有关。

### 1. 表面活性剂的分子结构特点

表面活性剂分子的一端是由一个较长的烃链组成的，它具有憎水性，能溶于油而不能溶于水中，故称之为憎水基或亲油基；分子的另一端是较短的极性基团，它能溶于水中而不能溶于油中，故称之为亲水基或憎油基。

### 2. 表面活性剂的性质和作用

由于表面活性剂的这种两亲结构特点，使之在相界面上产生定向排列，形成吸附膜，从而造成表面张力或界面张力的降低。在水溶液中，表面活性剂分子聚集而规则定向排列，形成胶束。由于洗涤表面活性剂的表面活性和胶束性能，才使其水溶液具有润湿渗透、分散、乳化、增溶、泡沫等作用。

（1）润湿渗透作用　洗涤表面活性剂降低了水-固之间的界面张力，使水容易吸附扩展到固体表面，并渗透到物体中去，这种作用称作润湿渗透作用。

洗涤液具有润湿渗透作用。这种作用既破坏了织物与污垢之间的吸引力，又破坏了污垢微粒之间的吸引力，当施以适当外力时，可使污垢变成细碎颗粒。

（2）分散乳化作用

① 分散作用　是指洗涤表面活性剂降低了水-固体微小粒子间的界面张力，并在固体微小粒子周围形成一层亲水的吸附膜，使固体粒子均匀地分散于水中形成分散液。

② 乳化作用　是指洗涤表面活性剂降低了水-油的微小粒子间的界面张力，同样在油的微小粒子周围形成一层亲水的吸附膜，使油粒均匀分散在水中形成乳浊液。

（3）增溶作用　当洗涤表面活性剂水溶液的胶束把油脂溶解在自己的憎水基部分中，这种因胶束的存在而使物质在溶剂中溶解度增加的现象，叫做增溶作用。

（4）泡沫作用　洗涤表面活性剂降低了水-空气之间的表面张力，空气分散在水中而形成泡沫，同时又在气泡表面吸附着一层大量的定向排列的洗涤表面活性剂分子，气泡壁就变成一层坚固的膜，从而形成了稳定的泡沫，这称为泡沫作用。

泡沫虽然和洗涤作用没有很大的直接关系，但它能吸附已分散的污垢使之聚集在泡沫中，并把污垢带到溶液的表面。

### 三、洗涤剂的洗涤去垢作用原理

去污的原理可简单地用下式表示：

织物·污垢＋洗涤剂——→织物＋污垢·洗涤剂

通常，污垢牢固地附着在被污物上。这主要是由于污垢与被污物之间的相互吸引，而洗涤剂的去污，则是降低和削弱污垢与被污物之间的引力，洗涤剂的润湿渗透作用恰恰可以使污垢与被污物之间引力松脱，也使污垢粉碎成细小粒子。这时，引力松脱的污垢粒子仍吸附在被污物的表面，如果通过机械搅拌作用，或揉搓的摩擦作用，或受热作用，吸附在被污物表面上的污垢就能大量卷离到水中，此时固体微粒在洗涤表面活性剂的分散作用下，油脂污垢在其乳化增溶作用下，不再沉积于被污物表面了。

总之，洗涤剂的去污作用是润湿、渗透、乳化、分散、增溶等基本作用的综合表现。所以，洗涤剂中的表面活性剂仅仅具有某一作用是不够的，而是要求具有较好的综合性能，再加上有各种助洗剂的配合，才能获得理想的去污洗净效果。

# 第三节　合成洗涤剂

合成洗涤剂是以表面活性剂为主要成分，并加入其他助洗剂和辅助成分制成的洗涤用品。

### 一、合成洗涤剂的组成及其作用

#### （一）表面活性剂的种类及其性能特点

表面活性剂是合成洗涤剂中最重要的有效活性成分，能降低表面或界面张力，具有洗涤去污的作用。它通常分为以下四种。

#### 1. 阴离子型表面活性剂

这类表面活性剂在水溶液中呈阴离子的状态或胶束状态。它是洗涤表面活性剂中的大类，用于生产各种类型的洗涤剂，我国目前用于家用洗涤剂的品种主要有以下几种。

（1）直链烷基苯磺酸钠（LAS）　LAS 是目前各国生产洗涤剂用量最多的表面活性剂。各种品牌的洗衣粉大多都是用它做主要成分而配制的。LAS 具有优良的洗涤性能以及与其他表面活性剂和助剂的配伍性能。

（2）脂肪醇硫酸钠（AS）　AS 作为商品洗涤剂的主要成分之一，可用于重垢、轻垢洗涤剂，用于洗涤毛、丝织物，也可配制餐具洗涤剂、香波、地毯清洗剂、牙膏等。

（3）脂肪醇聚氧乙烯醚硫酸盐（AES）　AES 具有良好的去污力和发泡性，广泛用于香波、浴液、餐具洗涤剂等液洗配方，当它与 LAS 复配时，有去污增效作用。

### 2. 非离子表面活性剂

这类表面活性剂在水溶液中呈中性的非离子的分子状态或胶束状态。主要品种有以下几种。

（1）脂肪醇聚氧乙烯醚（AEO）　AEO 是非离子表面活性剂系列产品中最典型的代表，可与任何类型表面活性剂进行复配，并具优良的洗涤性能，适用于配制液体洗涤剂。

（2）烷基糖苷（APG）　APG 是 20 世纪 90 年代初开发出的一种多元醇型非离子表面活性剂。它同时具有阴离子表面活性剂的许多优点，不仅表面活性高，起泡稳泡力强，去污性能优良，而且与其他表面活性剂配伍性极好。此外，APG 对皮肤、眼睛刺激很小，经口毒性低，易生物降解，被誉为"绿色"产品，受到各国的普遍重视，广泛用于洗涤剂、乳化剂、增泡剂、分散剂等产品生产。

### 3. 阳离子表面活性剂

这类表面活性剂只有在酸性溶液中才能发挥作用，一般不作洗涤表面活性剂。在工业上，阳离子表面活性剂被广泛用于作纺织柔软剂、抗静电剂、杀菌剂等。

### 4. 两性表面活性剂

两性表面活性剂兼有阳离子和阴离子基团，它既有阴离子表面活性剂洗涤作用，又具有阳离子表面活性剂对织物的柔软作用，易溶于水，耐硬水，对皮肤刺激小，其杀菌力和发泡力较强，适于做泡沫清洗剂，多用于洗涤丝毛织物和洗发香波中。目前由于生产工艺复杂，成本较高，用量不大。

### （二）洗涤助剂

洗涤助剂一方面能改善洗涤剂的去污力、泡沫性、乳化性、表面活性，并发挥各组分之间协调、补偿的作用，使产品的洗涤性能更加齐备，另一方面还可降低成本。

### 1. 无机助剂

（1）三聚磷酸钠　洗涤剂中用量最大的无机助剂是三聚磷酸钠（也称为五钠）。它与 LAS 复配可以发挥协同效应，能大大提高 LAS 的洗涤性能，因此，两者被业界认为是最佳搭配。

（2）4A 分子筛　4A 分子筛是一种无毒、无臭、无味且流动性较好的白色粉末，是人工合成的沸石。它具有较强的钙离子交换能力，对环境无污染，与羧酸盐等复配，是替代三聚磷酸钠较理想的无磷洗涤助剂，有很大发展前景。

（3）硅酸钠　硅酸钠具有缓冲作用，还能防锈，并具良好的悬浮、乳化作用，使粉状洗涤剂松散，易流动，避免结块。

（4）漂白剂　洗涤剂中配入的漂白剂主要是次氯酸盐和过氧酸盐。次氯酸盐主要是次氯酸钠，过氧酸盐主要有过硼酸钠和过碳酸钠。漂白剂溶于水后，经反应生成新生态氧，使污渍氧化，起到漂白、杀菌和化学除污的作用。

**2. 有机助剂**

（1）抗再沉积剂　为了防止污垢脱离织物后再沉积在织物上，在合成洗涤剂中另外配入抗再沉积剂，以保持织物洗涤后的洁白度。

抗污垢再沉积剂对污垢的亲和力较大，它能把污垢粒子包围起来，使之分散于水中，避免污垢与织物再吸附。

抗再沉积剂有许多品种，大都是水溶性高分子胶体物质。如羧甲基纤维素钠、聚乙二醇、聚乙烯醇、聚乙烯吡咯烷酮、羧基甲基淀粉、树胶等。

（2）荧光增白剂　它是一种具有荧光性的无色染料，吸收紫外线后发出青蓝色荧光。这不仅抵消了织物上的微黄色，而且还增加了织物的明亮度，使织物具有良好的色调及鲜艳的荧光，使白色织物显得更加洁白。常用的荧光增白剂是二氨基芪二磺酸盐衍生物。

（3）酶制剂　酶是一种生物催化剂，是由生物活细胞产生的蛋白质组成。在洗涤剂中添加的酶可以将不溶性污垢变为可溶性污垢，从而提高洗涤效果。

目前应用较多的是枯草杆菌的碱性蛋白酶。配入洗涤剂中的蛋白酶对蛋白质污垢有分解作用，使之易于除去。

（4）泡沫促进剂或泡沫抑制剂　高泡沫洗涤剂（如香波）在配方中加入少量泡沫促进剂，使洗涤水液的泡沫稳定而持久。常用烷基醇酰胺如脂肪酸单乙醇酰胺、脂肪酸二乙醇酰胺作助泡剂和稳泡剂，并具有去污作用。

低泡沫洗涤剂在配方中加入少量泡沫抑制剂，常用的有二十二烷酸皂或硅氧烷，使水液消泡或低泡。

（5）香料、色素及其他　有些洗涤剂中常加入少量香料和色素。加有香料的洗涤剂洗涤时有香味，并使织物洗涤后仍留香。加入色素可增加花色品种，使人悦目。

此外，依据洗涤剂的不同种类、用途和特别需要，还可以加入皮肤保护剂、抑菌剂、防锈剂、抗静电剂、柔软剂等。

## 二、合成洗涤剂的分类和品种

### （一）分类

**1. 根据应用领域不同分类**

可分为家庭日用和工业用两大类。

**2. 根据产品配方和除污对象不同分类**

分为重垢型和轻垢型两种。重垢型洗涤剂是指产品配方中活性物含量高，或含有大量的多种助剂，用于洗涤内衣、衬衣、工作服、罩衫等与皮肤直接接触的或污垢较多的织物，日用洗衣粉多属此类；轻垢型洗涤剂含较少助剂或不加助剂，用于除去易洗涤的污垢。

**3. 根据产品性状或商品形式分类**

分为粉状洗涤剂、液体洗涤剂、块状洗涤剂、空心颗粒状洗涤剂、膏状洗涤剂等。我国产品以粉状洗涤剂和液体洗涤剂为主。

**4. 根据洗涤对象分类**

分为丝毛织品类洗涤剂、通用类洗涤剂等。

**5. 根据表面活性剂的种类和含量分类**

分为Ⅰ类、Ⅱ类、Ⅲ类。Ⅰ类、Ⅱ类以阴离子表面活性剂为主，活性剂含量在 10%～

30%之间。Ⅲ类以非离子表面活性剂为主，表面活性剂含量在 10%～20% 之间。

**6. 根据泡沫的多少分类**

分为低泡型、中泡型和高泡型。低泡型适用于洗衣机洗涤，高泡型适用于人工搓洗，中泡型可以兼顾。

**7. 根据助洗剂的特点分类**

分为加酶型、增白型、漂白型等。

（二）合成洗涤剂的主要品种

**1. 普通洗衣粉**

洗衣粉是以表面活性剂为主要成分，并配入适量不同作用的助洗剂制成的粉状或粒状合成洗涤剂。

洗衣粉中的主要活性成分是表面活性剂，如烷基苯磺酸盐、烷基磺酸盐、烷基硫酸盐、脂肪醇聚氧乙烯醚等，它们在水中溶解迅速，并具有良好的起泡、增溶、乳化、润湿、分散、去污等性能。表面活性剂在洗衣粉中的加入量和质量的好坏是影响洗衣粉质量的重要因素。

为了改善洗涤去污效果，降低成本，提高质量，洗衣粉中往往配入一些助剂或添加剂，如三聚磷酸钠、水玻璃、碳酸钠、硫酸钠、羧甲基纤维素钠、荧光增白剂、苯磺酸钠、色料、香精等。

**2. 浓缩洗衣粉**

浓缩洗衣粉是指密度较大，以非离子表面活性剂为主要活性物质，与阴离子表面活性剂复配而成的洗衣粉。产品含有较多的三聚磷酸钠、碳酸钠、硅酸钠等洗涤助剂，有的产品还加入漂白剂、杀菌剂等功能性助剂。

浓缩洗衣粉属于低泡型洗衣粉，其有效物质含量高，去污力强，泡沫少，易漂洗，用量低，其使用量为一般洗衣粉的 1/4～3/4。

**3. 加酶洗衣粉**

加酶洗衣粉是指含有生物酶制剂的洗衣粉。目前，在洗衣粉中应用的酶制剂有四类：蛋白酶、脂肪酶、淀粉酶和纤维素酶。它们对污垢都有特殊的去污作用，在洗衣粉配方中所占成本不大，但能大大提高洗涤效果。

**4. 餐具洗涤剂**

餐具洗涤剂又称洗洁精，大多是液体产品，属于轻垢型洗涤剂。既可用于洗涤金属、陶瓷、塑料、玻璃等材质的餐具，也可用于洗涤蔬菜和水果。

餐具洗涤剂应符合以下基本要求。

（1）对人体必须绝对无害，对皮肤要尽可能温和无刺激。

（2）去油污性能好，能有效除去动植物油污和其他污垢。

（3）对洗涤的蔬菜、水果等无害，即使洗涤剂残留于蔬菜、水果上，也不影响其风味、色泽，不损伤其外观，且能有效地洗去残存的农药、肥料，不影响食品的外观、口感及风味。

（4）对金属、塑料、陶瓷的表面无损伤，对餐具、炉灶等厨房用品无腐蚀。

根据功能分类，餐具洗涤剂分为单纯洗涤型和洗涤消毒型两大类。前者统称"洗洁精"，只具有洗涤功能；后者统称为"洗消剂"，具有洗涤和消毒两种功能。

按使用方法分类，餐具洗涤剂分为手洗和机洗两大类。后者又分为家庭洗碗机用和公共洗碗机用两类。

与衣物洗涤剂比较，餐具洗涤剂生产标准更加严格，如不允许用荧光增白剂，对甲醛、甲醇等有毒溶剂的限量很低，对表面活性剂的选择更加严格。除了表面活性剂，餐具洗涤剂还添加有增泡剂，增稠剂，助溶剂，香精以及对皮肤温和、手感舒适的成分。

### 5. 浆状洗涤剂

浆状洗涤剂又称膏状洗涤剂，俗称洗衣膏。洗衣膏一般为白色或有色的细腻膏状物，填充剂多为水，总固体含量为 55% 左右。洗衣膏在水中溶解度好，溶解迅速，泡沫丰富，去污力强。它既适用于机洗，也适用于人工洗涤。

油污清洗膏也属于膏状洗涤剂，是一种常用免水洗手剂，其主要活性成分是非离子型表面活性剂。还有一类洗衣膏，是以复合皂为主体并添加了表面活性剂，它能够克服单纯用肥皂洗涤使织物发硬、变脆的缺点，具有泡沫低、易漂洗、去污力强的特点。

### 6. 住宅用洗涤剂

住宅用洗涤剂属于液体洗涤剂，它是专门对门窗、瓷砖、浴盆、家具等硬表面清洗用，故又称硬表面清洗剂。这类洗涤剂大多是碱性的，表面活性剂含量不高，它不要求有泡沫，但一般配入适量的有机溶剂，可溶解油脂。

## 三、合成洗涤剂的质量检测

### （一）包装检测

合成洗涤剂的包装有塑料袋或硬纸盒包装，其要求是：封口牢固整齐，印刷图案、文字清晰美观，不能褪色或脱色。

小包装箱要求不得松动或鼓盖，并且放平码齐。小包装箱上应注明下列内容：产品名称、类别型号、商标图案、厂名厂址、性能及保管说明。大包装上应注明：产品名称及牌号，净重及内装小包装袋数，厂名厂址，装箱日期，箱体体积以及"防止受潮"、"轻放轻装"等字样。

### （二）外观检测

（1）色泽和气味　合成洗衣粉的色泽应为白色，不得混有深黄色或黑粉（若是添加了色料的洗衣粉，色泽应均匀一致）。合成洗衣粉的气味要求正常，无异味。

（2）颗粒度和表观密度　颗粒度是指洗衣粉的颗粒大小和均匀度。表观密度是指单位体积内洗衣粉的重量，以克/毫升表示，它是反映洗衣颗粒度和含水量的综合指标。空心粉状洗衣粉的表观密度在 $0.42\sim0.75\mathrm{g/mL}$ 左右。

（3）流动性和吸潮结块性　为便于包装工艺和使用，洗衣粉应具有较好的流动性；而吸潮结块性的洗衣粉除了不便于包装工艺和使用外，还容易造成变质失效。

### （三）稳定性

洗衣粉在贮存过程中，要求不应有因受潮而出现的泛红、变臭现象。稳定性差的洗衣粉在很大程度上反映了它的组成和内在质量问题。

 【阅读材料 5-2】

加酶洗衣粉中酶的作用

加酶洗涤剂中的酶有四种，即蛋白酶、脂肪酶、淀粉酶和纤维素酶。目前应用较多的是枯草杆菌的碱性蛋白酶。

蛋白酶能把衣物上存在的血渍、奶渍、汗渍、蛋渍等蛋白质污垢先分解成可溶性肽链，然后再分解成氨基酸，从而使蛋白质污垢很容易被洗去。

脂肪酶即三酰基甘油酰基水解酶，它是一种特殊的酯键水解酶，可作用于甘油三酯的酯键，使甘油三酯降解为甘油二酯、单甘油酯、甘油和脂肪酸。脂肪酶的特点是使洗涤剂在低温时也具有除去脂肪的优良能力，且具有效果积累作用，其去污能力可以随着洗涤次数的增加而表现得更加明显。

淀粉酶能除去衣物上的淀粉类污垢，如面条、米粥等，而且淀粉酶和脂肪酶之间还具有很好的协同作用。

纤维素酶是一种多组分的复合生物催化剂，由微生物发酵产生，可催化纤维素的水解，生成短纤维、纤维二糖、葡萄糖等。所以，它可以把织物表面因多次洗涤而在主纤维上出现的微毛和小绒球除去，使主纤维变得光滑柔软。另外，它还具有增白作用，使有色衣物的色泽变得更加鲜艳，使白色衣物恢复其本色。添加纤维素酶的洗衣粉具有增白、柔软两个独特功能。

实际污垢中的成分极其复杂，如蛋白质类、淀粉类、脂类可能同时存在，所以，利用几种酶制剂的复配，可以大大提高去污效果。

需要注意是，酶的寿命有限。加酶洗衣粉不宜在高温、高湿的环境中贮存，也不应久存，通常超过一年，酶的活力会降低很多甚至失效，影响去污能力。

酶的作用比较缓慢，使用加酶洗衣粉时应将衣物预浸一段时间，再按正常方法洗涤。加酶洗衣粉的 pH 值通常不大于 10，在水温 40~50℃ 时，能充分发挥酶作用。水温高于 60℃，碱性蛋白酶则失去活性；水温低于 15℃，酶的活性迅速下降，影响洗涤效果。含碱性蛋白酶的洗衣粉最佳洗涤温度是 40~50℃。

加酶洗衣粉适用于洗涤衬衣、被单、床单等衣物，不适合洗涤丝毛织物，因为酶会破坏丝毛纤维。

# 第四节　洗涤剂样品的分样方法

在实验室中，洗涤剂样品通常需进行分样，如以 500g 以上的混合大批样品制备 250g 以上的最终样品或实验室样品，或者由最终样品制备若干份相同的实验室样品，或参考样品，或保存样品，每份样品都在 250g 以上，或者由实验室样品制备试验样品。在国家标准《表面活性剂和洗涤剂　样品分样法》（GB/T 6372—2006）规定了粉状、膏状、颗粒状和液体洗涤剂样品的分样方法，该法对表面活性剂的样品分样也同样适用。其原理是用机械方法将大批样品分样，在不改变样品组成的条件下，通过减少样品的量获得小份样品。

## 一、粉状产品的分样

粉状产品包括喷雾干燥产品，也包括在干燥过程后再配入添加剂的产品。

### （一）分样设备

#### 1. 锥形分样器

粉状产品的分样规定使用锥形分样器。其结构能使每次分样操作所得的两份样品在数量上相近，在性质上可代表原样。锥形分样器（见图 5-1 和图 5-2）主要由加料斗 A、锥体 B、转换料斗 C 和接斗组成。锥体处于加料斗的下方，锥体的顶部正好位于加料斗下开口的中心，转换料斗位于锥体的底部，有 22 个受器均匀地排列在转换料斗的周围并交替地连接到转换料斗底部的两个出口。样品经加料斗流过锥体表面，到达转换料斗，被均匀分至 22 个受器，再交替地经两个出口流出，以给出两份类似的分样样品。

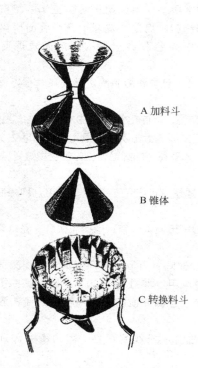

A 加料斗

B 锥体

C 转换料斗

图 5-1　锥形分样器部视图

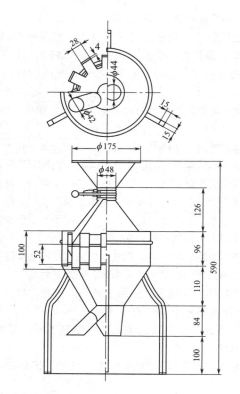

图 5-2　锥形分样器总图　单位：mm

## 2. 回转分样器

回转分样器（见图 5-3）包括一个加料斗，样品经加料斗、送样槽、漏斗以细流状流入装有 6 只接受器的转动圆盘，每个接受器沿竖轴对称分布，以便收集全部落下的样品，转动频率不大于 $40min^{-1}$（如存有细粉，圆盘转动频率不能太高）。

### （二）分样的制备

#### 1. 用锥形分样器制备分样

（1）最终样品的制备　在锥形分样器两个出口的下面各放一个接斗，关闭加料斗的阀门，将样品放入加料斗中，开启加料斗的阀门至最大，使大批样品流过锥体和转换料斗，最后，样品被分为两份，各置于一个接斗内。

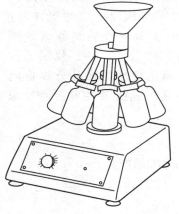

图 5-3　回转分样器

将两份样品中的一份弃去，另一份保留。再将一份新的大批样品通过锥形分样器，重复操作，直至所有的大批样品被分样。

将分样器清理干净，再将保留的大约一半的大批样品按上述步骤通过设备，重复操作，直至获得所需分样量。

（2）相同样品的制备　如果需要样品数目多于一个，应制备足够分样以得到 $2n$ 个相同样品（此处 $2n$ 等于或超过所需样品数目）。

采用本分样器将分样分为 $2n$ 个相等份后，应立即把每份全部装入密封瓶或适当的瓶内。

（3）试验样品的制备　由实验室样品制备试验样品应将实验室样品参照最终样品的制备

步骤和几个相同样品的制备步骤进行处理。试验样品的量最少不应少于 10g，否则，试验样品可能失去代表性而不适合用于分析。

**2. 用回转分样器制备分样**

（1）最终样品的制备　将整套共 8 只接受器固定在转盘下的管道上，其中的一个或多个应是干净的和空的，并标以明显的标记，将样品加入放料斗，然后开动转盘和振动器，使样品以均匀速度落至接受器，时间至少 2min。

若大批样品量大于分样器的容量，则需要进行几次分样操作。每次操作后，取出标记的接受器内的样品合并于一个较大的容器内，随后还用同样标记的接受器再分样，直到全部样品被分开。

将标记的接受器中收集的样品再加入加料斗，重复操作直到得到所需量的样品。

（2）几个相同样品的制备　若需样品超过一个，应制备足够分样以得到 $n$ 个相等样品，此处 $n$ 等于或超过所需样品数。若选择适当标记接受器 $n$ 个，并使全部分样通过回转分样器，应立即把每份全部装入密封瓶或烧瓶内。

（3）试样的制备　若从实验室样品取试样，应将实验室样品按照最终样品制备步骤处理。试样量最少不应少于 10g，否则试样可能不真正代表大批样品，若大批样品不能通过一次分样得到所需量，则可将逐级分开的份样合并。例如，采用 6 个接受器，将 280g 减少到 10g，第一次分样用两个标记接收器，得到 $2×47g$ 样品，其中一份份样再分样，得到的两份样品并入余留另一份 47g 样品，得到 $47+(2/6×47)≈63g$ 样品，此样品第三次通过装置即得约 10g 的分样。

（三）**注意事项**

（1）粉体中含有干燥后加入的添加剂时，所得的物理混合物有分离倾向。

（2）对洗衣粉建议在通风橱内取样，需要时应带上面罩。

## 二、浆状产品的分样

（一）**装置**

（1）取样勺或其他适用工具（如刮勺）。

（2）家用混合器　要求装有混合用的打浆器，打浆器有足够大的功率，使大批样品能被全部混合并在 5min 内达到奶油状。在混合过程中应尽量避免大量气泡混入。

（二）**分样的制备**

将大批样品或实验室样品在原容器中温热至 35～40℃，用家用混合器立即混合 2～3min，直到得到均匀物。

为使产品变化降到最小，应尽可能缩短加热和混合时间。使用取样勺或刮勺，应立即取出所需量的样品，并转入已预先称量并具玻璃塞的适宜容器内。浆状物未经混合均匀，不得在原容器中取出。否则，取得的样品没有代表性。所以，大批样品必须放在不取出物料就能混合的容器内。

容器中的样品应冷却到室温，再进行称量。在混合、称量过程中，样品会损失微量水分，但经验表明，这是可以忽略的。

浆状物与玻璃容器接触容易分离出碱液。所以，样品放入容器内，就不允许取出。

## 三、液体产品的分样

（一）**仪器装置**

玻璃烧杯或称量移液管；机械搅拌器；人工搅拌器（如玻璃棒）。

（二）**分样的制备**

（1）如果大批样品或实验室样品清澈和均匀，可用人工搅拌器混合，然后用烧瓶或者吸液管立即取出适量的分样。在混合过程中尽量避免产生泡沫，并尽量避免因蒸发引起的样品损失。

（2）如果大批样品或实验室样品浑浊或有沉淀，需用机械搅拌器混合，立即取出所需量样品。

（3）若产品（大批样品或实验室样品）含有固体沉淀，应小心将原容器中产品温热到约30℃，直到通过搅拌使沉淀能全部分散或所有结晶消失，立即取出适量样品。

### 四、样品的保存

样品采取后，应尽快地进行分析或测试。如一时做不到，可根据分样目的，立即放入到密闭的塑料或玻璃瓶内（不要用金属容器），并测定和记录其质量。需注意的是，直到进行分析或测试之前，份样应尽量保存在其原来条件下。

 **【阅读材料 5-3】**

**分样有关术语与定义**

（1）大批样品（Bulk Sample）　不保持其个别特性所收集的样品。

（2）混合的大批样品（Blended Bulk Sample）　采集的批样混合一起得到均一的样品。

（3）分样（Reduced Sample）　在不改变组成的条件下，通过减少样品的量而得到的样品（注：在减少样品量的同时，也可能需减少样品的颗粒）。

（4）最终样品（Final Sample）　按取样方法得到或制备的样品，可以再分成试验、参考或保存用的完全相同分样。

（5）实验室样品（Laboratory Sample）　为了送至实验室检测或试验用的样品。

（6）参考样品（Reference Sample）　与实验室样品同时制备，并与之等同的样品，此样品可被有关方面接受，为在有异议时，保留用作实验室样品。

（7）试验样品（Test Sample）　由实验室样品制得，从中可直接取试验份。

（8）保存样品（Storage Sample）　与实验室样品同时制备，并与之等同的样品，此样可供将来用作实验室样品。

摘自中华人民共和国国家标准 . GB/T 6372—2006.

## 第五节　粉状洗涤剂的检测

粉状洗涤剂是人们生活中常用的一种洗涤剂，适用于机洗，也用于人工手洗。它属于弱碱性产品，适合于洗涤棉、麻和化纤织物，但不适于洗涤丝、毛类织物。

洗衣粉按品种、性能和规格可分为含磷（HL 类）和无磷（WL 类）两类，每类又分为普通型（A 型）和浓缩型（B 型），命名代号如下。

**表 5-1　各种类型洗衣粉物理化学指标**

| 项　　目 | | GB/T 13171—2004 | | | |
|---|---|---|---|---|---|
| | | HL-A | HL-B | WL-A | WL-B |
| 表观密度/（g/cm³） | ≥ | 0.30 | 0.60 | 0.30 | 0.60 |
| 总活性物/% | ≥ | 10 | | 13 | |
| 五氧化二磷/% | | ≥8.0 | | ≤1.1 | |
| pH 值（0.1%溶液，25℃） | ≤ | 10.5 | 11.0 | 11.0 | |
| 去污力 | | 大于标准粉 | | 大于标准粉 | |
| 灰分沉积 | ≤ | 2.0 | | 3.0 | |
| 游离碱（以 NaOH 计）含量/% | ≤ | 8.0 | | 10.5 | |
| 生物降解度/% | ≥ | 90 | | 90 | |

表 5-2　各类型洗衣粉使用性能指标

| 项　　目 | | HL | WL |
|---|---|---|---|
| 全部规定污布(JB-01、JB-02、JB-03)的去污力 | ≥ | 标准粉去污力 | |
| 相对标准粉沉积灰分比值 | ≤ | 2.0 | 3.0 |

试验溶液浓度：标准粉为 0.2%，HL-A 型、WL-A 型试样为 0.2%，HL-B 型和 WL-B 型试样为 0.1%

HL 类：为含磷酸盐洗衣粉，分为 HL-A 型和 HL-B 型，分别标记为"洗衣粉 HL-A"和"洗衣粉 HL-B"。

WL 类：为无磷酸盐洗衣粉，总磷酸盐（以 $P_2O_5$ 计）≤1.1%，分为 WL-A 型和 WL-B 型，分别标记为"洗衣粉 WL-A"和"洗衣粉 WL-B"。

各类型洗衣粉的理化性能、使用性能应分别符合表 5-1、表 5-2 的规定。

### 一、粉状洗涤剂中总活性物含量的测定

本方法参照标准 GB/T 13173.2—2000，适用于测定粉（粒）状、液体和膏状洗涤剂中的总活性物含量，也可用于测定表面活性剂中的总活性物含量。

#### 1. 方法原理

试样经乙醇萃取、过滤分离后，定量乙醇溶解物及乙醇溶解物中的氯化钠，产品中总活性物含量用乙醇溶解物量减去乙醇溶解物中的氯化钠量算出。如果需在总活性物含量中扣除水助溶剂时，可用三氯甲烷进一步萃取定量后的乙醇溶解物，然后扣除三氯甲烷不溶物而算得。

#### 2. 仪器设备

(1) 古氏坩埚　25～30mL，铺滤纸圆片。铺滤纸圆片时，先在坩埚底与多孔瓷板之间铺双层慢速定性滤纸圆片，然后再在多孔瓷板上面铺单层快速定性滤纸圆片，注意滤纸圆片的直径要尽量与坩埚底部直径吻合。

(2) 吸滤瓶　250mL、500mL 或 1000mL。

(3) 烘箱　可控制温度于 (105±2)℃。

(4) 沸水浴　可控制温度。

(5) 干燥器　内放变色硅胶或其他适宜干燥剂。

(6) 量筒　25mL、100mL。

(7) 烧杯　150mL、300mL。

(8) 三角瓶　100mL、250mL。

(9) 玻璃坩埚　孔径 16～30μm，约 30mL。

#### 3. 试剂

(1) 无水乙醇　新煮沸后冷却。

(2) 95% 乙醇　新煮沸后冷却，用碱中和至对酚酞呈中性。

(3) 硝酸银标准溶液　$c(AgNO_3)=0.1mol/L$。

(4) 铬酸钾溶液　50g/L。

(5) 酚酞　10g/L 溶液。

(6) 硝酸溶液　0.5mol/L。

(7) 氢氧化钠溶液　0.5mol/L。

(8) 三氯甲烷（氯仿）。

#### 4. 测定步骤

(1) 方法 A——定量乙醇溶解物和氯化钠含量测定总活性物含量（结果包含水助溶剂）

① 乙醇溶解物含量的测定　称取适量试样（粉、粒状样品约 2g，液、膏体样品约 5g，准确至 1mg），置于 150mL 烧杯中，加入 5mL 蒸馏水，用玻璃棒不断搅拌，使固体颗粒分散和团块破碎，直到无明显的颗粒状物。加入 5mL 无水乙醇，继续用玻璃棒搅拌，使样品溶解呈糊状，然后边搅拌边缓缓加入无水乙醇 90mL，继续搅拌一会儿以促进溶解。静置片刻至溶液澄清，以倾泻法通过古氏坩埚进行过滤（用吸滤瓶吸滤）。把清液尽量排干，不溶物尽量留在烧杯中，再用相同方法，每次用 95% 热乙醇 25mL 重复进行萃取、过滤，操作 4 次。

把吸滤瓶中的乙醇萃取液仔细地转移至已称量的 300mL 烧杯中，用 95% 的热乙醇冲洗吸滤瓶 3 次，滤液和洗涤液合并于 300mL 烧杯中（此为乙醇萃取液）。

把盛有乙醇萃取液的烧杯放在沸水浴中，使乙醇蒸发至尽，然后将烧杯外壁擦干，置于烘箱内在（105±2）℃干燥 1h，移入干燥器中，冷却室温，称量（$m_1$）。

测定液体或膏状产品时，称样后直接加入 100mL 无水乙醇，加热、溶解、静置、过滤等步骤同上。

② 乙醇溶解物中氯化钠含量的测定　把已称量的烧杯中的乙醇萃取物分别用 100mL 蒸馏水、20mL 95% 乙醇溶解洗涤至 250mL 三角烧瓶中，加入酚酞指示剂 3 滴，如呈红色，则滴加 0.5mol/L 硝酸溶液中和至红色刚好褪去；如不呈红色，则滴加 0.5mol/L 氢氧化钠溶液中和至微红色，再以 0.5mol/L 硝酸溶液回滴至微红色刚好褪去。然后加入 1mL 铬酸钾指示液，用硝酸银标准溶液（0.1mol/L）滴定至溶液由黄色变为橙色为止，记下耗用硝酸银标准溶液的体积（V）。

③ 结果计算　乙醇溶解物中氯化钠的质量 $m_2$ 按下式计算：

$$m_2 = cV \times 58.5/1000$$

式中　$m_2$——试样乙醇溶解物中氯化钠的质量，g；

　　　　$c$——硝酸银标准滴定液的实际浓度，mol/L；

　　　　$V$——滴定消耗硝酸银标准溶液的体积，mL；

　58.5——氯化钠的摩尔质量，g/mol。

样品中总活性物的质量分数 $w$ 按下式计算：

$$w = (m_1 - m_2) \times 100\%/m$$

式中　$w$——样品中总活性物的质量分数，%；

　　$m_1$——乙醇溶解物的质量，g；

　　$m_2$——乙醇溶解物中氯化钠的质量，g；

　　$m$——样品的质量，g。

总活性物的两次平行测定结果之差应不超过 0.3%，以两次平行测定的算术平均值作为结果。有效数字保留到个位。

（2）方法 B——定量乙醇溶解物测定总活性物含量（结果包含水助溶剂）

将按照（1）中得到的乙醇溶解称量物（$m_1$），把 80mL 三氯甲烷以冲洗烧杯壁的方式加入烧杯。盖上表面皿，置烧杯于 50℃ 水浴中加热至溶解。稍澄清后，将上部清液通过已恒重并称准至 0.001g 的玻璃坩埚过滤（用 250mL 吸滤瓶吸滤）。

每次再用 20mL 三氯甲烷如此洗涤烧杯内壁及残余物和坩埚两次。将烧杯和坩埚置于（105±2）℃烘箱内干燥 1h，移入干燥器中，冷却至室温并称量，得三氯甲烷不溶物（$m_3$）。

样品中总活性物质量分数 $w$ 按下式计算：

$$w = (m_1 - m_3) \times 100\%/m$$

式中　$m_1$——乙醇溶解物的质量，g；

$\qquad m_3$——乙醇溶解物中的三氯甲烷不溶物的质量，g；

$\qquad m$——试样的质量。

总活性物的两次平行测定结果之差应不超过 1.0%，以两次平行测定的算术平均值作为结果，有效数字保留到个位。

### 二、粉状洗涤剂中总五氧化二磷含量的测定（磷钼酸喹啉重量法）

粉状洗涤剂中总五氧化二磷含量是一个重要的指标，测定方法有分光光度法和磷钼酸喹啉重量法，仲裁分析应按磷钼酸喹啉重量法进行。

本方法参照标准 GB 12031—91，适用于各种含磷洗涤剂中总五氧化二磷的测定。

#### 1. 方法原理

在硝酸介质中水解聚磷酸盐，加入喹钼柠酮试剂使之生成磷钼酸喹啉沉淀，干燥并称量磷钼酸喹啉沉淀的质量，计算相对样品的含量。

反应式：

$$PO_4^{3-} + 12MoO_4^{2-} + 27H^+ \longrightarrow (C_9H_7N)_3H_3[PO_4 \cdot 12MoO_3] \cdot H_2O \downarrow + 11H_2O$$

#### 2. 仪器设备

（1）玻璃坩埚　具烧结玻璃滤板，规格：G4，孔径 5～15nm。

（2）烘箱　能控温于（180±1）℃。

#### 3. 试剂

（1）乙醇　体积分数为 95%。

（2）硝酸　质量分数为 65%～68%。

（3）钼酸钠、柠檬酸、喹啉、丙酮。

（4）喹钼柠酮试剂

① 溶解 70g 钼酸钠（$Na_2MoO_4 \cdot 2H_2O$）于 150mL 水中；溶解 60g 柠檬酸（$C_6H_8O_7 \cdot H_2O$）于 85mL 硝酸和 150mL 水的混合液中；在不断搅拌下，缓慢地将钼酸钠溶液加到柠檬酸溶液中，得溶液 A。

② 溶解 5mL 喹啉于 35mL 硝酸和 100mL 水的混合液中，并将其缓慢地加到溶液 A 中，混合后放置 24h，用玻璃坩埚过滤，在滤液中加 280mL 丙酮，用水稀释至 1L，混匀，得喹钼柠酮试剂，贮存于聚乙烯瓶中（此溶液在避光下保存，不超过 7 天）。

#### 4. 测定步骤

（1）称取含 125～500mg 五氧化二磷的洗涤剂样品（称准至 2mg）于 250mL 烧杯中。对液体和膏状样品，应先在 105℃ 烘箱内烘干，或加无水乙醇至乙醇浓度为 95%。

（2）向盛有试样的烧杯中加入 95% 乙醇至 80mL，轻轻搅拌后，盖上表面皿，置于电热板上微沸 10min，取下冷却，用慢速滤纸过滤，尽量使固体物留在烧杯中。然后用水洗涤滤纸两次，滤液倒入保留有固体物的原烧杯中。

（3）向原烧杯补加水至 80mL，用玻璃棒轻轻搅拌，盖上表面皿，在电热板上加热，使固体物溶解。取下冷却，移入 500mL 容量瓶中，用水稀释至刻度，摇匀。用干慢速定性滤纸过滤容量瓶中的液体（干过滤法，前 10mL 滤液应弃去）。移取 20.0mL 滤液于 500mL 烧杯中，加水使总体积达 100mL，加入 8mL 硝酸，放入一玻璃棒，盖上表面皿，置电热板上煮沸 40min。趁热小心加入喹钼柠酮试剂 50mL，再微沸 1min。取下静置、冷却。

（4）将预先在同样条件下烘干、冷却称量过的玻璃坩埚装在与真空泵相连的抽滤瓶上。

倾倒溶液至玻璃坩埚过滤，尽可能将沉淀留在烧杯内，每次用 30mL 水洗涤沉淀 6 次。用洗瓶将沉淀定量转移至玻璃坩埚内，再用水洗涤 4 次，每次用水 25～30mL。洗涤时要待前一次洗涤用水完全滤干后再加入下一份水。取下玻璃坩埚，放入已控温于（180±1）℃的烘箱中，待温度稳定后计时 45min。取出玻璃坩埚，置干燥器中冷却至室温（大约 30min）后，称量。

重复加热、冷却、称量操作，至两次称量相差不超过 0.001g。

（5）空白试验　用同样量的全部试剂，但不加试样，用同法进行空白试验，得到沉淀的质量应不大于 1.5mg，若大于 1.5mg，应更新试剂。

### 5. 结果计算

洗涤剂中总五氧化二磷含量的质量分数 $w$ 按下式计算。

$$w=(m_1-m_2)\times 0.03207\times 500/(m_0 V)$$

式中　$m_0$——试验份的质量，g。

　　　　$m_1$——测定中得到的磷钼酸喹啉沉淀的质量，g；

　　　　$m_2$——空白试验得到的沉淀质量，g；

　　　　$V$——用于测定的试验溶液体积，mL；

0.03207——1g 磷钼酸喹啉 $[(C_9 H_7 N)_3 H_3 (PO_4 \cdot 12MoO_3)]$ 相当于五氧化二磷的质量，g，即换算系数。

### 6. 注意事项

（1）对五氧化二磷质量分数在 18%～30% 的洗涤剂样品，分析结果的重复性和再现性要求如下：同一分析者，使用同一仪器，同时或相继测定，双样之差应不超过 0.5%。在两个不同实验室测定的结果之差应不超过 1.1%。

（2）生成磷钼酸喹啉沉淀必须在一定的酸度下进行。因磷钼酸喹啉沉淀只有在酸性环境中才稳定，在碱性溶液中会分解为原来简单的离子。实践证明，在硝酸浓度为 0.6mol/L 的情况下最佳。

（3）柠檬酸的作用是阻止硅形成硅钼酸喹啉黄色沉淀，以消除硅对磷测定的干扰。因为试液中有柠檬酸存在时，柠檬酸与钼酸盐能生成络合物，此络合物离解出来的钼酸根离子的浓度只能使磷生成磷钼酸喹啉沉淀，而硅不生成沉淀，从而消除硅的干扰。但柠檬酸量要适当，配制时要严格按照要求进行。

（4）丙酮的主要作用是改善沉淀的物理性能，使沉淀的颗粒大、疏松、不黏附杯壁，易于过滤洗涤。但过多丙酮会使结果偏低。

（5）喹钼柠酮试剂的用量既要足够，又要适当（每 10mL 喹钼柠酮试剂约可沉淀 8mg 五氧化二磷）。沉淀时可根据试样中的磷含量适当加入喹钼柠酮试剂，其用量切不可少，以免沉淀不完全，但也不宜太多。

### 三、洗涤剂和肥皂中总二氧化硅含量的测定（重量法）

本方法按照标准 GB/T 15816—1995。此法适用于含有二氧化硅成分的洗涤剂和肥皂，不适用于含有二氧化硅以外的酸不溶物的产品。

### 1. 方法原理

用乙醇萃取出试样中乙醇可溶物，然后加盐酸酸化乙醇不溶物，用重量法测定析出的二氧化硅。

### 2. 仪器设备

（1）烘箱　温度可控制在（105±2）℃。

（2）高温炉　温度可控制在（900±10）℃。

（3）铂坩埚或瓷坩埚　30mL。

（4）沸水浴或蒸汽浴。

（5）滤纸　快速定量滤纸（无灰）。

### 3. 试剂

（1）无水乙醇。

（2）95％乙醇。

（3）盐酸。

（4）硝酸银溶液　$c(AgNO_3)=5g/L$。

### 4. 测定步骤

（1）称样　称取约 10g 试样（准确至 0.01g，含二氧化硅 0.2～0.5g）于 400mL 烧杯中。

（2）除去有机物　加入 250mL 无水乙醇于烧杯中，在用玻璃棒间断搅拌下加热至微沸，并持续 5min（肥皂应完全溶解）。稍静置澄清，趁热倾析上层清液通过中速滤纸过滤（避免沸石穿透）。加入 100mL 体积分数为 95％的乙醇重复上述操作，洗涤烧杯内容物及滤纸。再每次用 75mL 50～60℃的 95％乙醇如上重复洗涤两次。然后用细针将滤纸底部穿一小孔，用约 50mL 热水将滤纸上的残留物全部洗入含乙醇不溶物的烧杯中。

注：对肥皂样品，静置时应在水浴锅上保温，所用漏斗和滤液收集瓶应先在烘箱内预热。

（3）测定　加 10mL 盐酸至含乙醇不溶物的烧杯中，用玻璃棒搅拌，在蒸汽浴上蒸干（此操作应在无尘通风柜内进行）。加 35～40mL 水，加热搅拌 10min，再加入 10mL 盐酸，搅拌并如前蒸干，再次加入 35～40mL 水和 10mL 盐酸搅拌蒸干后，将烧杯和残余物放入（105±2）℃烘箱内烘 1h。取出烧杯加 50mL 热水和 10mL 盐酸，在蒸汽浴上搅拌加热 10min，通过快速定量滤纸过滤。用热水洗涤烧杯和滤纸上残余物直至滤液用硝酸银溶液检测无氯离子（$Cl^-$）为止，再用水将烧杯内残余物完全转移到滤纸上。将滤纸小心移入铂坩埚或瓷坩埚中，坩埚已预先在 900℃高温炉灼烧和在干燥器内冷却后称过皮重。将坩埚在电炉上逐渐加热，使滤纸干燥并直至完全炭化（无烟）后，移入 900℃高温炉中灼烧 30min。移入干燥器内冷却 30min，称量（准确至 0.1mg）。

### 5. 结果计算

洗涤剂或肥皂中总二氧化硅含量用质量分数 $w$ 表示，按下式计算。

$$w=m_1\times100\%/m_0$$

式中　$w$——样品中总二氧化硅质量分数，％；

　　　$m_0$——试样的质量，g；

　　　$m_1$——残余物的质量，g。

平行测定结果之差应不超过 0.2％。

## 四、粉状洗涤剂发泡力的测定

本方法按照 GB/T 13173.6—91，适用于洗衣粉、洗衣膏等洗涤产品的测定。

### 1. 方法原理

将洗涤剂样品用一定硬度的水配制成一定浓度的试验溶液。在一定温度条件下，将 200mL 试液从 90cm 高度流到刻度量筒底部 50mL 相同试液的表面后，测量得到的泡沫高度

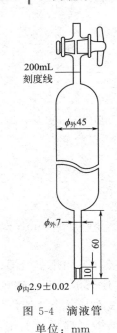

图 5-4 滴液管
单位：mm

作为该样品的发泡力。

**2. 仪器设备**

（1）罗氏泡沫仪 由滴液管、刻度量管组成。

① 滴液管 见图 5-4。由壁厚均匀耐化学腐蚀的玻璃管制成，管外径（45±1.5）mm，两端为半球形封头，焊接梗管。上梗管外径 8mm，带有直孔标准锥形玻璃旋塞，塞孔直径 2mm。下梗管外径（7±0.5）mm，从球部接点起，包括其端点焊接的注流孔管长度为（60±2）mm；注流孔管内径（2.9±0.02）mm，外径与下梗管一致，是从精密孔管切下一段，研磨使两端面与轴线垂直，并使长度为（10±0.05）mm，然后用喷灯狭窄火焰牢固地焊接至下梗管端，校准滴液管使其 20℃时的容积为（200±0.2）mL，校准标记应在上梗管旋塞体下至少 15mm，且环绕梗管一整周。

② 刻度量管 见图 5-5。由壁厚均匀耐化学腐蚀的玻璃管制成，管内径（50±0.8）mm，下端收缩成半球形，并焊接一梗管直径为 12mm 的直孔标准锥形旋塞，塞孔直径 6mm。量管上刻 3 个环线刻度：第 1 个刻度应在 50mL（关闭旋塞测量的容积）处，但应不在收缩的曲线部位；第 2 个刻度应在 250mL 处；第 3 个刻度在距离 50mL 刻度上面（90±0.5）cm 处。在此 90cm 内，以 250mL 刻度为零点向上、下刻 1mm 标尺。刻度量管安装在一壁厚均匀的水夹套玻璃管内，水夹套管的外径不小于 70mm，带有进水管和出水管。水夹套管与刻度量管在顶和底可用橡皮塞连接或焊接，但底部的密封应尽量接近旋塞。

（2）超级恒温水浴箱 可控制水温（40±0.5）℃。

（3）秒表。

（4）温度计 量程 0~100℃。

（5）容量瓶 1000mL。

**3. 测定步骤**

（1）仪器的安装 将组装好的刻度量管和夹套管牢固地安装于合适的支架上，使刻度量管呈垂直状态。将夹套管的进、出水管用橡皮管连接至超级恒温器的出水管和回水管。用可调式活动夹或用与滴液管及刻度量管管口相配的木质或塑料塞座将滴液管固定在刻度量管管口，使滴液管梗管下端与刻度量管上部（90cm）刻度齐平并严格地对准刻度量管的中心，使滴液管流出的溶液正好落到刻度量管的中心。

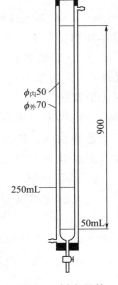

图 5-5 刻度量管
单位：mm

（2）150mg/kg 硬水的配制 称取 0.0999g 氯化钙、0.1480g 硫酸镁，用蒸馏水溶解于 1000mL 容量瓶中，并稀释至刻度，摇匀。

（3）试验溶液的配制 称取洗涤剂样品 2.5g，用 150mg/kg 硬水溶解，转移至 1000mL 容量瓶中，并稀释到刻度，摇匀。再将溶液置于（40±0.5）℃恒温水浴中陈化，从加水溶样开始总时间为 30min。

（4）发泡力的测定　在试液陈化时，即启动水泵使循环水通过刻度管夹套，并使水温稳定在（40±0.5）℃。刻度管内壁预先用铬酸硫酸洗液浸泡过夜，用蒸馏水冲洗至无酸。试验时先用蒸馏水冲洗刻度量管内壁，然后用试液冲洗刻度量管内壁，冲洗应完全，内壁不应留有泡沫。

自刻度量管底部注入试液至 50mL 刻度线以上，关闭刻度量管旋塞，静置 5min，调节旋塞，使液面恰好在 50mL 刻度处。将滴液管用抽吸法注满 200mL 试液，按要求安放到刻度量管上口，打开滴液管的旋塞，使溶液流下，当滴液管中的溶液流完时，立即开启秒表并读取起始泡沫高度（取泡沫边缘与顶点的平均高度），在 5min 末再读取第二次读数。用新的试液重复以上试验 2～3 次，每次试验前必须用试液将管壁洗净。

以上规定的水硬度、试液浓度、测定温度可按产品标准的要求予以改变，但应在试验报告中说明。

### 4. 结果表示

洗涤剂的发泡力用起始或 5min 的泡沫高度（单位：毫米）表示，取至少三次误差在允许范围的结果平均值作为最后结果。多次试验结果之间的误差应不超过 5mm。

### 五、粉状洗涤剂去污力的测定

去污力是洗涤剂重要的质量指标，它反映洗涤剂对污垢的洗涤效果。本方法按照 GB/T 13174—2003。采用人工污布进行去污试验来评价洗涤剂去污力，用棉白布评价洗涤剂抗污渍再沉积能力（又称白度保持）。此法适用于衣料用洗涤剂，包括粉状、液体及膏状产品去污力和白度保持的评价。

### 1. 测定原理

将不同种类的试片用一定硬度水配制的确定浓度的洗涤剂溶液在去污试验机内于规定温度下洗涤一定时间后，用白度计在一定波长下测定染污棉布试片洗涤前后的白度值。以试片白度差评价洗涤剂的去污作用，由荧光白布试片洗前与洗后的白度差值评价洗涤剂的抗污渍再沉积能力。

### 2. 仪器和设备

（1）立式去污试验机

① 立式去污试验机　转速范围 30～200r/min，温度误差±0.5℃。

② 去污用浴缸　120mm，高 170mm。

③ 去污用搅拌叶轮　三叶状波轮，直径 80mm。转轴转速 42r/min，瓶托轴半径 44mm。

（2）白度计　符合 ZBN 33012《白度计》及 JJG 512—2002《白度计检定规程》。

（3）大搪瓷盘　长 460mm，宽 360mm。

### 3. 试剂和材料

（1）氯化钙（$CaCl_2$）。

（2）硫酸镁（$MgSO_4 \cdot H_2O$）。

（3）标准洗衣粉。

（4）标准蛋白酶。

（5）标准黄土尘。

（6）污布（JB 系列）。使用前裁成 6cm×6cm 的大小，称为试片。其中，JB-00（荧光白布）为用于评价洗涤剂白度保持能力，其余种类为用于去污力的评价，分别为 JB-01（炭黑油污布）、JB-02（蛋白污布）、JB-03（皮脂污布）等。污布可以从标准归口单位确认的国内外相关企业购买，或按本章节的制备过程制备。

### 4. 测定步骤

（1）硬水的配制　洗涤试验中，采用硬度为 250mg/L（以 $CaCO_3$ 表示，下同）的硬水配制洗涤液，其钙与镁离子比为 6∶4。配制方法如下：称取 16.7g 氯化钙、24.7g 硫酸镁，配制成 10L 水溶液，此溶液为 2500mg/L 的硬水。使用时取 1L 冲至 10L 即为 250mg/L 硬水。

（2）白度的测量　根据洗涤剂性能测试的要求，选择所需的 JB 系列试片品种。将用于测定的污布（JB 系列）裁成试片，按类别分别搭配成平均黑度相近的 6 组。若试片是 JB-00，则每组中应有试片 6 片；其他 JB 种类试片，则至少为 3 片，同时作好编号记录，每组试片用于 1 个样品的性能试验。

注：① 每组试片用于 1 个样品的性能试验，根据测定产品的数量确定需要的试片组数目，六组试片为 RHLQ 型立式去污机一车试验的最大量。

② 去污洗涤测定中，选择 JB 污布的种类和数量的不同，会造成每组试片的总数不同。例如，当每组试片包含 3 种 JB 类别的试片各 3 片，则每组试片的总数为 9 块；当试验测定选用 2 种 JB 污布试片各 4 片，则每组试片的总数为 8 块。

将试片按同一类别相叠，用白度计在 457nm 下逐一读取洗涤前后的白度值。洗前白度以试片正反两面的中心处测量白度值，取两次测量的平均值为该试片的洗前白度 $F_1$；洗涤后白度则在试片的正反两面取 4 个点，每一面两点且中心对称，测量白度值，以 4 次测量的平均值为该试片的洗涤后白度 $F_2$。

（3）去污洗涤试验　为保证比较试验结果的可靠性，一次去污洗涤时每组试片中的试片总数应控制在 6～12 片之内，试片总数少于 6 片可用相同大小的布基补足，试片总数多于 12 片时，应分步进行去污洗涤试验。

洗涤试验在立式去污机内进行，测定前先将搅拌叶轮、工作槽、去污浴缸一一编号固定组成一个"工作单元"。试验时用 250mg/L 硬水分别将试样与标准洗衣粉制成一定浓度（未特别说明时，浓度均为 0.2%）的测试溶液 1L 倒入对应的去污浴缸内，将浴缸放入所对应的位置并装好搅拌叶轮，调节仪器使洗涤试验温度保持在（30±1）℃，准备测定。

可以根据样品的试验要求向去污浴缸中的标准洗衣粉溶液加入一定浓度的标准蛋白酶溶液 1mL，同时启动搅拌 30s 后停止。

注：是否应用标准蛋白酶及蛋白酶溶液的使用浓度靠根据产品指标或客户的要求具体掌握。对于产品要求使用标准蛋白酶评价，但未提出标准蛋白酶使用量的产品，建议 1mL 标准蛋白酶溶液的用量中相当酶活力 300U/g。

将测定过白度的各组试片（不含 JB-00 试片）分别投入各浴缸中，启动搅拌，并保持搅拌速度 120r/min，洗涤过程持续 20min 后停止。用镊子取出试片用自来水冲洗 30s。按次序摊放在搪瓷盘中，晾干后，测定白度。如果需要进行白度保持的测定，浴缸中剩余的洗涤剂溶液要保留。

注：① 去污洗涤比较试验中，向测试样品和标准洗衣粉溶液的浴缸中投入的每组试片总数和品种要相同。

② 向浴缸中加入试片要展开，必要时将试片逐一放入，以免试片粘在一起。

（4）洗涤剂抗污渍再沉积能力试验　对于需要测试洗涤剂抗污渍再沉积能力的产品，进行如下试验。

在上述测试后的每一个去污浴缸内分别放入 6 片 JB-00 试片和标准黄土尘 2.0g，重新装好搅拌叶轮，按以上的步骤搅拌洗涤 10min 后，用镊子取出试片（注意不要拧干），用自来水洗净去污浴缸，再将试片放回去污浴缸，倒入 250mg/L 硬水 1000mL，重复前步洗涤过程，漂洗 4min，取出试片，更换硬水 1000mL，重复漂洗 3min 后，将试片取出，排序于搪瓷盘中，晾干后，测定洗涤后白度值。

**5. 结果评价**

（1）去污试验结果的计算及判定　对于去污洗涤试验的测试结果，按照不同种类的污布试片分别计算、判定洗涤剂在各类污布上的去污值 $R$ 和去污比值 $P$，方法如下。

① 某种污布的去污值（$R_i$）按下式计算。

$$R_i(\%) = \sum(F_{2i} - F_{1i})/3$$

式中　$i$——第 $i$ 种类污布试片；

$F_{1i}$——第 $i$ 种类污布试片洗前白度值，%；

$F_{2i}$——第 $i$ 种类污布试片洗后白度值，%。

结果保留到小数后一位。

② 相对标准洗衣粉在第 $i$ 种类污布的去污比值（$P_i$）按下式计算。

$$P_i = R_{si}/R_{oi}$$

式中　$R_{si}$——标准洗衣粉的去污值，%；

$R_{oi}$——试样的去污值，%。

结果保留到小数后一位。

若某单一试片的洗涤前后的白度差值（$F_{2i} - F_{1i}$）超出该种类试片平均白度差值 $[\sum(F_{2i} - F_{1i})/3]$ 的 ±10%，则该种类试片的测试无效，需要重测。

③ 洗涤剂去污力的判定　当 $P_i \geqslant 1.0$ 时，则判定结论为"样品对第 $i$ 种污布去污力相当或优于标准洗衣粉"，简称"第 $i$ 种污布去污力合格"。

当 $P_i < 1.0$ 时，则判定结论为"样品对第 $i$ 种污布去污力劣于标准洗衣粉"，简称"第 $i$ 种污布去污力不合格"。

要比较样品与标准洗衣粉去污力的大小，应将标准洗衣粉与样品的洗涤溶液置于相同条件下，各用相同数量的同种试片为一组做同机去污洗涤试验。当 $0.90 < P_i < 1.10$ 时（此处 $P_i$ 可多取一位进行比较），为确保测试结果的正确性、消除工作单元的误差因素，应按去污洗涤试验的操作步骤重复测定，并适当增加测定的总次数。测定总次数以及样品与标准洗衣粉的去污比值 $P_i$ 的最终确定应依据去污比值或白度保持比值测试结果的检查和确定进行计算。

注：① 重复测定时，应注意将测试样品和标准洗衣粉在两个工作单元之间对调试验，测定的总次数应是偶数次（通常需要做 4 次），以确保测试样品和标准洗衣粉在相同的工作单元中进行相同次数的测定。

② 重复测定时，可以根据需要重点比较的污布类别，增加该种类试片的数量代替不需要比较的品种，并保持测定中试片总数的一致。

（2）白度保持试验结果的计算和评价

① 根据洗涤剂抗污渍再沉积能力试验的测试结果，按下式计算白度保持值（$T$）。

$$T = \sum(F_1 - F_2)/6$$

式中　$F_1$——单个 JB-00 试片洗涤前的白度值，%；

　　　$F_2$——同一 JB-00 试片洗涤后的白度值，%。

如果某单个试片的洗涤前后的白度差值超出 $T$ 值的 $\pm10\%$，略去，不代入计算，此时，公式中分母 6 应改为 5；有两片超出 $T$ 值的 $\pm10\%$，需重做试验。

② 样品相对标准洗衣粉对白布的白度保持比值（$B$）按下式计算。

$$B = T_o / T_s$$

式中　$T_s$——样品对白布的白度保持比值；

　　　$T_o$——标准洗衣粉对白布的白度保持比值。

结果保留到小数点后一位。

③ 洗涤剂白度保持的判定　当 $B \geq 1.0$ 时，则判定结论为"样品白度保持能力相当或优于标准洗衣粉"，简称"样品白度保持合格"。

当 $B < 1.0$ 时，则判定结论为"样品白度保持能力劣于标准洗衣粉"，简称"样品白度保持不合格"。

同洗涤剂去污力的判定，比较试样与标准洗衣粉的去污力大小一样，当 $0.90 < B < 1.10$ 时（此处 $B$ 可多取一位进行比较），应按洗涤剂抗污渍再沉积能力试验的操作步骤重复测定，并适当增加测定的总次数。测定总次数和 $B$ 值的最终确定应依据去污比值或白度保持比值测试结果的检查和确定进行计算。

### 6. 标准洗衣粉

（1）标准洗衣粉配方　烷基苯磺酸钠 15 份，三聚磷酸钠 17 份，硅酸钠 10 份，碳酸钠 3 份，羧甲基纤维素钠（CMC）1 份，硫酸钠 58 份，总份数之和为 104。

标准洗衣粉原料规格如下：烷基苯磺酸钠为烷基苯（溴指数 $<20$mg $Br_2/100$g，色泽 $<10$Hazen，脱氢工艺烷基苯）经三氧化硫磺化、碱中和之单体（不皂化物以 100% 活性物计不超过 2%）。三聚磷酸钠符合 GB 9983—88《工业三聚磷酸钠》中的一级品，硫酸钠符合 GB 6009—85 中的一级品，CMC 符合 GB 12028《洗涤剂用羧甲基纤维素钠》，碳酸钠符合 GB 210.1—2004 中的一级品；硅酸钠符合 GB 4209—84 中的 4 类。

（2）标准洗衣粉的配制　标准洗衣粉由全国表面活性剂洗涤用品标准化中心授权的企业用统一规格的原料和工艺加工生产。如需自配时，实验室配制方法如下：将烷基苯磺酸钠及硅酸钠准确称入瓷蒸发皿中，再将所有称量好的干物料混匀，研细加到瓷蒸发皿中，在室温下充分搅拌混匀。将配好的样品于 $(105\pm2)$℃烘箱中烘干。研细至全部通过 0.8mm 筛，装入瓶中备用。

（3）标准洗衣粉溶液的配制与使用　标准洗衣粉在使用时按洗涤试验要求配成确定浓度的溶液，应以干基计。使用前需取一定量标准洗衣粉，按照 GB/T 13176.2—91《洗衣粉中水分和挥发物含量的测定方法》测定水分，经折算后，称量配制基础对比溶液。

### 7. 标准蛋白酶

（1）标准蛋白酶的规格　标准蛋白酶由全国表面活性剂洗涤用品标准化中心授权的企业用统一规格的原料和工艺生产，要求活力均匀一致，并有明确的保质期。

标准蛋白酶的酶活力由全国表面活性剂洗涤用品标准化中心根据相关技术单位的测试结果确定。酶活力测试方法参见有关标准。

（2）标准蛋白酶溶液的配制与使用　等样品的去污力试验需加入标准蛋白酶时，则称取一定量标准蛋白酶，根据产品测试要求添加的活力单位折算成使用质量，加入少量去离子水，在电磁搅拌下搅拌崩解 10min，用水定容至 100mL。移取 1mL 加入 1L 标准洗衣粉溶液的去污浴缸中，其余弃去。

### 8. 标准黄土尘

标准黄土尘由全国表面活性剂洗涤用品标准化中心授权的企业用统一规格的原料和工艺生产。主要技术指标为：真密度 $\rho=2.6\sim2.8g/cm^3$，粒径 $d_p\leqslant60\mu m$，化学组成见表 5-3。

表 5-3　黄土尘的主要化学成分

| 化学成分 | $SiO_2$ | $Al_2O_3$ | CaO | $Fe_2O_3$ |
|---|---|---|---|---|
| 含量/% | 54~72 | 10~14 | 4~9 | 0.3~5 |

### 9. 去污比值或白度保持比值测试结果的检查和确定

（1）两个初始测试结果。在重复条件下得到的两个测试结果，如果两个结果之差的绝对值不大于 0.10，最终测试结果为两个测试结果的平均值。

（2）多次重复测试结果。在重复条件下得到的两个测试结果，如果两个结果之差的绝对值大于 0.10，应再做两次测试。如果四个结果的极差 $d(d=X_{max}-X_{min})$ 等于或小于 $n=4$ 的临界极差 $CR_{95}(4)$，则取 4 个结果的算术平均值作为最终测试结果。临界极差的表达式见下式。

$$CR_{95}(n)=f(n)\sigma$$

式中的 $f(n)$ 值见表 5-4。

表 5-4　临界极差系数 $f(n)$

| $n$ | $f(n)$ | $n$ | $f(n)$ | $n$ | $f(n)$ | $n$ | $f(n)$ |
|---|---|---|---|---|---|---|---|
| 2 | 2.8 | 7 | 4.2 | 12 | 4.6 | 17 | 4.9 |
| 3 | 3.3 | 8 | 4.3 | 13 | 4.7 | 18 | 4.9 |
| 4 | 3.6 | 9 | 4.5 | 14 | 4.7 | 19 | 5.0 |
| 5 | 3.9 | 10 | 4.5 | 15 | 4.8 | 20 | 5.0 |
| 6 | 4.0 | 11 | 4.6 | 16 | 4.8 | | |

注：临界极差系数 $f(n)$ 是 $(X_{max}-X_{min})/\sigma$ 分布的 95% 分位数，$X_{max}$ 和 $X_{min}$ 分别来自标准差为 $\sigma$ 的正态分布总体、样本量为 $n$ 的样本中的最大值和最小值。

如果四个结果的极差大于重复性临界极差，则取 4 个结果的中位数作为最终测试结果。

（3）去污比值或白度保持比值测试结果的确定

（1）或（2）的比较判定中取小数后两位进行，最终结果修约后取小数后一位。

### 10. JB-00（荧光白布）**的制备**

（1）试剂与材料

① 棉白布。

② 标准荧光增白剂 VBL。

（2）仪器

① 洗涤温度可达 60℃ 的滚筒洗衣机。

② 电熨斗。

③ 白度计。

（3）试验步骤

① 棉白布的处理。将棉白布沿经纬线裁成 27cm×44cm 长方形布块，放入滚筒洗衣机中，用自来水洗涤 15min，甩干后，再用去离子水加热洗涤 30min，洗涤温度约为 60℃，甩

干后用于荧光白布染制。

注：可根据洗衣机的洗涤容量确定一次处理白布的数量，通常一次洗涤的白布块以不超过洗衣机洗涤最大量的三分之一为宜。

② 荧光白布染制。将 12 块洗涤后的棉白布放入含有 0.4％荧光增白剂的溶液 3500mL 中浸泡 30min 后取出拧干，烫平即成。

③ 荧光白布的保存与使用。染好的白布可置于冰箱中 3～5℃冷藏保存，供抗污渍再沉积能力测试使用，使用时按标准要求裁成试验用尺寸。保存期为 6 个月。

④ 荧光白布的质量检测。对于每一批次的荧光白布质量检测方法如下：以 10％的比例随机抽取染好的白布，将每块白布折叠成 8 层读取白度值，每块白布上读 8 个点，所读 8 个点白度值的标准偏差应≤2.0，不同布块上的平均白度值之差≤5.0。

⑤ 每个试样至少要用 4 只去污瓶作平行试验（瓶中放有直径 14mm 橡皮弹子 20 粒）。

### 11. JB-01（炭黑油污布）的制备

（1）试剂与材料

① 95％乙醇。

② 阿拉伯树胶粉，工业 A 级。

③ 炭黑，甲级中色素，粒度约 20μm。

④ 蓖麻油。

⑤ 液体石蜡，试剂级。

⑥ 羊毛脂。

⑦ 磷脂，（规格）含油量为 35％～37％，丙酮不溶物 63％～65％。

⑧ 棉白布。

⑨ 50％乙醇溶液。

（2）仪器设备

① 洗涤温度可达 60℃的滚筒洗衣机。

② 立式胶体磨　8000r/min，加工细度（以浸泡黄豆为参照物）5～20μm。

③ 双叶片搅拌桨　用不锈钢制，叶片宽 30mm，高 15mm，厚 1mm，两片距离 25mm，互相垂直。

④ 白度计　符合 ZBN 33012《白度计》及 JJG 512—2002《白度计检定规程》。

⑤ 搅拌器直流电动机　3000r/min。

⑥ 电炉　500W，可调温。

⑦ 大搪瓷盘　长 460mm，宽 360mm。

⑧ 搪瓷杯　容量 1000mL，内径 120mm，高 120mm。

（3）试验步骤

① 棉白布的处理。将棉白布沿经纬线裁成 27cm×44cm 长方形布块，放入滚筒洗衣机中，洗涤温度设定为约 60℃，用自来水加热洗涤 20min 后甩干，烫平备用。

注：可根据洗衣机的洗涤容量确定一次处理白布的数量，通常一次洗涤的白布块以不超过洗衣机洗涤最大量的三分之一为宜。

② 炭黑污液制备　炭黑污液是阿拉伯树胶与炭黑在乙醇中的悬浮液。制备方法如下。

称取 1.3g 阿拉伯树胶于 50mL 烧杯中，加 15mL 蒸馏水，加热溶解。然后称 0.9g 炭黑于 100mL 烧杯中，加入 10mL 95％乙醇润湿，稍混匀后，加入预先加有蒸馏水 200mL 的立式胶体磨中研磨 15min。再放入 1000mL 的量筒中用蒸馏水稀释到 350mL，再加 95％乙醇

250mL，共 600mL 搅匀，即制成炭黑污液。

③ 油污液制备 油污液即为染布用的污液，是采用蓖麻油、液体石蜡和羊毛脂按 1∶1∶1 比例制成的混合油，用磷脂作为乳化剂，磷脂与混合油质量之比为 2∶1。将磷脂与混合油加入到炭黑污液中，搅拌制成染布所需的油污液。制备方法如下。

称取 12g 磷脂和 6g 混合油置于 100mL 烧杯中，加入 25mL 体积分数为 50% 的乙醇，在水浴中加热，同时用玻璃棒搅拌溶解，混匀备用；另取所制备的炭黑污液 600mL（用前摇匀）置于立式胶体磨中循环碾磨。

将混匀的磷脂与混合油的混合液慢慢滴入胶体磨中，约 2min 滴加完毕。然后再继续循环碾磨乳化 8min，置于 1000mL 搪瓷杯中，此油污液即可供染布用。

注：乳化好坏直接影响污液的质量，也直接影响染布的深浅。

④ 油污布的染制 将上述油污液冷却至 55℃，用两层纱布滤去上层泡沫。倒入略微倾斜的搪瓷盘中，轻轻吹去少量泡沫，即开始染布。染布时将白布短边浸入油污液中很快拖过，垂直拉起静置 1min，将布调个头，用图钉钉在木条上（或用夹子固定在铁丝上）自然晾干。将搪瓷盘中油污液倒入搪瓷杯中，置于暗处供第二次染污用。

待经第一次染污的布干后，将搪瓷杯中的油污液加热到约 46℃，再倒入搪瓷盘中进行第二次染污，操作同第一次，但布面要翻转和调向，自然晾干后即成。

注：③制备的 600mL 污液最多只能染 5 块布片（每片 27cm×44cm）。

⑤ 油污布的保存与使用 染好的污布可置于冰箱中 3～5℃ 冷藏保存，经 1 周老化方可以进行去污力测定使用，使用时按标准要求裁成试验用尺寸。污布保质期为 3 个月。

⑥ 油污布的质量检测 对于每一批次的污布在使用前均应进行检测。以 10% 的比例随机抽取染好的污布，将每块污布折叠成 8 层读取白度值，每块污布上读 8 个点，所读 8 个点白度值的标准偏差应 ≤1.0，不同布块上的平均白度值之差 ≤2.0。

**12. JB-02（炭黑油污布）的制备**

（1）试剂与材料

① 新鲜鸡蛋。

② 阿拉伯树胶粉，工业 A 级。

③ 炭黑，甲级中色素，粒度约 20μm。

④ 棉白布。

⑤ 全脂加糖乳粉。

（2）仪器设备

① 高剪切混合乳化器 0.3kW。

② 小型印染机 手摇传动单色印花，工作幅度 450mm，承压辊为 φ160mm 橡胶辊。

③ 瓷研钵 内径 7cm。

④ 白度计。

⑤ 塑料杯 500mL。

⑥ 玻璃烧杯 100mL，200mL。

⑦ 大搪瓷盘 长 460mm，宽 360mm。

⑧ 量筒 100mL，250mL。

⑨ 洗涤温度可达 60℃ 的滚筒洗衣机。

（3）试验步骤

① 棉白布的处理。将棉白布沿经纬线裁成 40cm×44cm 长方形布块，放入滚筒洗衣机

中，洗涤温度设定为约 60℃，用自来水加热洗涤 20min 后甩干，烫平备用。

　　注：可根据洗衣机的洗涤容量确定一次处理白布的数量，通常一次洗涤的白布块以不超过洗衣机洗涤最大量的三分之一为宜。

　　② 蛋白污液制备　称取 2.4g 阿拉伯树胶粉于 50mL 烧杯中，加 30mL 蒸馏水溶解，加入到炭黑 1.6g 中研磨 2min，转移次炭黑污液至盛有 120mL 含奶粉 13.8g 水溶液的塑料杯中，另加入蒸馏水 120mL，用高剪切混合乳化器以 4000～5000r/min 的速度均化 30min，而后缓缓加入已准备好的含 25g 鸡蛋液［蛋清：蛋黄＝3：2（质量比）］的水溶液 120mL，继续均化 1h 后备用。此污液量一次可染制 8～9 块白布（每块 40cm×44cm）。

　　③ 蛋白污布的染制　将已配好的蛋白污液调节温度至 40℃后，用两层纱布过滤至搪瓷盘内，将棉白布浸入盘内污液中，拉起，贴于小型印染机轴上，并滚压 6～8 转后，用架子固定在铁丝上自然晾干，于 60℃烘箱内老化 2h 即成。

　　④ 蛋白污布的保存与使用。染好的污布可置于冰箱中 3～5℃冷藏保存。新染制的污布应放置 3 天后，方可以进行去污力测定使用，使用时按标准要求裁成试验用尺寸。污布保质期为 2 个月。

　　⑤ 蛋白污布的质量检测。对于每一批次的污布在使用前均应进行检测。以 10％的比例随机抽取染好的污布，将每块污布折叠成 8 层读取白度值，每块污布上读 8 个点，所读 8 个点白度值的标准偏差应≤1.0，不同布块上的平均白度值之差≤2.0。

**13. JB-03（皮脂污布）的制备**

（1）试剂与材料

① 棕榈酸　试剂级。

② 阿拉伯树胶粉　工业 A 级。

③ 炭黑　甲级中色素，粒度约 20μm。

④ 95％乙醇。

⑤ 液体石蜡　试剂级。

⑥ 油酸　试剂级，碘值 80～100gI$_2$/100g。

⑦ 棉白布。

⑧ 硬脂酸　工业级（一级）。

⑨ 椰子油　工业级。

⑩ 橄榄油　试剂级，进口分装。

⑪ 角鲨烯　色谱级。

⑫ 胆固醇　分析级。

⑬ 棉油酸　工业级。

⑭ 三乙醇胺　试剂级。

⑮ 黏土　300 目。

⑯ 氧化铁黄　300 目，工业级。

⑰ 氧化铁黑　300 目，工业级

（2）仪器设备

① 圆底三口烧瓶　1000mL。

② 瓷研钵　内径 18cm。

③ 叶片搅拌桨　用不锈钢制。

④ 白度计。

⑤ 搅拌器直流电动机　3000r/min。

⑥ 小型印染机　手摇传动单色印花，工作幅度 450mm，承压辊 φ160mm 橡胶辊。

⑦ 大搪瓷盘　长 460mm，宽 360mm。

⑧ 搪瓷杯　容量 1000mL，内径 120mm，高 120mm。

⑨ 电加热套　1000W，1000mL。

（3）试验步骤

① 棉白布的处理。将棉白布沿经纬线裁成 40cm×44cm 长方形布块，放入滚筒洗衣机中，洗涤温度设定为约 60℃，用清水加热洗涤 20min 后甩干，烫平备用。

注：可根据洗衣机的洗涤容量确定一次处理白布的数量，通常一次洗涤的白布块以不超过洗衣机洗涤最大量的三分之一为宜。

② 污液制备

a. 混合油的制备。依次称取棕榈酸 30g、硬脂酸 15g、椰子油 45g、液体石蜡 30g、橄榄油 60g、角鲨烯 15g、胆固醇 15g、棉油酸 45g 于一搪瓷烧杯内，加热充分熔化后，搅拌均匀放入一容器内，密闭贮存于阴凉干燥处备用。

b. 灰尘炭黑污垢的制备。称取炭黑 2.5g 于研钵中，加入 95% 乙醇 10mL 研磨 10min。加入氧化铁黄 1g、氧化铁黑 2g 再研磨 10min，此过程中加入蒸馏水 15mL。

加入用 10mL 蒸馏水溶解的阿拉伯树胶 3.8g，用蒸馏水 5mL 洗杯并入研钵中研磨 10min。加入黏土 44.5g，加蒸馏水 50mL 研磨 30min，转入磨口瓶中，用蒸馏水 35mL 洗研钵并入磨口瓶内，用玻璃棒搅拌均匀，整个制备过程共用水 115mL。密封贮存于阴凉干燥处备用。

c. 皮脂污液的制备。称取三乙醇胺 4.8g、油酸 2.4g、灰尘炭黑污垢 10.2g 于三口瓶中，再加入熔化的混合油 60mL，最后加蒸馏水至 600mL。于约 60℃、3000r/min 转速搅拌 1h 后备用。

③ 皮脂污布的染制　将上述配制好的皮脂污液加热至 50℃，用两层纱布过滤后，倒入搪瓷盘中，将棉白布放入污液中完全浸透，拉起贴于小型印染机滚筒上，并滚压 8 圈后，用架子固定在铁丝上自然晾干。待干后重复上述步骤进行第二次染污，自然晾干后置于 60℃ 烘箱内老化 4h 即可使用。600mL 皮脂污液可染制 8 块白布（40cm×44cm）。

④ 皮脂污布的保存与使用。染好的污布可置于冰箱中 3～5℃ 冷藏保存。使用时按标准要求裁成试验用尺寸。污布保质期为 2 个月。

⑤ 皮脂污布的质量检测。对于每一批次的污布在使用前均应进行检测。以 10% 的比例随机抽取染好的污布，将每块污布折叠成 8 层读取白度值，每块污布上读 8 个点，所读 8 个点白度值的标准偏差应≤1.0，不同布块上的平均白度值之差≤2.0。

# 第六节　液体洗涤剂的检测

液体洗涤剂是仅次于粉状洗涤剂的第二大类洗涤制品，其发展很快。由于液体洗涤剂在品种、性能、生产工艺等方面较固体洗涤剂有很多优点，因此国内外生产企业竞相开发。

液体洗涤剂是以水或其他有机溶剂作为基料的洗涤用品，它具有表面活性剂溶液的特性。一般将具有洗涤作用的液体产品称为液体洗涤剂。按照用途或功能，液体洗涤剂分为餐具液体洗涤剂、织物液体洗涤剂、洗发香波和皮肤清洁剂以及硬表面清洗剂。

餐具液体洗涤剂和衣料用液体洗涤剂的物理化学性能见表 5-5、表 5-6。

**表 5-5  GB 9985—2000 手洗餐具用洗涤剂的理化指标**

| 项 目 | | 指 标 | 项 目 | | 指 标 |
|---|---|---|---|---|---|
| 总活性物含量/% | ≥ | 15 | 甲醇/(mg/g) | ≤ | 1 |
| pH 值(25℃,1%溶液) | | 4.0～10.5 | 甲醛/(mg/g) | ≤ | 0.1 |
| 去污力 | | 不小于标准餐具洗涤剂 | 砷(1%溶液中,以砷计)/(mg/kg) | ≤ | 0.05 |
| 荧光增白剂 | | 不得检出 | 重金属(1%溶液中,以铅计)/(mg/kg) | ≤ | 1 |

注:本表中黑体字为强制性指标。

**表 5-6  QB/T 1224—2007 衣料用液体洗涤剂的物理化学指标**

| 项 目 | | 指 标 |
|---|---|---|
| 外观 | | 均匀,无机械杂质 |
| 气味 | | 符合规定香型,无异味 |
| 稳定性 | | (40±2)℃恒温 24h,不分层;(—5±2)℃恒温 24h,恢复到 15～25℃,不分层,无沉淀 |
| 总活性物含量/% | 普通型 | ≥12 |
| | 浓缩型 | ≥25 |
| pH 值(25℃,0.1%溶液) | 衣物预去渍液 | ≤10.5 |
| | 丝毛用 | 4.0～8.5 |
| 泡沫(2.5mmol/L Ca²⁺硬水,0.25%溶液,30s)/mL | | ≤300 |
| 规定污布的去污力 | A 级 | 三种污布的去污力≥标准粉去污力 |
| | B 级 | 两种污布的去污力≥标准粉去污力 |
| | C 级 | 一两种污布的去污力≥标准粉去污力 |

试验溶液浓度:标准粉和浓缩型试样为 0.2%,普通型试样为 0.3%;规定污布 JB-01、JB-02、JB-03,各级产品应通过 JB-01 污布

注:衣物预去渍液总活性物含量≥12%;丝毛洗涤液总活性物含量≥6%。

## 一、液体洗涤剂的稳定性试验

按照 QB/T 1224—2007,液体洗涤剂的稳定性试验分低温稳定性及高温稳定性试验。

### 1. 低温稳定性试验

将不少于 100mL 液体洗涤剂倒入洁净的 250mL 无色具塞广口玻璃瓶中,加塞。然后置于(—5±2)℃冰箱中,24h 取出,恢复到 15～25℃,观察外观,应不分层,无沉淀。

### 2. 高温稳定性试验

将不少于 100mL 液体洗涤剂倒入洁净的 250mL 无色具塞广口玻璃瓶中,加塞。然后置于(40±2)℃冰箱中,24h 取出,恢复到 15～25℃,观察外观,应不分层,无沉淀。

## 二、液体洗涤剂 pH 值的测定

液体洗涤剂的 pH 值按照 GB 6368—93 表面活性剂的 pH 值测定来进行,以样品的 1% 水溶液 25℃时用酸度计测定溶液的 pH 值。

## 三、衣料用液体洗涤剂去污力的测定

液体洗涤剂的去污力测定按 GB 13174—2003 衣料用洗涤剂去污力及抗污渍再沉积能力的测定来进行。试验时,标准粉溶液浓度为 0.2%,洗衣液试样溶液浓度普通型为 0.3%。浓缩型试样为 0.2%;分别用 250mg/kg 的硬水配制。

### 四、餐具液体洗涤剂去污力的测定

#### 1. 去油率法（仲裁法）

（1）方法要点　使标准人工污垢均匀附着于载玻片上，用规定浓度的餐具洗涤剂溶液在规定条件下洗涤后，测定污垢的去除百分率。本方法适用于各种配方的餐具洗涤剂。

（2）仪器设备

① 架盘天平　感量 0.2g，最大称量 200g。

② 分析天平　感量 0.1mg，最大称量 200g。

③ 电磁加热搅拌器。

④ RHLQ-Ⅱ型立式去污测定机及相应全套设备。

⑤ 温度计　0～100℃，0～200℃。

⑥ 显微镜用载玻片　2mm×76mm×26mm。

⑦ 搪瓷盘　300mm×400mm。

⑧ 高型烧杯　100mL。

⑨ 镊子。

（3）试剂

① 氢氧化钠　50g/L 水溶液。

② 盐酸　1+6 水溶液。

③ 硬水　称取 16.7g 氯化钙和 24.7g 硫酸镁配制 10L 约为 2500mg/L（以碳酸钙表示，下同）硬水。使用时取 1L 冲至 10L 即为 250mg/L 硬水。硬水标定按 GB/T 6367—1997 进行。

④ 单硬脂酸甘油酯、牛油、猪油、精制植物油、乙氧基化烷基硫酸钠（$C_{12}$～$C_{15}$）70 型（优级品）、烷基苯磺酸钠。

⑤ 无水氯化钙、无水乙醇、尿素、硫酸镁（$MgSO_4 \cdot 7H_2O$）。

（4）检测步骤

① 人工污垢的制备　混合油配方：以牛油、猪油、植物油质量比为 1∶1∶2 配制，并加入其总质量 5% 的单硬脂酸甘油酯，即为人工污垢（可置于冰箱冷藏室中保藏，保质期 6 个月）。

将人工污垢置电炉上加热至 180℃，搅拌保持此温度 10min，将烧杯移至电磁搅拌器搅拌，自然冷却至所需温度备用。涂污的适宜温度为：当室温为 20℃ 时，油温 80℃；室温为 25℃ 时，需油温 45℃；当室温低于 17℃ 或高于 27℃ 时，试验不宜进行，需要在空调间进行。必要时应使用附冷冻装置的立式去污机。

② 污片的制备　在载玻片上沿画出 10mm 线，以示涂污控制在此线以下；在载玻片下沿画出 5mm 线，以示擦拭多余油污控制在此线以下。

新购载玻片必须在洗涤剂溶液中煮沸 15min 后，清水洗涤至不挂水珠再置酸性洗液中浸泡 1h 后，用清水漂洗及蒸馏水冲洗，置干燥箱干燥后备用。

③ 标准餐具洗涤剂的配制　称取烷基苯磺酸钠 14 份（以 100% 计）、乙氧基化烷基硫酸钠 1 份（以 100% 计）、无水乙醇 5 份、尿素 5 份、加水至 100 份，混匀，用盐酸或氢氧化钠调节 pH 至 7～8，备用。

④ 涂污　将洁净的载玻片以四片为一组置称量架上，用分析天平称重（准确至 1mg）为 $m_0$，将称重后的载玻片逐一夹于晾片架上，夹子应夹在载玻片上沿线以上，将晾片架置于搪瓷盘内准备涂污。

待油污保持在确定的温度时，逐一将载玻片连同夹子从晾片架上取下，手持夹子将载玻片浸入油污中至10mm上沿线以下1~2s，缓缓取出，待油污下滴速度变慢后，挂回原来晾片架上依次制备污片。油污凝固后，将污片取下用滤纸或脱脂棉将污片下沿5mm内底边及两侧多余的油污擦掉，再用镊子夹沾有石油醚的脱脂棉擦拭干净。室温下晾置4h后，在称量架上用分析天平精确称量为$m_1$。此时每组污片上污量应保证（0.5±0.05）g。

⑤ 测定步骤　将已知涂污量的载玻片插入对应的洗涤架内准备洗涤。

将去污机接通电源，洗涤温度设置为30℃，回转速度设置为160r/min，洗涤时间设置为3min。

称取5.00g待测试样于2500mL硬水中，摇匀后，分别量取800mL试液于立式去污机的三个洗涤桶中，待试液温度升至30℃时，迅速将已知重量的污片连同洗涤架对应地放入洗涤桶内，当最后一只洗涤架放入洗涤桶后开始计浸泡时间，同时迅速将搅拌器装好，浸泡1min时，启动去污机开始洗涤，3min时，机器自动停机，迅速将搅拌器取下，取出洗涤架，将洗后污片逐一夹挂在原来的晾片架上，挂晾3h后将污片置相应称量架称量为$m_2$。

（5）结果计算

① 去油率$w$（％）按下式计算。

$$w = (m_1 - m_2) \times 100\% / (m_1 - m_0)$$

式中　　$m_0$——涂污前载玻片质量，g；

$m_1$——涂污后载玻片质量，g；

$m_2$——洗涤后污片的质量，g。

② 去污力评价　若被测餐具洗涤剂的去油率不小于标准餐具洗涤剂的去油率，则该餐具洗涤剂的去污力判定为合格，否则为不合格。

三组结果的相对平均偏差≤5％。

（6）注意事项

① 每批试验应为标准餐具洗涤剂准备三组污片，为每一个待测试样各准备三组污片。

② 由于涂污条件不同会对去油率测定结果带来影响，故同一批涂污的载玻片无论能设置多少待测试样，必须带三组测定标准餐具洗涤剂加以对照。

**2. 泡沫位法**

（1）方法要点　将一定量的人工污垢涂在盘子上，在规定浓度的餐具洗涤剂溶液中洗涤，由于洗下的污垢能消除洗涤液的泡沫，每一种洗涤剂溶液能洗净的盘子个数（即污垢量）与其去污力有关，以表面泡沫层消失至一半作为洗涤的终点，洗盘的个数作为去污能力的评价。本方法不适用于低泡型餐具洗涤剂的去污力测定。

（2）仪器设备

① 架盘天平　感量0.1g，最大称量100g。

② 架盘天平　感量0.2g，最大称量200g。

③ 白色搪瓷盆　上口直径45cm，容积8L。

④ 秒表。

⑤ 猪棕油漆刷　38mm和102mm。

⑥ 下口瓶　5000mL。

⑦ 烧杯　150mL。

⑧ 量筒　1000mL。

⑨ 细口瓶　5000mL。

⑩ 白色瓷菜盘（大、中、小三种）　大盘外径约为 250mm，盘底涂污部分直径约为 190mm；中盘外径约为 200mm，盘底涂污部分直径约为 140mm；小盘外径约为 160mm，盘底涂污部分直径约为 100mm。

（3）试剂及材料

① 试剂　所用试剂同去油率法。

② 材料　全脂奶粉、小麦粉、新鲜鸡蛋。

（4）测定步骤

① 人工污垢的配制　人工污垢的配方如下：

| 混合油 | 15％ | 新鲜全鸡蛋液 | 30％ |
| 小麦粉 | 15％ | 蒸馏水 | 32.5％ |
| 全脂奶粉 | 7.5％ | | |

按照需要涂污盘子个数确定配制污垢量，依照上述配方比例称取各组分需要的量。

先将新鲜鸡蛋去壳置烧杯中，搅拌均匀备用，将小麦粉和全脂奶粉混合均匀，将混合油置烧杯中加热至 50～60℃ 熔化，将混合均匀的小麦粉和全脂奶粉转入熔化的混合油的烧杯中搅拌，再将鲜蛋液分数次加入烧杯中搅拌均匀，最后分数次将水加入烧杯中，搅拌成细腻的人工污垢，作涂污使用（现用现配）。

② 涂污　将配制好的污垢和 38mm 猪棕油漆刷置 200g 架盘天平称量后，用减量法控制污垢量逐个涂污于盘子上。大盘涂污量为 4g，中盘涂污量为 2g，小盘涂污量为 0.8g。若以大盘为单位，则 1 个中盘相当于 0.5 个大盘，1 个小盘相当于 0.2 个大盘。

涂污时用猪棕油漆刷蘸上人工污垢均匀地涂于盘子内凹下的中心面上，涂污后于室温放置过夜备用。

③ 去污试验　用架盘天平称取餐具洗涤剂样品 4.0g，用 1000mL 硬水溶解，洗入搪瓷盆中，另将 1000mL 硬水倒入下口瓶中（下口瓶的出口管下面部分预先用同样的硬水充填并放出多余的水至放不出为止）。然后将盆中洗涤剂溶液加热到一定温度，使二者混合后的温度刚好为 25℃（如：原来水温 15℃，则加热到 35℃）。将搪瓷盆如图 5-6 所示置于下口瓶下面，使出口管流出的水恰能对准盆中央。打开出口管使 1000mL 硬水流入盆中冲击起泡，1000mL 硬水下落时间约为 45s。将盘子逐个浸入洗涤溶液中，用 102mm 猪棕油漆刷刷洗，先顺时针刷五次，再逆时针刷五次，如此重复一次后，涂于盘子上的污垢大部分被洗下，最后再将未能洗下部分洗掉。洗后取出盘子沥干数秒钟，每个盘子总的洗刷时间为 30s。随即刷洗第 2 个、第 3 个……，直至液面泡沫层覆盖面积消失一半为止（注意：快到终点时应用中盘和小盘来洗）。记下总的洗盘个数，并折算出大盘个数。

用同样程序测定标准餐具洗涤剂的人工洗盘数。

（5）结果评价　若被测餐具洗涤剂样品洗盘数不少于标准餐具洗涤剂洗盘数，该洗涤剂的去污力判定为合格，否则为不合格。

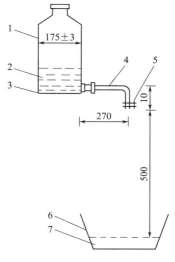

图 5-6　冲击起泡装置　单位：mm

1—5000mL 下口瓶；2—1000mL 硬水；
3—放不出来的底水；4—玻璃管（内径 6mm）；5—弹簧夹；6—搪瓷盆；
7—1000mL 硬水加 3.0g 餐具洗涤剂试样

### 五、液体洗涤剂重金属的测定

**（一）重金属（以 Pb 计）限量试验**

#### 1. 方法提要

在 pH3～4 条件下，试样中的重金属离子与硫化氢作用，生成棕黑色物质，与同法处理的铅标准溶液比较，做限量试验。

#### 2. 试剂

（1）甘油。

（2）盐酸　1＋3 溶液。

（3）硝酸　1%（体积分数）溶液。

（4）氨水　1＋2 溶液。

（5）酚酞　10g/L（95%）乙醇溶液。

（6）冰醋酸溶液　体积分数为 6% 的溶液。

（7）硫化钠溶液　将 5g 硫化钠溶于 10mL 水和 30mL 甘油的混合液中，混匀，装入棕色瓶中，密封，避光保存。

（8）铅标准贮备液（1g Pb/L）　准确称取 0.1598g 分析纯 $Pb(NO_3)_2$（预先在 105℃烘干 2h）于烧杯中，加入 1% 硝酸 10mL，完全溶解后转入 100mL 容量瓶中，加水至刻度，混匀。有效期 2 个月。

（9）铅标准使用溶液（10mg Pb/L）　用移液管准确吸取 1.0mL 标准贮备液于 100mL 容量瓶中，用硝酸稀释至刻度，摇匀。该溶液必须使用前新鲜配制。

#### 3. 仪器

（1）分析天平、蒸发皿、马弗炉。

（2）奈斯勒比色管　具塞，50mL。

#### 4. 测定步骤

（1）试验溶液的制备　称取试样 1.0g（精确至 0.1g）于 50mL 瓷坩埚中，在电炉上小火炭化，取下冷却后加盐酸和硝酸各 2mL，在电炉上加热至干后，放入高温炉内于 500℃灰化 4h。如灰化不完全，在电炉上用硝酸继续灰化至完全。加盐酸 2mL 在水浴上蒸干，冷却，用水洗入 50mL 容量瓶中，稀释至刻度并混匀。移取 10.0mL 至具塞奈斯勒比色管中，加水至 25mL。此溶液为 A。

（2）测定　比较标准溶液 B：准确移取铅标准使用溶液 2.0mL 于 50mL 具塞奈斯勒比色管中，加水至 25mL，混匀备用。

溶液 C：试剂空白液。

溶液 pH 值的调整：向各比色管中加 1 滴酚酞溶液，滴加氨水至溶液呈微红色，加 1＋3 盐酸使之红色刚刚褪去，再向每个比色管里加入冰醋酸 2mL，用水稀释至 50mL 混匀，此时溶液 pH 值为 3.5～4.0。

向各比色管中加 2 滴硫化钠溶液充分混合，放置 5min，以白色为背景，从上方和侧面观察进行目视比色。

#### 5. 结果判定

若溶液 A 的色度相当于或深于溶液 C 的色度，但不深于溶液 B 的色度，则评判该产品含铅量合格，否则评判为不合格。标准溶液 B 的色度相当于样品的 10g/L 溶液中重金属

（以铅计）含量为 1mg/kg。

（二）砷（As）含量的测定（银盐法）

砷及其化合物都具有很强的毒性，在餐具液体洗涤剂中必须严格控制其含量。

### 1. 测定原理

样品经消化后，以碘化钾、氯化亚锡将五价砷还原为三价砷，然后与锌粒和酸产生的新生态氢生成砷化氢气体，经银盐溶液吸收后，形成红色胶态物与标准系列比较定量。

### 2. 试剂

（1）无砷锌粒　粒度 0.8～1.8mm。

（2）硫酸。

（3）硫酸　1+15 溶液。

（4）盐酸。

（5）盐酸　6mol/L 溶液。

（6）氢氧化钠　200g/L 溶液。

（7）氧化镁。

（8）碘化钾　165g/L 溶液，贮存于棕色瓶中。

（9）氯化亚锡酸性溶液　取氯化亚锡 4g，加盐酸溶解至 10mL，贮存于棕色瓶中（使用期为三个月）。

（10）硝酸镁。

（11）乙酸铅饱和吸收棉　将 50g 三水合乙酸铅 $[Pb(C_2H_3O_2)_2 \cdot 3H_2O]$ 溶解于 250mL 水中。将脱脂棉用此溶液浸透后，压去多余溶液，使其疏松，在 80℃ 以下的烘箱中干燥后，贮存于具塞玻璃瓶中。

（12）氯化亚铜饱和吸收棉　把脱脂棉浸在氯化亚铜饱和溶液中，浸透后压去多余溶液，使其疏松，置于 60℃ 以下的烘箱中干燥后，贮存于具塞玻璃瓶中。

（13）砷标准贮备液（0.1000gAs/L）　称取在硫酸干燥器中干燥过的三氧化二砷 0.132g（准确至 0.001g）于 100mL 烧杯中，加入氢氧化钠溶液 5mL，溶解后用适量 1+15 硫酸中和，再加入 10mL 1+15 硫酸，小心移入 1000mL 容量瓶，用煮沸冷却后的水稀释至 1000mL，混匀，此溶液含砷为 0.1000g/L，贮于具塞玻璃瓶中。

（14）砷标准使用液　移取 1.0mL 砷标准储备液于 1000mL 容量瓶中，加入 1mL 1+15 硫酸，用水稀释至刻度，混匀，此溶液含砷为 1μg/L。

（15）二乙基二硫代氨基甲酸银（AgDDC）-三氯甲烷-三乙醇胺溶液　称取 0.5g 研细的 AgDDC，加入 3%（体积分数）的三乙醇胺-三氯甲烷溶液 100mL，使之溶解，放置过夜，过滤于棕色瓶中，保存在冰箱中。

（16）三氯甲烷。

### 3. 仪器

（1）测砷装置（见图 5-7）　由 150mL 锥形瓶、连接管、150mL 吸收管组成。

（2）分光光度计　波长范围 350～800mm。

（3）瓷坩埚　50mL。

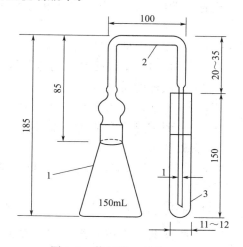

图 5-7　装置图　单位：mm

1—150mL 锥形瓶；2—连接管；3—150mL 吸收瓶

#### 4. 测定步骤

（1）试验溶液的制备　称取样品 5g（准确至 0.1g）于 50mL 瓷坩埚中，加硝酸镁 10g，再在上面覆盖氧化镁 2g。将坩埚在电炉上大火加热，直至炭化完全，然后移至 550℃ 高温炉中灼烧至灰化完全。冷却后取出，加水 5mL，再缓缓加入 15mL 的 [$c(HCl)=6mol/L$] 盐酸，将溶液转入 50mL 容量瓶中，用 $c(HCl)=6mol/L$ 盐酸洗涤坩埚，洗液并入容量瓶中，再以盐酸稀释至刻度，混匀。此溶液每 10mL 相当于原样品 1g。

（2）标准曲线的制作　按表 5-7 分别移取砷标准使用溶液至 5 个 150mL 锥形瓶中，向每个锥形瓶中加水至总体积为 50mL，加入 8mL 硫酸、3mL 碘化钾溶液，混匀。于室温下放置 5min，再加入 0.5mL 氯化亚锡酸性溶液，摇匀后静置 15min。

表 5-7　砷标准液移取量

| 砷标准溶液使用体积/mL | 相当于含砷量/$\mu$g | 砷标准溶液使用体积/mL | 相当于含砷量/$\mu$g |
|---|---|---|---|
| 0（试剂空白） | 0 | 5.00 | 5 |
| 1.00 | 1 | 7.00 | 7 |
| 3.00 | 3 | 9.00 | 9 |

在测砷装置的玻璃两接管球部放入少许氯化亚铜棉或乙酸铅棉，移取 5mL AgDDC 溶液于吸收管中，静置 15min 后，向每个锥形瓶加入锌粒 4g，迅速如图 5-7 装配好仪器，反应发生 1h 后取下吸收管，用三氯甲烷将因挥发而减少的体积补足至 5mL，混匀，转入 10mm 比色皿中，以空白试液作参比，于波长 515nm 处测定各吸收液的吸光度。溶液的颜色在无直接光照射条件下约可稳定 2h。以含砷量为横坐标、相应的吸光度为纵坐标，绘制标准曲线。

#### 5. 测定

移取试验溶液 25.0mL 置于 150mL 锥形瓶中，按（2）中自"向每个锥形瓶中加水至总体积为 50mL……"起依法操作，测定试液的吸光度。

#### 6. 结果计算

由标准曲线查出相当于试液吸光度的砷含量，按下式计算样品含砷量。

$$c=BV_1/(mV_2)$$

式中　$c$——样品中砷含量，mg/kg；

$B$——相当于试液吸光度的砷含量，$\mu$g；

$m$——试样的质量，g；

$V_1$——试样最后稀释的体积，mL；

$V_2$——测定时所取试液的体积，mL。

#### 7. 注意事项

（1）测砷所用玻璃仪器都应小心用稀盐酸浸泡过夜，或用热浓硫酸洗涤，再用水充分淋洗并干燥。

（2）每用一批新的锌粒、每制备一瓶新的 AgDDC 溶液时，标准曲线都应重新制作。

### 六、液体洗涤剂中荧光增白剂限量的测定

#### 1. 方法原理

将无荧光滤纸在蒸馏水、规定浓度的试样溶液和荧光增白剂溶液中浸渍、漂洗、晾干

后，在紫外线照射下，比较、确认有无荧光。

### 2. 仪器

（1）紫外分析仪器或紫外灯 波长 365nm，带有反射护光罩，灯管至照射面距离为 100mm。

（2）恒温水浴锅。

（3）暗室或暗箱。

### 3. 试剂及材料

（1）33 号荧光增白剂 规格为二苯乙烯三嗪型，外观呈微黄色均匀粉末；荧光强度：（100±5）MESF；含水量：不大于 5%；色调：青光。

（2）荧光增白剂标准溶液 精确称取 33 号荧光增白剂 0.01g（精确至 0.001g），用蒸馏水加热充分溶解后，完全移入 500mL 棕色容量瓶中定容，混匀，放暗处，即为 20mg/L 荧光增白剂溶液。

移取 20mg/L 荧光增白剂溶液 25.0mL 于 500mL 棕色容量瓶中，用水定容混匀，即得 1mg/L 的荧光增白剂溶液。

移取 1mg/L 荧光增白剂溶液 10.0mL 于 100mL 容量瓶中，用水定容混匀，即得 0.1mg/L 的荧光增白剂标准使用液。

（3）定量滤纸 中速，裁成 25mm×55mm 矩形片。

（4）晾干盘 用塑料板制成，分若干小格，适合放置矩形滤纸片。

### 4. 测定步骤

称取餐具洗涤剂样品 2.0g 于 150mL 烧杯中，用蒸馏水溶解并稀释至 100mL 制成质量分数为 2% 的试液。分别移取蒸馏水和质量浓度为 0.1mg/L 的荧光增白剂使用液各 100mL，置于另外两个洁净的 150mL 烧杯内，将烧杯同时置于 40℃ 恒温水浴中，待溶液温度升到 40℃ 时，在每个烧杯内放入两张滤纸片（预先用铅笔在纸角上编号）。保持 40℃，浸渍 30min，然后将滤纸片用洁净的玻棒挑起（注意不要将滤纸片弄破），在烧杯边缘上沥干约 1min 后，分别放入 100mL 40℃ 的蒸馏水中漂洗 5min，如此重复漂洗一次后，用玻棒取出滤纸，按顺序摆放在洁净的晾干盘中，避光晾干。次日在暗室或暗箱中用紫外分析仪或紫外灯在 365nm 下观测，比较样品试液、空白液及 0.1mg/L 荧光增白剂标准使用溶液浸渍过的滤纸片。

### 5. 结果评价

如果试样溶液浸渍过的滤纸较标准使用溶液浸渍过的滤纸荧光弱，则视为该餐具洗涤剂中的荧光增白剂未检出，判为合格；否则为不合格。

## 【阅读材料 5-4】

### 部分专业英语词汇集锦

| | | |
|---|---|---|
| 表面活性剂：Surfactant | 沸石：Zeolite | 水分：Moisture |
| 表观密度：Apparent Density | 量筒：Measuring Cylinder | 甲醇：Methanol |
| 滴定管：Burette | 碱度：Alkalinity | 洗衣粉：Detergent |
| 蛋白酶：Proteinase | 颗粒度：Particle Size | 甲醛：Formaldehyde |
| 增白剂：Brightener | 检测：Detection | 水浴：Water Bath |
| 干燥器：Desiccator | 烧杯：Beaker | 硬水：Hard Water |
| 合成洗涤剂：Synthetic Detergent | 挥发物：Volatiles | 酶：Enzyme |

# 第七节　合成洗涤剂检测实训

## 实训一　洗衣粉中总活性物含量的检测

### 一、实训要求

(1) 了解粉状洗涤剂国家标准中的总活性物含量要求。

(2) 掌握粉状洗涤剂中总活性物含量的检测原理、方法及具体测定步骤。

(3) 熟练掌握称量、过滤、滴定操作技能。

(4) 能够准确完整地报出试验结果。

### 二、测定

具体原理、方法见本章第六节。

## 实训二　含 4A 沸石洗衣粉的检测

### 一、产品简介

含 4A 沸石洗衣粉是由表面活性剂和 4A 沸石等助剂生产的洗衣粉,属于弱碱性产品,适合于洗涤棉、麻和化纤织物。其聚磷酸盐的含量低于普通洗衣粉中规定的指标。

含 4A 沸石的洗衣粉按品种、性能和规格分为三个类型。

(1) Ⅰ型　以阴离子表面活性剂为主,适合于手洗衣物用的普通洗衣粉。

(2) Ⅱ型　以阴离子表面活性剂为主,适合于洗衣机洗涤用和手洗用的低泡洗衣粉。

(3) Ⅲ型　以非离子表面活性剂(即产品中非离子表面活性剂应不低于 8%)为主,适合于洗衣机洗涤用和手洗涤用的低泡洗衣粉,俗称浓缩粉。

含 4A 沸石的Ⅰ型洗衣粉标记为"含 4A 沸石洗衣粉Ⅰ型",Ⅲ型无磷洗衣粉标记为"含 4A 沸石洗衣粉Ⅲ型无磷"。

含 4A 沸石洗衣粉中使用的各种表面活性剂其生物降解度应大于或等于 80%,使用的 4A 沸石应符合相应的标准规定。

含 4A 沸石洗衣粉的物理化学指标应符合表 5-8 的规定。

**表 5-8　含 4A 沸石洗衣粉的物理化学指标**

| 项　　目 | 指　　标 | | |
|---|---|---|---|
| | Ⅰ型 | Ⅱ型 | Ⅲ型 |
| 颗粒度 | 通过 1.25mm 筛的筛分率不低于 90% | | |
| 水分及挥发物/% | ≤15 | | |
| 表面活性剂加聚磷酸盐加 4A 沸石乘 0.77/% | ≥30 | ≥30 | ≥40 |
| 其中:表面活性剂含量/% | ≥14 | ≥10 | ≥10 |
| 　　　非离子表面活性剂含量/% | — | — | ≥8 |
| 　　　聚磷酸盐含量/% | ≥8 | ≥10 | |
| pH 值(0.1%水溶液,25℃) | ≤10.5 | | ≤11 |
| 相对标准粉去污力比值 | ≥1.0 | | |
| 加酶粉酶活力/(U/g) | ≥650 | | |
| 发泡力(当时)/mm | — | ≤130 | |

注:聚磷酸盐包括焦磷酸钠,三聚磷酸钠及三偏、多聚(缩)磷酸钠。

### 二、实训要求

(1) 了解含 4A 沸石洗衣粉国家标准中的物理化学要求。

（2）掌握含 4A 沸石洗衣粉中 4A 沸石含量的检测原理、方法及具体测定步骤。

（3）熟练掌握称量、滴定操作技能。

（4）能够准确完整地报出试验结果。

### 三、测定

#### 1. 原理

沸石在无机酸中容易溶解并分解成铝离子。铝离子在 pH 值为 3～3.5 时与 EDTA 形成络合物，以二甲酚橙为指示剂，用乙酸锌回滴过量的 EDTA，定量铝（回滴定法）。到等当点后，在氟离子存在下煮沸，铝的 EDTA 络合物被选择性地解离，游离出的 EDTA 用乙酸锌标准溶液滴定（氟化钠解离法），从而准确求出铝的含量。根据所得铝的含量计算洗衣粉中沸石的含量。

#### 2. 试剂

（1）乙二胺四乙酸二钠（EDTA）　$c(EDTA)=0.01mol/L$ 标准溶液。

（2）乙酸锌标准溶液　$c(Zn^{2+})=0.01mol/L$。

准确称取乙酸锌 $[Zn(CH_3COO)_2 \cdot 2H_2O]$ 1.0975g，用水溶解，并稀释定容至 500mL，溶液以乙酸调节 pH 值至 5～6 后再用 EDTA 标准溶液标定。

（3）二甲酚橙　1g/L 溶液。称取二甲酚橙 0.1g，用水溶解并稀释至 100mL（1 月内有效）。

（4）硝酸溶液　$c(HNO_3)=1mol/L$。量取浓硝酸 70mL，加水稀释至 1000mL。

（5）氢氧化钠溶液　200g/L。称取 20g 固体氢氧化钠，加 100mL 水溶解。

（6）乙酸钠溶液　1mol/L。称取乙酸钠（$CH_3COONa \cdot 3H_2O$）13.6g，加水溶解并稀释至 100mL。

（7）乙酸铵溶液　1mol/L。称取乙酸铵（$CH_3COONH_4$）77g，用水溶解并稀释至 1000mL。

（8）65% 浓硝酸。

（9）氟化钠。

（10）精密 pH 试纸　pH 值 2.7～4.7 和 pH 值 1.4～3.0 两种范围或适合 pH 值 2.0～2.5 和 pH 值 3.0～3.5 范围的其他精密 pH 试纸。

#### 3. 仪器

（1）烧杯　50mL，250mL，400mL。

（2）容量瓶　500mL。

（3）移液管　10mL，25mL。

（4）具塞滴定管　25mL。

#### 4. 测定步骤

（1）回滴定法　称取洗衣粉 1.5～2g（准确至 1mg，约含沸石 200mg）于 250mL 烧杯中，加入水 50mL 和浓硝酸 20mL，加热煮沸 10min，冷却后将溶液移至 500mL 容量瓶中，加水稀释至刻度并混匀。再用移液管吸取 25mL 于 400mL 烧杯中，加水 50mL，用 200g/L 氢氧化钠溶液调整 pH 值至 2～2.5，然后以 1mol/L 乙酸钠溶液调节 pH 值至 3～3.5。煮沸 30min。

放冷后加入 1mol/L 乙酸铵溶液 20mL，将溶液 pH 值缓冲至 5～6，加水使总量约为 150mL，加二甲酚橙指示液 4～5 滴，用 0.01mol/L 乙酸锌标准溶液进行回滴定，溶液颜色由黄色变为红色即为终点，用同样操作进行空白试验。

（2）氟化钠解离滴定法　按回滴法滴定至终点后，在试样溶液中加入氟化钠 500mg，煮沸至溶液的红色消失。放置冷却后，用 0.01mol/L 乙酸锌标准溶液滴定由铝的 EDTA 络合物中释放出的 EDTA，终点仍由黄色变为红色。

### 5. 结果计算

（1）回滴定法测定　洗衣粉中沸石含量 $X$（以质量分数计）按下式计算。

$$X = c(V_0 - V_1) \times 0.02698 \times 6.77 \times 500 \times 100\% / (25m)$$

式中　$c$——乙酸锌标准溶液的浓度，mol/L。

　　　$V_0$——空白试验耗用乙酸锌标准溶液的体积，mL。

　　　$V_1$——样品测定耗用乙酸锌标准溶液的体积，mL。

0.02698——铝的毫摩尔质量，g/mmol；

　　　$m$——洗衣粉试样的质量，g。

（2）氟化钠解离法测定　洗衣粉中沸石含量 $X$（以质量分数计）按下式计算。

$$X = cV_2 \times 0.02698 \times 6.77 \times 500 \times 100\% / (25m)$$

式中　$V_2$——氟化钠处理后滴定所消耗的乙酸锌标准溶液的体积，mL。

　　　$c$、$m$ 意义同前。

### 6. 注意事项

洗衣粉中 4A 沸石含量平行测定结果的相对偏差应不超过 2%。测定洗衣粉中 4A 沸石含量一般按回滴法。如果在洗衣粉中重金属离子含量足以影响测定结果时，应采用氟化钠解离法。

# 习　题

1. 洗涤剂主要由什么组成？
2. 什么是表面活性剂？什么是洗涤助剂？洗涤助剂有哪些种类？
3. 污垢的特性是什么？表面活性剂的作用有哪些？洗涤剂为什么能够去除污垢？
4. 表面活性剂分为哪些种类？
5. 合成洗涤剂是如何分类的？加酶洗衣粉中的酶有哪几种，各有何作用？
6. 合成洗涤剂包装检测和外观检测应注意哪些方面？
7. 什么叫分样？锥形分样器的结构原理是什么？
8. 粉状、浆状及液体样品各应如何分样？
9. 保存样品时，应注意哪些事项？
10. 影响测定粉状洗涤剂颗粒度的因素有哪些？
11. 什么叫表观密度？如何测定？
12. 用滴定法测定低磷、无磷洗涤剂中硅酸盐含量的方法原理是什么？
13. 什么是洗涤剂的活性碱度（或游离碱度）和总碱度？碱度如何表示？
14. 什么是粉状洗涤剂发泡力？影响测定洗涤剂发泡力的因素有哪些？
15. 什么是洗涤剂中总活性物含量？测定原理是什么？
16. 洗衣粉的 pH 值与碱度测定是否一致？
17. 加酶洗衣粉为何能提高洗涤剂的去污效果？
18. 什么是洗衣粉的白度？
19. 怎样评价洗衣粉的去污力？
20. 什么是液体洗涤剂？按用途可分为哪些种类？
21. 餐具洗涤剂国家标准中哪些是强制性指标？
22. 液体洗涤剂甲醛含量是如何测定的？

23. 如何测定餐具液体洗涤剂去污力？

24. 为什么要测定洗衣粉中磷酸盐含量？如何测定？

25. 用磷钼酸喹啉重量法测定洗涤剂五氧化二磷含量时，喹钼柠酮试剂的用量对测定有何影响？柠檬酸和丙酮的作用是什么？

## 参 考 文 献

[1] 赵惠恋主编. 化妆品与合成洗涤剂检验技术 [M]. 北京：化学工业出版社，2005.

[2] 李江华等编. 化妆品和洗涤剂检验技术 [M]. 北京：化学工业出版社，2007.

[3] 中国标准出版社第二编辑室编. 表面活性剂和洗涤用品标准汇编 [M]. 北京：中国标准出版社，2005.

[4] 刘程等编. 表面活性剂应用大全 [M]. 北京：北京工业大学出版社，1992.

[5] 中华人民共和国国家标准. GB/T 13173.6—91 洗涤剂发泡沫力的测定 [S].

[6] 中华人民共和国轻工行业标准. QB/T 3751—1999 肥皂中水分和挥发物含量的测定　烘箱法 [S].

[7] 中华人民共和国国家标准. GB 9985—2000 手洗餐具用洗涤剂 [S].

[8] 中华人民共和国国家标准. GB/T 13174—2003 衣料用洗涤剂去污力及抗污渍再沉积能力的测定 [S].

[9] 中华人民共和国国家标准. GB 12050—89 粉状洗衣粉颗粒度的测定 [S].

[10] 中华人民共和国国家标准. GB/T 12031—1989 洗涤剂中总五氧化二磷含量的测定　磷钼酸喹啉重量法 [S].

[11] 中华人民共和国国家标准. GB/T 13173.1—91 洗涤剂样品分样方法 [S].

[12] 中华人民共和国国家标准. GB/T 13176.1—91 洗衣粉白度的测定 [S].

[13] 中华人民共和国国家标准. GB/T 13173.2—2000 洗涤剂中总活性物含量的测定 [S].

[14] 中华人民共和国国家标准. GB/T 13176.2—91 洗衣粉中水分及挥发物含量的测定 [S].

[15] 中华人民共和国国家标准. GB/T15816—1995 洗涤剂和肥皂中总二氧化硅含量的测定　重量法 [S].

# 第六章　肥皂的检测

肥皂是人类最早和最普遍使用的洗涤剂用品，皮肤清洁剂用量最大的也是各种肥皂和香皂。随着人们生活水平的提高，对肥皂的功能要求也越来越高，仅具有清洁功能的普通肥皂已迅速向护肤、保湿、杀菌等功能化香皂方向发展。

肥皂是指用油脂与碱经过皂化作用制成的高级脂肪酸盐，并辅以各种原料而成的产品。广义来说，肥皂是指高级脂肪酸或混合脂肪酸的盐类，化学通式为 RCOOM。但是，只有 8～12 个碳原子的脂肪酸的钾、钠盐——碱性皂，在溶于水后具有一定的润湿、渗透、乳化、分散、起泡、增溶等作用，具有较强的去污力。其他金属（碱土金属、重金属）的脂肪酸盐——金属皂不溶于水，也不具备去污洗涤能力，主要用作农药的乳化剂、金属润滑剂等。

根据肥皂阳离子的不同，肥皂可分为碱性皂（包括钠皂、钾皂、铵皂、有机碱皂）和金属皂（非碱金属皂）两大类。根据肥皂用途的不同，可分为家庭用皂（包括：洗衣皂、香皂、特种皂）和工业用皂（主要指纤维用皂）两大类。根据肥皂的硬度，可分为硬皂（主要是钠皂）和软皂（主要是钾皂）两大类。

# 第一节　肥皂的生产

## 一、肥皂的原料和生产工艺

肥皂是指含有 8 个以上碳原子脂肪酸或混合脂肪酸的碱性盐类。根据用途，肥皂可分为家用皂和工业用皂两类。家用皂又分为洗衣皂、香皂和特种皂；工业用皂主要是指纤维用皂。

### 1. 肥皂的原料

肥皂的原料有油脂、合成脂肪酸、碱及各种辅助原料、填料等。

（1）油脂　油脂是油和脂的总称，由一分子的甘油和三分子的脂肪酸酯化而成，称为三脂肪酸甘油酯，简称"三甘酯"。常温常压下呈固态或半固态的称为脂；呈液态的称为油。根据油脂的性能及作用的不同，可以分为以下几种。

① 固体油脂　固体油脂的作用主要是保证肥皂有足够的去垢力、硬度及耐用性。主要有硬化油、牛羊油、骨油等。

② 软性油　软性油的作用是调节肥皂的硬度和增加的可塑性。软性油主要有棉籽油、花生油、菜油、猪油。

③ 月桂酸含量高的油脂　月桂酸含量高的油脂有椰子油、棕榈油等。主要是为了增加

脂皂的泡沫和溶解度。

④ 油脂的代用品　人工合成的，或其他可以取代油脂的物质。

（2）合成脂肪酸　合成脂肪酸是以石蜡为原料经氧化制得的高级脂肪酸。

（3）碱类　制皂用碱主要是氢氧化钠，其次是碳酸钠、碳酸钾、氢氧化钾。其作用是与油脂进行皂化反应而生成肥皂。

（4）辅助原料与填料　辅助原料与填料不能截然分开，它们绝大部分都是既有辅助作用，又有填充作用。

① 松香　松香是松树的分泌物除去松节油之后的产品，主要成分为松香酸和松脂酸酐等不饱和化合物。松香与纯碱或烧碱一起蒸煮，形成松香皂。松香皂具有很大的去污力，易溶于水，能溶解油脂，易起泡沫。松香皂在肥皂中可使肥皂不易开裂和酸败变质、增加泡沫、减少白霜和降低成本，但松香在空气中易吸收氧，能使肥皂的颜色逐渐变暗，因此肥皂中不宜多用，一般用量为 2%～4%。

② 硅酸钠　硅酸钠可增加肥皂的硬度和耐磨性，并有软化硬水、稳定泡沫、防止酸败、缓冲溶液的碱性等作用。洗衣皂中含量在 2% 以上，香皂中含量在 1% 左右。

③ 荧光增白剂　常用于增白洗衣皂，在肥皂中含量在 0.03%～0.2% 之间。

④ 杀菌剂　杀菌剂多用于浴皂和药皂，常用的杀菌剂有硼酸、硫磺、甲酚、三溴水杨酰苯胺等。杀菌剂用量在 0.5%～1% 之间。

⑤ 多脂剂　多脂剂常用于香皂，它能中和香皂的碱性，从而减少对皮肤的刺激，也能防止香皂的脱脂作用，用这种香皂有滑润舒适的感觉。这类物质可以是单一的脂肪酸，如硬脂酸和椰子油酸等，也可以由蜡、羊毛脂、脂肪醇配制成多脂混合物。多脂剂的用量为 1%～5%。

⑥ 羧甲基纤维素　羧甲基纤维素本身无洗涤能力，但易附于织物和污垢的表面，能防止皂液中的污垢重新沉积在被洗物上。

⑦ 着色剂　着色剂的作用是装饰肥皂的色泽。洗衣皂中一般加一些皂黄；香皂中所用的色调较多，有檀木、湖绿、淡黄、妃色、洁白等。肥皂中着色剂要求耐碱、耐光、不刺激皮肤、不沾染衣物等。

⑧ 香料　香料是香皂中必须加入的主要助剂。对于洗衣皂有时也加入香料以消除不良气味。

**2. 肥皂的制造**

（1）皂基制造

① 间歇沸煮法（盐析法）　该法利用油脂和碱进行皂化反应，然后经过盐析、碱析、整理等过程，最后制得纯净的皂基。

② 连续制皂法　采用管式反应，即两管道分别输送碱液和脂肪酸，在汇合处进行瞬时中和反应，后离心分离，真空出条。

（2）加工成型　生产肥皂的方法有冷桶法、冷板车法和真空干燥法，后者是目前世界上最先进的生产肥皂法。

真空干燥法包括以下工序：配料→真空冷却→切块→晾干→打印→装箱。

**3. 香皂的生产**

研压法生产香皂工艺如下：皂基→干燥→拌料（加入添加剂）→均化→真空压条→切块→打印→包装→成品。

## 二、肥皂的品种及质量检测

### (一) 肥皂的品种

(1) 洗衣皂　洗衣皂是指洗涤衣物用的肥皂，其主要活性成分是脂肪酸钠盐。洗衣皂归纳为Ⅰ型和Ⅱ型两种，Ⅰ型干皂脂肪酸含量≥54%，Ⅱ型干皂脂肪酸含量≥43%；此外，洗衣皂中还含有助洗剂、填充料等，如钙分散剂、水玻璃、碳酸钠、沸石、着色剂、荧光增白剂、香料等。

洗衣皂为碱性洗涤剂，水溶液呈碱性，去污力好，泡沫适中，使用方便。

(2) 香皂　香皂是指具有芳香气味的块状硬皂，是以牛油、猪油、羊油、椰子油等动植物油为原料经皂化制得的脂肪酸钠皂。香皂质地细腻，主要用于洗手、洗脸、洗发、洗澡等。制造香皂要加入香精，香精性质温和，对人体无刺激，使用时香气扑鼻，并能去除机体的异味，用香皂洗涤衣物能使衣物保持一定时间的香气。

(3) 透明皂　透明皂是利用肥皂在乙醇溶液中析出透明微晶的原理，使用精炼的特别是浅色的原料，如牛油、椰子油、蓖麻油、松香油等，采用甘油、糖类和醇类等透明剂制作而成，其脂肪酸介于肥皂和香皂之间。另外，透明皂中常加入香精，气味芬芳，具有化妆品的感觉。

透明皂的皂体透明，晶莹如蜡。因其感官好，既可以当香皂用，又可以当肥皂用。

(4) 复合皂　复合皂又名改性皂或抗硬水皂。其主要成分除了高级脂肪酸盐之外，加入了具有抗硬水能力钙皂分散剂作为主要成分。有复合香皂和复合洗衣皂两种。

肥皂中加入钙皂分散剂，可发挥彼此的增溶作用，防止不溶性金属盐的产生，使复合皂在冷水中有较好的溶解度和去污力，在硬水中不生成皂垢，避免皂垢污染浴盆、浴缸等问题。在肥皂、钙皂分散剂中添加硅酸钠和三聚磷酸钠等助剂的复合皂，具有与合成洗涤剂相当的去污力。

复合皂可以在硬水中使用，并且适合于低温洗涤，织物易漂洗，织物不泛黄。复合皂的弱点是洗涤后留有软水感的独特感觉，没有肥皂洗涤后舒适、爽快的感觉，有些复合皂遇水易崩塌，应保持皂盒的干燥。

(5) 液体皂　液体皂是呈流动性的液体或不易流动的膏状产品，是近年来受到消费者欢迎的一个新品种。液体皂的配方有两类，一类以表面活性剂为主要活性成分，另一类以肥皂为主要活性成分。

液体皂具有较好的洗净能力和良好的发泡性能，且泡沫质量好。用于皮肤的液体皂呈中性，与人体皮肤 pH 值较接近，对皮肤无刺激性，洗后皮肤感觉舒适，容易漂洗，气味芬芳，色泽悦目，使用方便。肥皂膏是肥皂的水包油乳状液，可装在软管或气溶胶容器中使用。

(6) 其他

① 药皂　药皂是在香皂中加入中西药物而制成的块状硬皂。由于加入药物种类和数量的不同，药皂对皮肤病有不同的疗效。近几年国内也出现了不少新的药物香皂，如硫磺香皂、去痱特效药皂、中草药香皂、驱蚊香皂等。

② 美容皂　美容皂也称为营养皂。一般为块状硬皂。皂体细腻光滑，皂型别致。除普通香皂成分外，还加有蜂蜜、人参、珍珠、花粉、磷脂、牛奶等营养物质和护肤剂。配有高级化妆香精，有幽雅清新的香味和稠密稳定的泡沫。

③ 减肥皂　减肥皂属于功能性肥皂，多采用中国名贵中药，根据中医学理论，经科学配方，把萃取精制的药物精华加入到皂基中而制成，如海藻减肥皂。

（二）肥皂的质量检测

### 1. 包装的检测

包装箱外部标志应有：（1）商品名称和商标；（2）干皂含量及每连（块）标准重量；（3）每箱连（块）数、毛重、净重和体积；（4）制造厂名及厂址；（5）生产批号及生产日期。

### 2. 外观检测

对洗衣皂的感官指标要求：图案清晰，字迹清楚，形状端正，色泽均匀，无不良异味。肥皂的外观质疵现象主要有以下几种。

（1）"三夹板"　肥皂剖面有裂缝并有水析出，或用手轻扭，就会裂成三块的现象。原因是加工不良。"三夹板"现象会影响肥皂的使用。

（2）冒霜　肥皂表面冒出白霜般颗粒的现象。造成的原因是碱含量或硅酸钠含量过高所致。

（3）软烂　肥皂外形松软、稀烂不成型的现象。原因是固体油脂用量少，填料不足。

（4）出汗　肥皂表面出现水珠或者出现油珠的现象。原因是在制皂过程中用盐量过多，而造成肥皂中氯化钠含量过高引起肥皂吸湿和肥皂酸败所致。

（5）开裂和糊烂　肥皂在积水的皂盆中浸泡后，出现糊烂，虽经干燥，但表面会出现裂缝的现象。

### 3. 香皂外观质疵情况检测

香皂的质疵情况除"三夹板"、冒霜、软烂、出汗、开裂和糊烂五种外，还有以下四种。

（1）白芯　是指香皂表面和剖面上呈现白色颗粒现象。原因是皂片干燥过度或固体加入物细度不够。

（2）气泡　由于干燥不当，香皂剖面上常有气泡产生，不仅影响香皂的重量，也影响使用效果。

（3）变色　香皂存放一段时间后，出现泛黄或变色现象，引起香皂变色的因素较多且很复杂，在此不再详述。

（4）斑点　香皂表面出现棕色小圆点的现象，产生的原因是香皂中未皂化物质酸败引起的。

## 三、肥皂的包装和保管

（一）肥皂包装

### 1. 洗衣皂

一般仅用外包装。常采用木箱或纸箱以防肥皂受压，通常用木箱运销外地，用纸箱运销本地。

### 2. 香皂

香皂包装分为内包装和外包装。内包装一般用蜡纸和外包纸两层包装，较高级的香皂常用蜡纸、白报纸和外包纸三层装。为了便于销售，还采用中包装。香皂外包装多用纸箱。

（二）肥皂保管

肥皂应贮存于干燥通风的仓库内，避免受冻、受热、曝晒，堆放应垫离地面20cm上，以免受潮，纸箱堆垛最高不超过15箱，防止压坏底层纸箱，每垛间隔20cm左右。

肥皂运输时，必须轻装轻卸，有遮盖物，并防止受潮、受冻、曝晒。

## 第二节　肥皂的质量指标及检测规则

### 一、洗衣皂的质量标准及检测规则

洗衣皂通常也称为肥皂，主要用于洗涤衣物，也适用于洗手、洗脸等，主要成分是脂肪酸的钠盐，同时含有助洗剂、填充料等。肥皂在软水中去污能力强，但在硬水中与水中的镁离子、钙离子生成不溶于水的镁皂、钙皂，去污能力会明显降低，还容易沉积在基质上，难以去除。另外，在冷水中其溶解性差。

洗衣皂按干皂含量分为Ⅰ型（干皂含量不低于 54%）和Ⅱ型（干皂含量大于等于 43%且小于 54%）两类。

#### 1. 洗衣皂的感官指标

（1）包装外观　包装整洁、端正、不歪斜。

（2）皂体外观　硬度适中，图案、字迹清晰，形状应端正，收缩均匀，色泽均匀，无明显杂质和污迹。

（3）气味　无油脂酸败气味或不良的异味。

#### 2. 洗衣皂的理化指标

洗衣皂的理化指标以包装上标明的净含量计，应符合表 6-1 的规定。

理化指标测试的报告结果应以包装上标注的净含量进行如下折算：

$$测试的报告结果 = \frac{测得的实际含量 \times 测得皂的实际净含量}{包装上标注的净含量} \times 100\%$$

**表 6-1　洗衣皂的理化指标**

| 项目名称 | | 指标 | |
|---|---|---|---|
| | | Ⅰ型 | Ⅱ型 |
| 干皂含量/% | | ≥54 | 43～54 |
| 氯化物含量（以 NaCl 计）/% | ≤ | 0.7 | 1.0 |
| 游离苛性碱含量（以 NaOH 计）/% | ≤ | 0.3 | 0.3 |
| 乙醇不溶物/% | ≤ | 15 | — |
| 发泡力（5min）/mL | ≥ | 400 | 300 |

注：测定发泡力用 1.5mmol/L 钙硬水，按包装上标注的净含量直接配制 1% 的皂液。

#### 3. 洗衣皂的检测规则

（1）检测种类

① 出厂检测　检测项目包括包装外观、皂体外观、干皂含量、游离苛性碱含量及定量包装要求。

② 型式检测　检测项目包括感官指标和理化指标的全部指标。当新产品遇有下列情况之一时，应进行型式检测：

a. 正常生产时，每三个月进行一次型式检测，其中干皂含量应用仲裁法测定；

b. 原料、配方、工艺、生产设备、管理等方面有较大改变（包括人员素质的改变）而可能影响到产品性能时；

c. 长期停产后恢复生产时；

d. 出厂检测结果与上次型式检测有较大差异时；

e. 国家质量监督机构提出进行型式检测要求时。

（2）产品组批与抽样规则

① 产品组批　产品按批交付和抽样验收，以一次交付的同条件生产的同一类型、同一规格、同一批号或同一生产日期的产品组成交付批。

② 抽样规则　收货单位验收、仲裁检测所需的样品应根据产品批量大小，以箱（块）为单位，按表 6-2 确定样本大小。

表 6-2　产品抽样规则

| 批量 | ≤15 | 16～25 | 26～90 | 91～150 | 151～500 | ＞500 |
|---|---|---|---|---|---|---|
| 样本大小 | 2 | 3 | 5 | 8 | 13 | 20 |

（3）感官指标检测

① 大包装的检测　根据批量大小按表 6-2 抽取箱样本 $N_1$，大包装的检测按表 6-3 进行。

表 6-3　大包装的检测

| 序　号 | 缺陷项目 | 合格判定率 |
|---|---|---|
| 1 | 箱外缺少应有的标识 | |
| 2 | 箱内无质量合格证 | — |
| 3 | 箱外无生产日期或批次 | |
| 4 | 包装不符合捆扎要求 | |
| 上述缺陷中累计不合格品率总数 | | ≤15％ |

$$不合格品率 = \frac{n_1}{N_1} \times 100\%$$

式中　$n_1$——箱样本总数查得的不合格箱总数，箱；

$N_1$——该交付批抽取箱样本总数，箱。

② 小包装的检测　在箱样本的基础上，根据每个箱样本的块数，按表 6-3 从每箱中抽取块样本，累计块样本为 $N_2$，小包装的检测按表 6-4 进行。

表 6-4　小包装的检验

| 序　号 | 缺陷项目 | 合格判定率 |
|---|---|---|
| 1 | 小包装外缺少应有的标识 | |
| 2 | 有污染、包装歪斜 | |
| 3 | 皂体毛糙、色泽不匀、有明显杂质 | |
| 4 | 无正常香气 | |
| 上述缺陷中累计不合格品率总数 | | ≤10％ |

$$不合格品率 = \frac{n_2}{N_2} \times 100\%$$

式中　$n_2$——块样本总数查得的不合格块总数，块；

$N_2$——该交付批抽取块样本总数，块。

（4）理化指标检测　从每个箱样本中随机抽取相同块数的样本，使总样本块数不少于 30 块。将块样本分成三份，保存在洁净的塑料袋内，签封。标签上注明产品名称、批号

（或生产日期）、取样日期、取样人。交货方和收货方各持一份用于化验，另一份由交货方留样备仲裁检测用。

### 4. 洗衣皂试验样品的制备

先用分度值不低于 0.1g 的天平称量每块质量，然后通过每块的中间互相垂直切 3 刀分成 8 份，取斜对角的两份切成薄片、捣碎，充分混合，装入洁净、干燥、密封的容器内备用。

## 二、香皂的质量标准及检测规则

香皂是指具有芳香气味的肥皂。与洗衣皂一样，香皂也是块状硬皂。香皂中除了脂肪酸钠盐外，根据其应用功能的不同，还添加有各种添加剂，如：香精、抗氧化剂、杀菌剂、除臭剂、着色剂、荧光增白剂等。香皂质地细腻，主要用于洗手、洗脸、洗发、洗澡等。

香皂按其组成可分为皂基型（以Ⅰ表示）和复合型（以Ⅱ表示）两类，皂基型指仅含脂肪酸钠和助剂的香皂，复合型是指含脂肪酸钠和（或）其他表面活性剂、功能性添加剂、助剂的香皂。

### 1. 香皂的感官指标

（1）包装外观　包装整洁、端正、不歪斜。

（2）皂体外观　图案、字迹清晰，皂型端正，色泽均匀，光滑细腻，无明显杂质和污迹。

（3）气味　有稳定的香气，无油脂酸败气味或不良的异味。

包装外观和皂体的外观检测凭感官目测，气味的检测凭嗅觉的鉴别。

### 2. 香皂的理化指标

各类香皂的理化指标以包装上的净含量计，应符合表 6-5 规定。

表 6-5　香皂的理化指标

| 项 目 名 称 | | 指　标 | |
|---|---|---|---|
| | | 皂基型（Ⅰ） | 复合型（Ⅱ） |
| 干皂含量/% | ≥ | 83 | — |
| 干皂或总有效物含量/% | ≥ | — | 53 |
| 水分和挥发物（103℃±2℃）/% | ≤ | 15 | — |
| 总游离碱（以 NaOH 计）、乙醇不溶物、氯化物（以 NaCl 计）之和含量/% | ≤ | 3.0 | — |
| 游离苛性碱含量（以 NaOH 计）/% | ≤ | 0.10 | 0.10 |
| 总游离碱含量（以 NaOH 计）/% | ≤ | — | 0.30 |
| 水不溶解物含量/% | ≤ | 1.0 | — |
| 氯化物含量（以 NaCl 计）/% | ≤ | — | 1.0 |

理化指标测试的报告结果（%）应以包装上标注的净含量进行折算，折算方法与肥皂一样。

### 3. 香皂的检测规则

香皂的检测规则可参见洗衣皂的检测规则。

### 4. 香皂试验样品的制备

先用分度值不低于 0.1g 的架盘天平称量每块质量，测得其平均净含量，再用手推刨子刨成碎片，用不锈钢刀剁成小碎块，充分混合后装入洁净、干燥、密封的容器内备用。

# 第三节 肥皂的检测

肥皂的理化检测目前主要有游离苛性碱含量、总游离碱含量、总碱和总脂肪物含量、水分和挥发物含量、乙醇不溶物含量、氯化物含量、不皂化物和未皂化物含量以及磷酸盐含量8项。

由于肥皂的应用功能不断增多，肥皂中添加剂的品种也不断增加，所以，在实际工作中，肥皂理化指标的测定项目除表中所列的常规项目外，根据情况，还需对各种添加剂的含量加以测定，以便全面掌握肥皂的性能或质量。

## 一、游离苛性碱含量的测定

通常来说，游离苛性碱对钠皂而言是指氢氧化钠，对于钾皂而言是指氢氧化钾。按照GB/T 2623.1—2003规定，采用无水乙醇法测定普通性质的脂肪酸钠皂（以NaOH计），但不适用于钾皂和复合皂。

**1. 测定原理**

将肥皂溶于中性乙醇中，然后用盐酸乙醇溶液滴定游离苛性碱。

**2. 仪器**

（1）锥形烧瓶　250mL，配备有回流冷凝管。

（2）回流冷凝管　6个球。

（3）封闭电炉　配有温度调节器。

**3. 试剂**

（1）无水乙醇。

（2）氢氧化钾乙醇溶液　$c(KOH)=0.1mol/L$。

（3）酚酞溶液　1g酚酞溶于100mL 95%乙醇中。

（4）盐酸乙醇标准滴定溶液　$c(HCl)=0.1mol/L$。量取分析纯浓盐酸9mL，注入体积分数为95%的乙醇1000mL中，摇匀。

标定：称取于270～300℃灼烧至恒重的无水碳酸钠0.2g（精确至0.0001g），溶于50mL水中，加溴甲酚绿-甲基红混合指示剂10滴，用配制好的盐酸溶液滴定，使溶液由绿色变为酒红色，煮沸2min，冷却后继续滴定至溶液再呈酒红色为终点。同时作空白试验。

盐酸乙醇标准滴定溶液浓度$c(HCl)$按下式计算：

$$c(HCl)=\frac{m}{(V_1-V_2)\times0.05299}$$

式中　$V_1$——盐酸乙醇标准滴定溶液的用量，mL；

$V_2$——空白试验盐酸乙醇标准滴定溶液用量，mL；

$c(HCl)$——盐酸乙醇标准滴定溶液的浓度，mol/L；

0.05299——与$1.00mL\ c(HCl)=1.000mol/L$盐酸乙醇标准滴定溶液相当的，以克表示的无水碳酸钠的质量；

$m$——无水碳酸钠质量，g。

**4. 测定步骤**

在一空锥形烧瓶（A瓶）中加入无水乙醇150mL，连接回流冷凝管。加热至微沸，并保持5min，驱赶二氧化碳。移去冷凝管，使其冷却至70℃。加入酚酞指示剂2滴，用氢氧化钾乙醇溶液滴定至溶液呈淡粉色。

称取制备好的肥皂试样约 5g（精确至 0.001g）于锥形烧瓶（B 瓶）中。将上述处理好的乙醇溶液倾入盛有肥皂试样的锥形烧瓶（B 瓶）中，连接回流冷凝器。缓缓煮沸至肥皂完全溶解后，使其冷却至 70℃。用盐酸乙醇标准滴定溶液滴定至如同中和乙醇时呈现的浅粉色，维持 30s 不褪色即为终点。

### 5. 结果计算

肥皂中游离苛性碱的质量分数 $w(NaOH)$，用氢氧化钠的质量分数（NaOH，％）表示，按下式计算。

$$w(NaOH) = \frac{0.040Vc}{m} \times 100\%$$

式中　$V$——耗用盐酸乙醇标准滴定溶液的体积，mL；

　　　$c$——盐酸乙醇标准滴定溶液的浓度，mol/L；

　　　$m$——肥皂样品的质量，g；

　0.040——氢氧化钠的毫摩尔质量，g/mmol。

### 6. 注意事项

（1）测定时要将同一样品进行双样平行测定。

（2）在重复性条件下，获得的两次独立测定结果的绝对差值不大于 0.04％，以大于 0.04％的情况不超过 5％为前提。

## 二、总游离碱含量的测定

肥皂中总游离碱是指游离苛性碱和游离碳酸盐类碱的总和。其结果一般对钠皂以氢氧化钠的质量分数表示，对于钾皂以氢氧化钾的质量分数表示。

### 1. 测定原理

把肥皂溶解于乙醇溶液中，用过量的酸（硫酸）溶液中和游离碱，然后用氢氧化钾乙醇溶液回滴过量的酸。

### 2. 试剂

（1）95％乙醇　新煮沸后冷却，用碱中和至对酚酞呈淡粉色。

（2）硫酸标准滴定溶液　$c(1/2H_2SO_4) = 0.30mol/L$。

（3）氢氧化钾乙醇标准滴定溶液　$c(KOH) = 0.1mol/L$。

（4）酚酞　10g/L 指示液。

（5）百里酚蓝　1g/L 指示液。

### 3. 仪器

（1）锥形烧瓶　250mL，具有锥形磨口。

（2）回流冷凝管　水冷式，下部带有锥形磨砂接头。

（3）微量滴定管　10mL。

### 4. 测定步骤

称取制备好的肥皂试验样品约 5g（精确至 0.001g），置于锥形烧瓶中，加入 95％的乙醇 100mL，连接回流冷凝器，徐徐加热至肥皂完全溶解。然后精确加入硫酸标准滴定溶液 10.0mL（对有些游离碱含量高的皂样，硫酸标准滴定溶液用量可以增加），微沸至少 10min。稍冷后，趁热加入酚酞指示液 2 滴，用氢氧化钾乙醇标准滴定溶液滴定至呈现淡粉色，维持 30s 不褪色即为滴定终点。

### 5. 结果计算

（1）对于钠皂，总游离碱的质量分数 $w(NaOH)$ 用氢氧化钠的质量分数（NaOH，％）

表示，按下式计算。

$$w(\text{NaOH}) = \frac{0.040(V_0 c_0 - V_1 c_1)}{m} \times 100\%$$

（2）对于钾皂，总游离碱的质量分数 $w(\text{KOH})$，用氢氧化钾的质量分数（KOH，%）表示，按下式计算。

$$w(\text{KOH}) = \frac{0.056(V_0 c_0 - V_1 c_1)}{m} \times 100\%$$

式中　$V_0$——测定中加入的硫酸标准溶液的体积，mL；

　　　　$c_0$——硫酸标准溶液的浓度，mol/L；

　　　　$V_1$——耗用氢氧化钾乙醇标准滴定溶液的体积，mL；

　　　　$c_1$——氢氧化钾乙醇标准滴定溶液的浓度，mol/L；

　　　　$m$——肥皂样品的质量，g；

　　0.040——氢氧化钠的毫摩尔质量，g/mmol；

　　0.056——氢氧化钾的毫摩尔质量，g/mmol。

### 6. 注意事项

（1）测定时要将同一样品进行双样平行测定。以两次平行测定结果的算术平均值表示至小数点后两位作为测定结果。

（2）本方法适用于普通性质的香皂、洗衣皂，不适用于复合皂，也不适用于含有按规定程序会被硫酸分解的添加剂（碱性硅酸盐等）的肥皂。

（3）如为带色皂，色皂的颜色会干扰酚酞指示的终点，可用百里酚蓝指示剂。

（4）在重复性条件下，获得的两次独立测定结果的绝对差值不大于 0.05%，以大于 0.05% 的情况不超过 5% 为前提。

### 三、总碱量和总脂肪物含量的测定

总碱量是指在规定条件下，可滴定出的所有存在于肥皂中的各种硅酸盐、碱金属的碳酸盐和氢氧化物，以及与脂肪酸和树脂酸相结合成皂的碱量的总和。钠皂用氢氧化钠的质量分数表示，钾皂用氢氧化钾的质量分数表示。

总脂肪物是指在规定条件下，用无机酸分解肥皂所得水不溶脂肪物。总脂肪物除脂肪酸外，还包括肥皂中不皂化物、甘油酯和一些树脂酸。

干钠皂是指总脂肪物的钠盐表示形式。

按照 QB/T 2623—2003，用萃取法测量肥皂中总碱量、总脂肪物和干钠皂。

### 1. 测定原理

用已知体积的标准无机酸分解肥皂，用石油醚萃取分离析出的脂肪物，用氢氧化钠标准溶液滴定水溶液中过量的酸，测定总碱量。蒸出萃取液中的石油醚后，将残余物溶于乙醇中，再用氢氧化钾标准滴定溶液中和脂肪酸。蒸出乙醇，称量所形成的皂来测定总脂肪物含量。

### 2. 试剂

（1）丙酮。

（2）石油醚　沸程 30~60℃，无残余物。

（3）95%乙醇　新煮沸冷却后，用碱中和至对酚酞呈中性。

（4）硫酸标准滴定溶液　$c(1/2\text{H}_2\text{SO}_4) = 1\text{mol/L}$；或盐酸标准滴定溶液，$c(\text{HCl}) = 1\text{mol/L}$。

（5）氢氧化钠标准滴定溶液　　$c(NaOH) = 1mol/L$。

（6）甲基橙指示液　　1g/L。

（7）酚酞指示液　　10g/L。

（8）百里酚蓝指示液　　1g/L。

### 3. 仪器

（1）分液漏斗　　500mL 或 250mL。

（2）烧杯　　高型，100mL。

（3）萃取量筒　　配有磨口玻璃塞，直径 39mm，高 350mm，250mL。

（4）水浴。

（5）烘箱　　温度可控在（103±2）℃。

（6）索氏抽提器。

### 4. 测定步骤

（1）萃取分离　　称取已制备好的肥皂样品 5g（或透明皂 4.5g、香皂 4.2g，精确至 0.001g），溶于 80mL 热水中。用玻璃棒搅拌使试样完全溶解后，趁热移入分液漏斗（或萃取量筒）中，用少量热水洗涤烧杯，洗涤水加到分液漏斗（或萃取量筒）中。加入几滴甲基橙溶液，然后一边摇动分液漏斗（或萃取量筒），一边从滴定管准确加入一定体积的硫酸（或盐酸）标准滴定溶液，使过量约 5mL。冷却分液漏斗（或萃取量筒）中物料至 30～40℃，加入石油醚 50mL。盖好塞子，握紧塞子慢慢地倒转分液漏斗（或萃取量筒）。逐渐打开分液漏斗（或萃取量筒）的旋塞以泄放压力，然后关住轻轻摇动，再泄压。重复摇动直到水层透明，静置、分层。

在使用分液漏斗时，要将下面的水层放入第二只分液漏斗中，用石油醚 30mL 萃取。重复上述操作 3 次。将水层收集在锥形瓶中，将三次石油醚萃取液合并到第一只分液漏斗中。

在使用萃取量筒时，可以利用虹吸作用将石油醚层尽可能完全地抽至分液漏斗中。用石油醚 50mL 重复萃取两次，将 3 次石油醚萃取液合并于分液漏斗中。将水层尽可能完全地转移到锥形瓶中，用少量水洗涤萃取量筒，洗涤水加到锥形瓶中。

加 25mL 水摇动洗涤石油醚萃取液多次（一般为 3 次），直至洗涤液对甲基橙溶液呈中性。

将石油醚萃取液的洗涤液定量地收集到已盛有水层液的锥形烧瓶中。

（2）总碱量的测定　　用甲基橙溶液作指示剂，用氢氧化钠标准滴定溶液滴定酸水层和洗涤水的混合液。

（3）总脂肪物含量的测定　　将水洗过的石油醚溶液仔细地转移入已烘干恒重的平底烧瓶中（必要时用干滤纸过滤），用少量的石油醚洗涤分液漏斗 2～3 次，将洗涤液过滤到烧瓶中（注意防止过滤操作时石油醚的挥发），用石油醚彻底洗净滤纸。将洗涤液收集到烧瓶中。

在水浴上，用索氏抽提器抽提掉全部石油醚。将残余物溶解在 10mL 乙醇中，加酚酞溶液 2 滴，用氢氧化钾乙醇标准滴定溶液滴定至呈稳定的淡粉红色为终点。记录所耗用的体积。

在水浴上蒸出乙醇，当乙醇快蒸干时，转动烧瓶使钾皂在瓶壁上形成一薄层。转动烧瓶，加入丙酮约 5mL，在水浴上缓缓转动蒸出丙酮，再重复操作 1～2 次，直至烧瓶口处已无明显的湿痕出现为止，使钾皂预干燥。然后，在（103±2）℃烘箱中加热至恒重，即第一次加热 4h，以后每次 1h，于干燥器内冷却后，称量，直至连续两次称量质量差不大于 0.003g。

测定时要将同一样品进行双样平行测定。

**5. 结果计算**

（1）总碱量计算

① 对于钠皂，总碱量的质量分数 $w(NaOH)$ 用氢氧化钠的质量分数（NaOH，%）表示，按下式计算。

$$w(NaOH) = \frac{0.040(V_0 c_0 - V_1 c_1)}{m} \times 100\%$$

② 对于钾皂，总碱量的质量分数 $w(KOH)$ 用氢氧化钾的质量分数（KOH，%）表示，按下式计算。

$$w(KOH) = \frac{0.056(V_0 c_0 - V_1 c_1)}{m} \times 100\%$$

式中　$V_0$——在测定中加入的酸（硫酸或盐酸）标准溶液的体积，mL；

$c_0$——所用酸标准溶液的浓度，mol/L；

$V_1$——耗用氢氧化钠标准滴定溶液的体积，mL；

$c_1$——氢氧化钠标准滴定溶液的浓度，mol/L；

$m$——肥皂试样的质量，g；

0.040——氢氧化钠的毫摩尔质量，g/mmol；

0.056——氢氧化钾的毫摩尔质量，g/mmol。

（2）总脂肪物含量计算

① 肥皂中总脂肪物含量的质量分数 $w_1$ 按下式计算。

$$w_1 = [m_1 - (Vc \times 0.038)] \times 100\%/m_0$$

② 肥皂中干钠皂含量的质量分数 $w_2$ 按下式计算。

$$w_2 = [m_1 - (Vc \times 0.016)] \times 100\%/m_0$$

式中　$m_0$——肥皂试样的质量，g；

$m_1$——干钾皂的质量，g；

$V$——中和时耗用的氢氧化钾乙醇标准滴定溶液的体积，mL；

$c$——氢氧化钾乙醇标准滴定溶液的浓度，mol/L；

0.038——钾、氢原子毫摩尔质量之差（即 0.039－0.001），g/mmol；

0.016——钾、钠原子毫摩尔质量之差（即 0.039－0.023），g/mmol。

**6. 注意事项**

（1）本方法适用于以脂肪酸盐为活性成分的肥皂，不适用带有颜色的肥皂和复合皂。

（2）用水洗涤石油醚萃取液时，每次洗涤后至少静置 5min，等两液层间有明显分界面才能放出水层。最后一次洗涤水放出后，将分液漏斗急剧转动，但不倒转，使内容物发生旋动，以除去壁上附着的水滴。

（3）用氢氧化钾乙醇标准滴定溶液滴定脂肪酸时，带色皂的颜色会干扰酚酞指示剂的终点，可采用百里酚蓝指示剂。

（4）试验以两次平行测定结果的算术平均值表示至整数个位作为测定结果。在重复性条件下，获得的两次独立测定结果的绝对差值不大于 0.2%，以大于 0.2% 的情况不超过 5% 为前提。

**四、水分和挥发物含量的测定**

水分和挥发物是肥皂的重要理化指标。含水多的肥皂容易收缩变形，硬度低，洗涤时不耐擦。

根据 QB/T 2623.4—2003 规定，采用烘箱法测定肥皂水分和挥发物含量，此法只适用于测定肥皂在加热条件下失去的水分及其他物质，不适用复合皂。

### 1. 原理

在一定温度下，将一定的试样烘干至恒重，称量减少量。

### 2. 仪器

(1) 蒸发皿或结晶皿 $\phi 6\sim 8cm$，深度 $2\sim 4cm$。

(2) 玻璃搅拌棒。

(3) 硅砂 粒度 $0.425\sim 0.180mm$，40～100 目，洗涤并灼烧过。

(4) 烘箱 可控制温度在 $(103\pm 2)℃$。

(5) 干燥器 装有有效的干燥剂，如五氧化二磷、变色硅胶等，但不应使用氯化钙。

### 3. 试样的配备

将待测的肥皂样品每块中间互相垂直切 3 刀分成 8 份，取斜对角的两份切成薄片、捣碎，充分混合，装入洁净、干燥、密封的容器内备用。

### 4. 测定步骤

测定时要将同一样品进行双样平行测定。

称取试样约 5g（精确至 0.01g），将玻璃棒置于蒸发皿中，如果待分析的样品是软皂或在 $(103\pm 2)℃$ 时会熔化的皂，则在蒸发皿中再放入硅砂 10g，将蒸发皿连同搅拌棒，根据需要加砂不加砂，放入控温于 $(103\pm 2)℃$ 的烘箱内干燥。在干燥器中冷却 30min 并称重。

将试样加至蒸发皿中，如加有砂，则用搅拌棒混合，放于控温 $(103\pm 2)℃$ 的烘箱中。1h 后从烘箱中取出冷却，用搅拌棒压碎使物料呈细粉状。再置于烘箱中 3h，取出蒸发皿，置于干燥器内，冷却至室温称量。反复操作，每次置于烘箱内 1h，直至相继两次称量间的质量差小于 0.01g 为止。记录最后称量的结果。

### 5. 结果计算

肥皂中水分和挥发物的含量 $w$ 以质量分数表示，按下式计算：

$$w=\frac{m_1-m_2}{m_1-m_0}\times 100\%$$

式中 $m_1$——蒸发皿、搅拌棒（及砂子）和试样加热前的质量，g；

$m_2$——蒸发皿、搅拌棒（及砂子）和试样加热后的质量，g；

$m_0$——蒸发皿、搅拌棒（及砂子）的质量，g。

以两次平行测定结果的算术平均值表示至整数个位作为测定结果。在重复性条件下获得的两次独立测定结果的绝对差值不大于 0.25%，以大于 0.25% 的情况不超过 5% 为前提。

## 五、乙醇不溶物含量的测定

乙醇不溶物是指加入肥皂中的难溶于 95% 乙醇的添加物或外来物，以及在配方中所有的物质，例如难溶于 95% 乙醇的碳酸盐和氯化物。外来物质可能是无机物（如：碳酸盐、硼酸盐、过硼酸盐、氯化物、硫酸盐、硅酸盐、磷酸盐、氧化铁等）或有机物（如：淀粉、糊精、蔗糖、纤维素衍生物、藻朊酸盐等）。

根据 QB/T 2623.5—2003 规定测定肥皂中乙醇不溶物含量，本法适用于以脂肪酸盐为活性成分的皂，不适用于复合皂。

### 1. 测定原理

将肥皂溶于 95% 的乙醇中，然后过滤、称量不溶解残留物。

### 2. 试剂和仪器

（1）95％乙醇。

（2）定量快速滤纸。

（3）具塞磨口锥形瓶　250mL。

（4）回形冷凝器　水冷式，底部具有锥形磨砂玻璃接头与锥形瓶适配。

（5）烘箱　可控温在（103±2）℃。

（6）水浴。

### 3. 测定步骤

称取制备好的肥皂样品约5g（精确至0.01g）于锥形瓶中，加入95％乙醇150mL，连接回流冷凝管。加热至微沸，旋动锥形瓶，尽量避免物料黏附于瓶底。

将用于过滤乙醇不溶物的滤纸置于（103±2）℃烘箱中烘干1h。在干燥器中冷却至室温，称重（精确至0.001g）。再把它放置于另一锥形瓶上部的漏斗中。

当肥皂样品完全溶解后，将上层清液倾析到滤纸上，用预先加热近沸的乙醇倾泻洗涤锥形瓶中的不溶物。再借助少量的热乙醇将不溶物转移到滤纸上。用热乙醇洗涤滤纸和残留物。直至滤纸上无明显的蜡状物。

先在空气中晾干滤纸，再放入（103±2）℃的烘箱中。烘干1h后，取出滤纸放在干燥器中，冷却至室温后称量。重复操作，直至两次相继称量间的质量差小于0.001g。记录最后质量。

### 4. 结果计算

肥皂中乙醇不溶物含量的质量分数$w$按下式计算：

$$w = m \times 100\% / m_0$$

式中　$m$——残留物的质量，g；

$m_0$——肥皂样品的质量，g。

以两次平行测定结果的算术平均值表示至小数点后一位作为测定结果。

### 5. 注意事项

（1）过滤操作时最好把锥形瓶连同漏斗放在水浴上，以保持滤液微沸。也可以使用单独的保温漏斗。同时用表面皿盖住漏斗，以避免洗液的冷却，且使乙醇蒸气冷凝至表面皿上再回滴至滤纸上起到对滤纸的洗涤作用。

（2）最终洗涤液在蒸发至干后应无可见的残留物显现。

（3）也可用石棉坩埚真空抽滤，但石棉滤层要铺置合适，不允许穿滤。

（4）某些肥皂，特别是含硅酸盐肥皂，不溶物不能从锥形瓶底完全脱离，此时可用热乙醇充分洗涤残留物，将滤纸与锥形瓶一同置于（103±2）℃的烘箱中干燥至恒重，但锥形瓶预先要恒重。

（5）在重复性条件下获得的两次独立测定结果的绝对差值不大于5％，以大于5％的情况不超过5％为前提。

## 六、氯化物含量的测定

在皂化过程中，通常以氯化钠作盐析剂，所使用的碱中也往往含有氯化钠。所以，肥皂中总会含有一定量的氯化物。氯化物含量高低对肥皂的组织结构影响很大，如果氯化物含量过高，会使肥皂组织粗松、开裂度增大。

根据QB/T 2623.6—2003规定，以滴定法测定肥皂中氯化物含量。本法适用于肥皂中氯化物含量等于或大于 0.1% 的产品。

### 1. 测定原理

用酸分解肥皂后，加入过量的 $AgNO_3$ 溶液，使氯化物全部生成 $AgCl$ 沉淀。过滤分离脂肪酸及 $AgCl$。用硫氰酸铵滴定剩余的 $Ag^+$，稍过量的硫氰酸铵与 $Fe^{3+}$ 作用生成红色络合物指示终点。根据硫氰酸铵溶液的消耗量，可求出肥皂中氯化物的含量。

有关反应式如下：

$$Ag^+ + Cl^- \longrightarrow AgCl\downarrow$$
$$Ag^+ + SCN^- \longrightarrow AgSCN$$
$$Fe^{3+} + 3SCN^- \longrightarrow Fe(SCN)_3（深红色）$$

### 2. 试剂

（1）硝酸。

（2）硫酸铁（Ⅲ）铵指示液　80g/L。

（3）硫氰酸铵标准滴定溶液　$c(NH_4SCN) = 0.1mol/L$。

（4）硝酸银标准滴定溶液　$c(AgNO_3) = 0.1mol/L$。

### 3. 仪器

（1）单刻度容量瓶　200mL。

（2）沸水浴。

（3）快速定性滤纸。

（4）烧杯　高型，100mL。

### 4. 测定步骤

称取制备好的肥皂样品约 5g（精确至 0.01g）于 100mL 烧杯中，用 50mL 热水溶解样品。

将此溶液定量地转移至 200mL 单刻度容量瓶中，加入硝酸 5mL 及硝酸银标准滴定溶液 25.0mL。置容量瓶于沸水浴中，直至脂肪酸完全分离且生成的氯化银已大量聚集。用自来水冷却单刻度容量瓶及内容物至室温，并以水稀释至刻度，摇动混匀。

通过干燥折叠滤纸过滤，弃去最初的 10mL，然后收集滤液至少 110mL。用移液管移取滤液 100.0mL 至锥形瓶中，加入硫酸铁（Ⅲ）铵指示液 2~3mL。在剧烈摇动下，用硫氰酸铵标准滴定溶液滴定至呈现红棕色，30s 不褪色即为终点。

### 5. 结果计算

（1）对钠皂而言，氯化物含量的质量分数 $w(NaCl)$ 按下式计算。

$$w(NaCl) = 0.0585 \times (25c_1 - 2Vc_2)/m$$

（2）对钾皂而言，氯化物含量的质量分数 $w(KCl)$ 按下式计算。

$$w(KCl) = 0.0746 \times (25c_1 - 2Vc_2)/m$$

式中　$c_1$——硝酸银标准滴定溶液浓度，mol/L；

　　　$c_2$——硫氰酸铵标准滴定溶液浓度，mol/L；

　　　$V$——耗用硫氰酸铵标准滴定溶液体积，mL；

　　　$m$——肥皂试样的质量，g；

　0.0585——氯化钠的毫摩尔质量，g/mmol；

　0.0746——氯化钾的毫摩尔质量，g/mmol。

### 6. 注意事项

（1）本方法适用于肥皂中氯化物含量（以 NaCl 计）等于或大于 0.1% 的产品。

（2）在重复性条件下，获得的两次独立测定结果的绝对差值不大于 0.05%，以大于 0.05% 的情况不超过 5% 为前提。

### 七、不皂化物和未皂化物的测定

不皂化物是指油脂中脂肪酸以外的既不能与苛性碱发生皂化反应又不溶于水的脂肪成分，如甾醇、高分子醇类、树脂、蛋白质、蜡、色素、维生素 E 以及混入油脂中的矿物油和矿物蜡等物质。

未皂化物是指制皂时在皂化过程中未被完全皂化的游离脂肪酸，它的存在是导致肥皂酸败的主要原因。

根据 QB 2623.7—2003，肥皂中不皂化物和未皂化物含量的测定采用萃取法。

#### 1. 测定原理

用石油醚萃取其可溶物，然后用氢氧化钾溶液滴定萃取出的脂肪酸，将中和过的石油醚溶解物皂化，再用石油醚萃取不皂化物。

#### 2. 试剂

（1）95% 乙醇　新煮沸后稍冷，用氢氧化钾乙醇标准滴定溶液中和至对酚酞呈现淡粉色。

（2）碳酸氢钠溶液　10g/L。

（3）石油醚　馏程 30～60℃，无残留物；或正己烷（工业级）。

（4）氢氧化钾　$c(KOH)=0.01mol/L$ 乙醇标准滴定溶液，临用前精确移取标定好的氢氧化钾乙醇溶液，稀释至 10 倍，必要时需重新标定。

（5）氢氧化钾　$c(KOH)=2mol/L$ 乙醇溶液。

（6）酚酞指示液　10g/L。

#### 3. 仪器

（1）烧杯　250mL。

（2）分液漏斗　125mL、500mL。

（3）磨口锥形瓶　100mL、250mL，带有回流冷凝器，可与 250mL 锥形瓶适配。

（4）微量具塞滴定管　5mL。

（5）烘箱　可控温度在（103±2）℃。

（6）量筒　10mL、50mL。

#### 4. 测定步骤

称取已制备好的肥皂样品 10g（精确至 0.001g）于 250mL 烧杯中，加入中性乙醇 80mL 和碳酸氢钠溶液 70mL。加热，使肥皂溶解，温度不高于 70℃。

待肥皂完全溶解后，冷却溶液，将溶液定量地转移到 500mL 分液漏斗中，用等体积的中性乙醇和碳酸氢钠溶液的混合液冲洗烧杯数次，洗液并入分液漏斗中。每次加石油醚（或正己烷）70mL，剧烈振摇，萃取三次。合并萃取液（必要时过滤），再用等体积的中性乙醇和水的混合液洗涤萃取液（每次用 50mL，一般洗涤 3 次），直至对酚酞呈中性。将萃取液定量转移到 250mL 锥形瓶中［已在（103±2）℃烘箱中干燥、恒重］。

在 70～80℃ 热水浴中蒸去溶剂，将锥形瓶和残留物放在（103±2）℃烘箱中，烘干 1h 后，放在干燥器中冷却、称量（称准至 0.0002g）。再放入烘箱内干燥 10min，冷却、称量。重复操作，直至两次相继称量质量差不大于 0.002g。记录最后质量（$m_1$）。

用称液管移取中性乙醇 10mL 至锥形瓶中，微热溶解残余物，用酚酞作指示剂，立即用微量滴定管，用氢氧化钾乙醇标准滴定溶液滴定游离脂肪酸至溶液呈淡粉红色为终点。记录耗用标准滴定溶液的体积。

用量筒加入氢氧化钾乙醇溶液 10mL，装上回流冷凝器，将溶液加热回流 30min，然后加入与溶液等体积的水。将溶液定量转移至 125mL 分液漏斗中，用几毫升中性乙醇和水的混合液（体积比为 1∶1）冲洗锥形瓶，洗液并入分液漏斗中。用石油醚或正己烷（每次用 10mL）萃取三次，合并萃取液，每次用中性乙醇和水的混合液（体积比为 1∶1）10mL 洗涤萃取液直至对酚酞呈中性，一般洗 3 次即可。将此溶液定量转移到已在 （103±2）℃烘箱中烘干并恒重的 100mL 锥形瓶（瓶重称准至 0.0002g）中，在 70~80℃水浴上蒸去溶剂。

如前，在 （103±2）℃烘箱干燥锥形瓶和残余物，在干燥器中冷却、称量。重复操作，直至相继两次称量质量之差不大于 0.002g，记录最后称量质量（$m_2$）。

**5. 结果计算**

（1）肥皂中不皂化物和未皂化物质量分数 $w_1$ 按下式计算。

$$w_1 = \left(m_1 - \frac{cVM}{1000}\right) \times \frac{1}{m_0}$$

（2）肥皂中不皂化物质量分数 $w_2$ 按下式计算。

$$w_2 = m_2 / m_0$$

（3）肥皂中未皂化物质量分数 $w_3$ 按下式计算。

$$w_3 = \left(m_1 - \frac{cVM}{1000} - m_2\right) \times \frac{1}{m_0}$$

式中　$c$——氢氧化钾乙醇标准滴定溶液的浓度，mol/L；

　　　$V$——滴定第一次萃取物所用氢氧化钾乙醇标准滴定溶液体积，mL；

　　　$M$——肥皂中脂肪酸平均摩尔质量，g/mol；

　　　$m_1$——第一次萃取物质量，g；

　　　$m_2$——第二次萃取物质量，g；

　　　$m_0$——肥皂试样的质量，g。

**6. 注意事项**

（1）本方法适用于测定肥皂中除游离脂肪酸外可溶于石油醚（或正己烷）不皂化物和未皂化物和可以皂化而未皂化物质的含量。

（2）肥皂中脂肪酸的平均摩尔质量 $M$ 一般用油酸摩尔质量代替，即 282。特殊需要时，可通过将除去不皂化物及未皂化物后的皂液用无机酸酸化，再用标准碱溶液滴定离析出的脂肪酸来测得。

（3）在重复性条件下，获得的两次独立测定结果的绝对差值不大于 0.05%，以大于 0.05% 的情况不超过 5% 为前提。

**八、磷酸盐含量的测定**（分光光度法）

本法参照 QB/T 2623.8—2003，适用于测定肥皂、香皂、透明皂和洗衣皂以及含有大量脂肪酸洗涤用品中的磷酸盐含量。

**1. 方法原理**

将肥皂样品酸化后，用石油醚萃取不溶于水的脂肪酸，取一定体积的萃余溶液，加入钼酸铵-硫酸溶液和抗坏血酸溶液，在沸水浴中加热 45min，聚磷酸盐先水解成正磷酸盐后生成磷钼蓝，用分光光度计在波长 650nm 下测定吸光度，由标准曲线上求出相应吸光度的五氧化二磷（$P_2O_5$）量，计算相对样品的含量。

**2. 仪器设备**

（1）分光光度计　波长范围 350～800nm。

（2）烧杯　150mL。

（3）单刻度容量瓶　100mL、250mL、1000mL。

（4）分液漏斗　250mL。

（5）水浴锅　可控温。

（6）硬质玻璃试管　$\phi25mm \times 200mm$。

（7）慢速定性滤纸　直径110mm。

（8）移液管　10mL、15mL、20mL、25mL。

（9）刻度移液管　10mL。

**3. 试剂**

（1）钼酸铵-硫酸溶液　将 7.2g 四水合钼酸铵 $[(NH_4)_6Mo_7O_{24} \cdot 4H_2O]$ 溶解于水中，加入 400mL 浓度为 $c(H_2SO_4)=5mol/L$ 的硫酸，用水稀释至 1000mL。此溶液中硫酸浓度为 $c(H_2SO_4)=2mol/L$，含氧化钼（$MoO_3$）为 6g/L。

（2）抗坏血酸水溶液（25g/L）　将 2.5g 抗坏血酸溶解于 100mL 水中，贮存于棕色玻璃瓶中，放于 5～10℃冰箱内，每隔 2～3 天需重新配制。

（3）五氧化二磷标准贮备液 $[c(P_2O_5)=1.00mg/mL]$　将优级纯磷酸二氢钾（$KH_2PO_4$）在（110±2）℃烘箱内干燥 2h，在干燥器中冷却后称取 1.917g（称准至 0.0005g），加水溶解，移入 1000mL 容量瓶中，用水稀释至刻度，混匀。

（4）五氧化二磷标准工作溶液 $[c(P_2O_5)=10\mu g/mL$，即每 1mL 含 $P_2O_5$ 10$\mu g]$　移取 10.0mL $c(P_2O_5)=1.00mg/mL$ 的五氧化二磷标准贮备液于 1000mL 容量瓶中，用水稀释至刻度，混匀。

（5）硫酸溶液　$c(H_2SO_4)=5mol/L$。

（6）石油醚。

（7）盐酸　约 1mol/L。

**4. 测定步骤**

（1）肥皂试样的制备　将待测的肥皂样品通过每块的中间互相垂直切 3 刀分成 8 份，取斜对角的两份切成薄片、捣碎，充分混合，装入洁净、干燥、密封的容器内备用。

（2）萃取分离脂肪酸，制备试验溶液　称取试样 1g（准确至 0.001g）于 150mL 烧杯中，加入 100mL 水，加热使其溶解，搅拌下滴加盐酸溶液调节水相 pH 值在 2 以下（pH 试纸检测）。待物料冷却至 30～40℃后加入石油醚 50mL，将此混合溶液转移至 250mL 分液漏斗中，并用水约 50mL 冲洗烧杯，合并洗涤液于分液漏斗中，充分振荡后，静置分层。

下层水相放入另一分液漏斗中，用石油醚约 50mL 重复洗涤水相 1～2 次。将萃取后的水相放入 250mL 容量瓶中，并合并石油醚相于同一分液漏斗中，再用 30mL 水洗涤合并后的石油醚相一次，待两相分离后，将水相合并至上述同一容量瓶中，并用水定容至刻度，此即样品试验溶液，进行磷酸盐的测定，石油醚相弃去。

（3）标准曲线的制作　分别移取五氧化二磷标准工作溶液 0mL、2.0mL、4.0mL、6.0mL、8.0mL、10.0mL、15.0mL 和 20.0mL 至试管中，加水至 25mL，依次加入 10mL 钼酸铵-硫酸溶液和 2mL 抗坏血酸溶液，置于沸水浴中加热 45min，冷却。再分别转移至 100mL 容量瓶中，用水稀释至刻度，混匀。用分光光度计以 2cm 比色池，蒸馏水作参比，于 650nm 波长下测定此系列溶液的吸光度。含五氧化二磷标准工作溶液试验液的吸光度减去 0mL 五氧化二磷标准工作溶液试验液的吸光度得各净吸光度。

以净吸光度为纵坐标、五氧化二磷的量（$\mu g$）为横坐标，绘制标准曲线。

（4）测定磷酸盐 移取按（2）处理好的样品试验溶液 25.0mL 于试管中，按（3）中的程序测定溶液的吸光度，同时做一空白试验（不加样品试验溶液）。所测得溶液的吸光度减去试剂空白的吸光度得样品试验溶液的净吸光度。

由净吸光度从标准曲线上查得相应的五氧化二磷量 $m$（$\mu g$）。

**5. 结果计算**

肥皂中总五氧化二磷含量 $w$ 以质量分数表示，按下式计算。

$$w = m \times 10^{-6} \times 250 \times 100\% / (m_0 \times 25)$$

式中 $w$——肥皂中总五氧化二磷含量，%；

$m$——样品试验溶液净吸光度相当的五氧化二磷质量，$\mu g$；

$m_0$——试样的质量，g。

在重复性条件下，获得的两次独立测定结果的绝对差值不大于 0.1%，以大于 0.1% 的情况不超过 5% 为前提。

# 第四节 肥皂检测实训

## 实训一 复合洗衣皂的检测

### 一、产品简介

复合洗衣皂是指用真空出条、压条等工艺生产的，以脂肪酸钠为主，并复配有其他表面活性剂的块状洗衣皂，其使用的表面活性剂的生物降解度不低于 90%。复合洗衣皂的物理化学指标以包装上备注的净含量计，要符合表 6-6 的规定。

表 6-6 复合洗衣皂的理化性能指标

| 项 目 | | 指 标 | 项 目 | | 指 标 |
|---|---|---|---|---|---|
| 总有效物/% | ≥ | 55 | 发泡力(5min)/mL | ≥ | 400 |
| 游离苛性碱(以 NaOH 计)/ | ≤ | 0.2 | 水分及挥发物/% | ≤ | 35 |
| 抗硬水度/mL | ≥ | 0.3 | | | |

注：测定发泡力用 1.5mmol/L 钙硬水，按包装上净含量直接配制 1% 的皂液。

理化指标测试的报告结果（%）应以包装上标注的净含量按下式进行如下折算：

$$\text{理化指标测试的报告结果} = \frac{\text{测得的实际含量} \times \text{测得皂的实际净含量}}{\text{包装上标注的净含量}} \times 100\%$$

### 二、实训要求

（1）了解复合洗衣皂国家标准中的常规检测项目。

（2）理解复合洗衣皂国家标准中一些检测项目的检测要求。

（3）掌握复合洗衣皂的抗硬水度、总有效物的检测方法。

### 三、项目检测

按照 GB/T 2487—2000 中规定，检测复合洗衣皂的各项理化指标。

**1. 试样的制备**

先用分度值不低于 0.1g 的天平称量每块质量，然后通过每块的中间互相垂直切 3 刀分成 8 份，取斜对角的两份切成薄片、捣碎，充分混合，装入洁净、干燥、密封的容器内备用。

**2. 总有效物含量的测定**

（1）原理　用乙醇萃取试样并过滤分离，定量乙醇溶解物及乙醇溶解物中游离苛性碱和氯化物，产品中总有效物含量由乙醇溶解物减去乙醇溶解物中游离苛性碱和氯化物含量算得。

（2）试剂

① 95％乙醇　新煮沸后冷却，酸度应小于 0.2mmol/L，如酸度大于 0.2mmol/L，应中和后蒸馏。

② 无水乙醇　新煮沸后冷却。

③ 硝酸银　$c(AgNO_3)＝0.1mol/L$ 标准溶液；或硫酸 $c(1/2H_2SO_4)＝0.1mol/L$ 标准溶液。

④ 铬酸钾　50g/L 溶液。

⑤ 酚酞　10g/L 溶液。

⑥ 硝酸　$c(HNO_3)＝0.02mol/L$。

⑦ 氢氧化钠　0.1mol/L 溶液。

⑧ 硝酸钙　100g/L 溶液。

（3）仪器

① 古氏坩埚　30mL，铺滤纸圆片。铺滤纸圆片时，先在坩埚底与多孔瓷板之间铺双层快速定性滤纸圆片，然后再在多孔瓷板上面铺单层快速定性滤纸圆片，注意滤纸圆片的直径要尽量与坩埚底部直径吻合。

② 移液管　100mL。

③ 烘箱　能控制温度于（103±2）℃。

④ 沸水浴　可控制温度。

⑤ 干燥器　内盛变色硅胶或其他干燥剂。

⑥ 量筒　25mL、100mL。

⑦ 烧杯　150mL、300mL。

⑧ 三角瓶　250mL。

⑨ 玻璃坩埚　孔径 16～30$\mu$m，约 30mL。

（4）测定步骤

① 乙醇溶解物及游离苛性碱中和物总重（$m_1$）的测定　称取样品 2～3g（$m_0$，准确至 0.001g），置于 150mL 烧杯中，加入约 3.5mL 蒸馏水，用玻璃棒捣碎并搅拌，使之成没有明显团块的糊状物。加入 5mL 无水乙醇适当加热，继续用玻璃棒捣碎并搅拌，然后边搅拌边缓缓加入 90mL 无水乙醇，加热近沸，促其溶解完全。静置片刻，倾泻上层清液，用倾泻法通过古氏坩埚进行过滤（用吸滤瓶吸滤）。过滤时将清液尽量排干，不溶物尽可能留在烧杯中，再以同样方法，每次用 25mL 95％的沸乙醇重复萃取、过滤，操作 4 次。取下吸滤瓶，加入酚酞溶液 2 滴，立即用硝酸（或硫酸）标准溶液滴至红色刚好褪去，记下读数（$V_1$）。

将吸滤瓶中的液体小心地转移至已称重的 300mL 烧杯中，用体积分数为 95％的热乙醇冲洗吸滤瓶 3 次，洗涤液一同合并于 300mL 烧杯中（此为乙醇萃取液），置于沸水浴中，使乙醇蒸发至尽，再将烧杯外壁擦干，置于（103±2）℃烘箱内（为了安全，烘箱门应微开 10min 后再关门）干燥 1.5h，移入干燥器中，冷却 30min 并称量（$m_1$）。

当室温低时，为防止冻结，可将古氏坩埚或玻璃坩埚适当烘热备用。

② 乙醇溶解物中氯化钠含量（$m_3$）的测定　将已称量的烧杯中的乙醇萃取物（$m_1$）用95％的乙醇20～30mL加热溶解，然后加入硝酸钙溶液约20mL，以蒸馏水转移入200mL容量瓶中，冲洗烧杯的水液一并转入，定容，摇匀。用干净滤纸过滤，至少收集110mL滤液。用移液管吸取100.0mL滤液至锥形瓶中，加入酚酞溶液1滴，如呈红色，则以硝酸（或硫酸）滴至红色刚好褪去；如不呈红色，则以氢氧化钠中和至微红色，再以硝酸（或硫酸）滴至红色刚好褪去。然后加入铬酸钾溶液1mL，用硝酸银标准溶液滴定至溶液由黄色变为橙色为止，记下读数（$V_2$）。同时做一空白试验，记下读数（$V_3$）。

或自"加入硝酸钙溶液"后，以蒸馏水直接转移入锥形瓶中，用硝酸（或硫酸）溶液和氢氧化钠溶液调节pH值至中性，用硝酸银溶液滴定。同时做一空白试验。

③ 结果计算

a. 乙醇溶解物中游离苛性碱转变为$NaNO_3$（或$Na_2SO_4$）的质量$m_2$（g）按下式计算。

$$m_2 = 0.085cV_1$$

或

$$m_2 = 0.07102cV_1$$

式中　$m_2$——乙醇溶解物中游离苛性碱转变为硝酸钠（或硫酸钠）的质量，g；

　　　$c$——硝酸（或硫酸）标准液的浓度，mol/L；

　　　$V_1$——滴定消耗硝酸（或硫酸）标准溶液的体积，mL；

　　0.085——氢氧化钠转换成硝酸钠的毫摩尔质量，g/mmol。

0.07102——氢氧化钠转换成硫酸钠的毫摩尔质量，g/mmol。

b. 乙醇溶解物中氯化钠的质量$m_3$以氯化钠计，按下式计算。

$$m_3 = (V_2 - V_3)c \times 0.058 \times 200/100$$

或

$$m_3 = (V_2 - V_3)c \times 0.058$$

式中　$V_2$——样品耗用硝酸银标准溶液的体积，mL；

　　　$V_3$——空白试验耗用硝酸银标准溶液的体积，mL；

　　　$c$——硝酸银标准溶液的浓度，mol/L；

　　0.058——氯化钠的毫摩尔质量，g/mmol。

c. 样品中总有效物含量$w$以质量分数表示，按下式计算。

$$w = (m_1 - m_2 - m_3) \times 100\%/m_0$$

式中　$w$——样品中总有效物的质量分数，％；

　　　$m_1$——乙醇溶解物及游离碱中和物的质量，g；

　　　$m_2$——乙醇溶解物中游离碱转变为硝酸钠（或硫酸钠）的质量，g；

　　　$m_3$——乙醇溶解物中氯化钠（以NaCl计）的质量，g；

　　　$m_0$——样品的质量，g。

总有效物的两次平行测定之差应不大于0.3％，以两次平行测定的算术平均值作为结果，有效数字取到个位。

**3. 抗硬水度的测定**

抗硬水度是指一定体积和浓度的皂液在规定温度下所能抵抗硬水的能力，以0.2％皂液50mL在（40±2）℃时所抵抗硬水的能力（mL）表示。测定时皂液中随着硬水的逐渐加入，观察所发生的变化。变化的过程是：清晰→乳色→浑浊→少许胶体沉淀（或凝聚），以产生少许胶体沉淀（或凝聚）确定。

（1）试剂

① 硬水　3000mg/L。

② 2%皂液　准确称取皂样 2.00g，用热蒸馏水（55～60℃）约 50mL 溶解后，将皂液倒入 100mL 容量瓶中，再用蒸馏水将烧杯内皂液全部洗入容量瓶中，并稀释至刻度，摇匀，保温（不低于 40℃）备用。

（2）仪器

① 量筒　100mL。

② 纳氏比色管　50mL。

③ 移液管　5mL。

④ 微量滴定管　5mL。

⑤ 水浴锅　能保持温度（40±2）℃。

（3）测定步骤　用量筒量取热蒸馏水（约 40℃）40mL，倒入纳氏比色管中。用 5mL 移液管吸取 2%浓度皂液 5.0mL 于比色管中，再滴加热蒸馏水至刻度摇匀，保温（40±2）℃。分次（不少于 3 次）从微量滴定管中滴加 3.0mL 配制好的硬水到比色管中。盖上塞子，慢慢倒过来，再慢慢恢复原位，尽量避免起泡。这样操作每次约 1s，重复 10 次，观察（最好借助灯光）比色管内皂液，视皂液无胶体沉淀或凝聚物出现，则此皂的抗硬水度不小于 3.0mL（如皂液呈乳浊液但仍无无胶体沉淀或凝聚物出现，也认为合格）。在合格的前提下，保持皂液温度（40±2）℃，分次向比色管中加入硬水，每次约 0.1mL（若皂液离浑浊较远，可适量多加），加后按上述方法摇匀观察，直到有少许胶体沉淀（或凝聚物）出现止，记下读数。

为使测定快速、准确，可先快速试滴一次，确定大概抗硬水度，然后每次测定可将硬水加至离终点约 0.5mL，再慢慢滴定，观察。吸取皂液时应避免皂液本身的沉淀物。滴定时会出现少量的小颗粒状沉淀物，但与胶体沉淀是不同的。

（4）结果计算加入 3.0mL 硬水即出现胶体沉淀（或凝聚物），则结果为小于 3.0mL。在合格的前提下，抗硬度（mL）即为滴定管读数。

对于同一样品连续进行测定，如有 3 个及 3 个以上的数据相互之差在 0.2mL 范围以内时，均视为有效数据，取平均值。如不是，可去掉最大值和/或最小值，保留至少 3 个相差在 0.2mL 范围以内的数据，取平均值。试验结果保留一位小数。多次试验结果之间的偏差不大于 0.1mL。

其他指标的测定见本章节相关内容。

## 实训二　香皂的检测

### 一、产品简介

香皂是由脂肪酸钠和（或）其他表面活性剂、功能性添加剂、助剂制成的。香皂产品分皂基型和复合型两类。皂基型（以Ⅰ表示）是指仅含脂肪酸钠和助剂的香皂；复合型（以Ⅱ表示）是指含脂肪酸钠和（或）其他表面活性剂、功能性添加剂、助剂的香皂。具体的理化指标见表 6-7。

理化指标测试的报告结果（%）应以包装上标注的净含量进行如下折算：

$$理化指标测试的报告结果 = \frac{测得的实际含量 \times 测得皂的实际净含量}{包装上标注的净含量} \times 100\%$$

### 二、实训要求

（1）了解香皂国家标准中的常规检测项目。

表 6-7　香皂的物理化学指标

| 项　　目 | | 指　标 | |
| --- | --- | --- | --- |
| | | Ⅰ 型 | Ⅱ 型 |
| 干钠皂含量 $w$/% | ≥ | 83 | — |
| 干皂或总有效物含量 $w$/% | ≥ | — | 53 |
| 水分和挥发物[(103±2)℃] $w$/% | ≤ | 15 | — |
| 总游离碱(以 NaOH 计)、乙醇不溶物、氯化物(以 NaCl 计)之和含量 $w$/% | ≤ | 3.0 | — |
| 游离苛性碱(以 NaOH 计) $w$/% | ≤ | 0.10 | 0.10 |
| 总游离苛性碱(以 NaOH 计) $w$/% | ≤ | — | 0.3 |
| 水不溶物 $w$/% | ≤ | 1.0 | — |
| 氯化物(以 NaCl 计) $w$/% | ≤ | — | 1.0 |

（2）理解香皂国家标准中一些检测项目的检测原理、要求。

（3）掌握香皂的干钠皂含量的检测方法。

### 三、项目检测

按照 GB/T 2485—2000 中规定，检测香皂的各项理化指标。

#### 1. 试样的制备

先用分度值不低于 0.1g 的架盘天平称量每块质量，测定其平均实际净含量，再用手推刨子刨成碎片，用不锈钢刀剁成小碎片，充分混合后，装入洁净、干燥、密封的容器内备用。

#### 2. 干钠皂含量的测定

（1）仲裁法　按本章第三节总碱量和总脂肪物含量测定干钠皂含量。

（2）简化法

① 原理　肥皂经酸化后为脂肪酸，脂肪酸不溶于水，与肥皂中其他无机添加剂分离，测出脂肪酸的重量和脂肪酸的分子量即可计算出干皂含量（脂肪酸钠的含量）。测定的结果包括肥皂中的脂肪物、不皂化物、未皂化油脂和不溶于水的其他有机物。此测定方法仅适用于以油脂为原料的皂基型香皂，不适用于加有其他表面活性剂或功能性添加剂的复合型香皂。

② 试剂

a. 95％乙醇　用酸碱指示剂调节至中性。

b. 硫酸溶液　1＋1 硫酸溶液。

c. 甲基橙　1g/L 水溶液。

d. 酚酞　10g/L（95％）乙醇溶液。

e. 氢氧化钠　$c$(NaOH)＝0.5mol/L 标准溶液。

f. 半精炼石蜡。

g. 蜡块　按约 10∶4∶1 的重量比依次取蒸馏水和市售的 60 号半精炼石蜡、蜂蜡于铝锅中，置于电炉上加热，微沸，蜡块熔融混匀后倒入瓷盘使成饼块，冷却，取出蜡块并晾干，划块，使每块大小约 7g。

③ 仪器

a. 分析天平　精度 0.0002g。

b. 烧杯　250mL。

c. 量杯　10mL。

d. 无塞滴定管（B级）　25mL。

e. 表面皿　$\phi(85\pm5)$mm。

f. 沸水浴　可控制温度，实验室用。

④ 测定步骤

a. 总脂肪酸的测定　用分析天平分别称取样品（$m_0$）约10g和自制的蜡块（$m_1$）（$m_0$、$m_1$ 精确到0.001g），将样品置于250mL烧杯中，并插入一支玻璃棒。在烧杯中加入热蒸馏水约200mL，置于水浴锅上溶解。待样品溶解完毕，量取硫酸4mL，沿烧杯壁徐徐加入，搅拌均匀，计时，待脂肪酸澄清后，加入已知重量的蜡块，1h后取出，放入水槽中冷却（若脂肪酸内有气泡，必须再加热溶解，直至赶走气泡）。取出混合蜡块，将混合蜡块用滤纸吸出水分，并用小刀将烧杯壁及玻璃棒上的混合蜡刮下，放置天平上称重（$m_2$，精确到0.001g）。

总脂肪酸含量（$X$）以质量分数表示，按下式计算。

$$X=\frac{m_2-m_1}{m_0}\times100\%+A$$

式中　$m_0$——样品质量，g；

$m_1$——蜡块质量，g；

$m_2$——混合蜡块质量，g；

$A$——校正值，一般不大于0.5%。

注意事项：肥皂放置在水浴锅上加热时间不宜过长，试验必须控制在2h内完成。对于一些加有无机物的香皂，可在实验时加入氟化钠约2g，以保证混合蜡饼的表面结实。此试验方法不适用于脂肪酸含量在5%以下的肥皂。

b. 平均分子量的测定　称取皂样约20g于250mL烧杯中，在烧杯中加入热蒸馏水约200mL并置于水浴锅中溶解。溶解完毕加入过量的1+1硫酸酸化（用甲基橙作指示剂），搅拌均匀，待脂肪酸澄清后从水浴锅上取下烧杯，冷却，脂肪酸凝固后，弃去脂肪酸下层的酸性水溶液。

在盛有脂肪酸的烧杯中再加入热蒸馏水，使脂肪酸溶解、冷却，脂肪酸凝固后，弃去脂肪酸下层的酸性水溶液。重复操作，直至脂肪酸下层的水溶液呈中性（甲基橙指示剂呈黄色）。

将洗净的脂肪酸倒入放有滤纸的50mL小烧杯中，然后放入（$103\pm2$）℃烘箱中过滤、脱水约30min，取出稍放冷，趁其未凝固时称量。精确称取制得的脂肪酸（$m$）约1g（精确至0.001g）于250mL的三角烧瓶中，加入70mL的中性乙醇加热溶解。用$c(\mathrm{NaOH})=$ 0.5mol/L的氢氧化钠标准溶液滴定至酚酞呈粉红色（30s不褪色），记录读数$V$。

脂肪酸平均分子量（$N$）以g/mol计，按下式计算。

$$N=\frac{m\times1000}{cV}$$

式中　$m$——称取脂肪酸的质量，g；

$c$——中和时所用氢氧化钠标准溶液的浓度，mol/L；

$V$——中和时所用氢氧化钠标准溶液的体积，mL。

c. 干钠皂含量（$Z$）以质量分数表示，按下式计算。

$$Z=X\times\frac{N+23-1}{N}$$

式中　　$X$——总脂肪酸含量，%；

　　　　$N$——脂肪酸平均分子量，g/mol；

　　23-1——钠、氢原子摩尔质量之差，g/mol。

　　平行测定结果之差应不大于 0.3%，以两个平行测定的算术平均值作为结果，有效数字取到个位。

<h1 style="text-align:center">习　　题</h1>

1. 生产肥皂的原料有哪些？

2. 肥皂包装检测应注意哪些方面？

3. 肥皂的外观质疵现象主要有哪些？香皂外观质疵情况有哪些？

4. 肥皂保管运输应注意哪些事项？

5. 香皂和肥皂的质量标准有何区别？

6. 按干皂含量，洗衣皂是如何分类的？

7. 怎样制备洗衣皂的试验样品？

8. 香皂是如何分类的？如何制备香皂的试验样品？

9. 什么是肥皂的总碱量、总脂肪物、干钠皂、干皂？

10. 如何测定肥皂的溶解度？

11. 肥皂中的氯化物主要来源是什么？如何测定？

12. 称取香皂试验样品 5.025g，置于锥形烧瓶中，加入 95% 的乙醇 100mL，加热回流至香皂完全溶解。然后，精确加入 $c(1/2H_2SO_4)=0.2900mol/L$ 硫酸标准滴定溶液 10.0mL，微沸 10min。稍冷后，趁热加入酚酞指示液 2 滴，用 $c(KOH)=0.1050mol/L$ 氢氧化钾乙醇标准滴定溶液滴定至终点，消耗体积为 25.20mL。计算香皂总游离碱的质量分数 $w(NaOH)$。（答：0.20%）

13. 什么是肥皂的未皂化物、不皂化物、乙醇不溶物？

14. 肥皂中的游离碱量、总游离碱量、总碱量有什么区别？

15. 称取肥皂样品 5.005g，经水溶解后再加酸溶液，反应后用石油醚萃取；萃取液用索氏抽提器除掉石油醚，残余物溶解于 10mL 中性乙醇中，加 2 滴酚酞，用 $c(KOH)=0.6820mol/L$ 的 KOH 乙醇标准溶液滴定，消耗 18.50mL；然后蒸干乙醇，使钾皂预干燥后送入烘箱中烘干至恒重，称得其质量为 3.950g。根据以上条件求肥皂中总脂肪物的含量，并以干钠皂表示含量。（答：总脂肪物的含量为 69%；干钠皂含量为 75%）

<h1 style="text-align:center">参　考　文　献</h1>

[1] 赵惠恋主编. 化妆品与合成洗涤剂检验技术 [M]. 北京：化学工业出版社，2005.

[2] 李江华等编. 化妆品和洗涤剂检验技术 [M]. 北京：化学工业出版社，2007.

[3] 中国标准出版社第二编辑室编. 表面活性剂和洗涤用品标准汇编 [M]. 北京：中国标准出版社，2005.

[4] 刘程等编. 表面活性剂应用大全 [M]. 北京：北京工业大学出版社，1992.

[5] 中华人民共和国轻工行业标准. QB/T 1913—93 半透明洗衣皂 [S].

[6] 中华人民共和国轻工行业标准. QB/T 2487—2000 复合洗衣皂 [S].

[7] 中华人民共和国轻工行业标准. QB/T 2623.1—2003 肥皂中游离苛性碱含量的测定 [S].

[8] 中华人民共和国轻工行业标准. QB/T 2623.2—2003 肥皂中总游离碱含量的测定 [S].

[9] 中华人民共和国轻工行业标准. QB/T 2623.3—2003 肥皂中总碱量和总脂肪物含量的测定 [S].

[10] 中华人民共和国轻工行业标准. QB/T 2623.4—1999 肥皂中水分和挥发物含量的测定　烘箱法 [S].

[11] 中华人民共和国轻工行业标准. QB/T 2623.5—2003 肥皂中乙醇不溶物含量的测定 [S].

[12] 中华人民共和国轻工行业标准. QB/T 2623.6—2003 肥皂中氯化物含量的测定　滴定法 [S].

[13] 中华人民共和国轻工行业标准. QB/T 2623.7—2003 肥皂中磷酸盐含量的测定 [S].

# 第七章　涂料和颜料的检测

【学习目标】
1. 了解涂料、颜料的定义及分类等基本常识。
2. 了解涂料和颜料的标准化管理情况。
3. 掌握涂料的样品采集及样板的制备方法。
4. 掌握涂料和颜料主要性能指标的检验方法。

## 第一节　涂料基础知识

涂料，即俗称的"油漆"，是涂于物体表面能形成具有保护、装饰或特殊性能的固态膜的一类化学混合物的总称。我国使用天然涂料的历史可追溯至西汉时期。早期使用生漆和桐油为主要原料，故名"油漆"。直到 20 世纪初，涂料中的成膜物仍主要来源于植物油、沥青、煤焦油等天然产物。随着石油化工和有机合成工业的发展，各种合成树脂等原材料得到了广泛应用，"油漆"这个词就显得不够贴切，而代之以"涂料"这个新名词。

涂料属于精细化工产品。随着近三十年来我国国民经济快速稳定地发展，涂料行业以高于国内生产总值（GDP）的速度增长，2007 年的总产量已达到 500 多万吨，仅次于美国居世界第二位，但人均消费数量仍远低于发达国家。随着涂料行业的技术进步和人民消费水平的提高，我国涂料市场具有巨大的发展潜力。

### 一、涂料的作用

涂料的应用极为广泛，大至建筑物、桥梁、船舶，小至各种日用品，几乎所有物体都需要涂层的保护。其作用大致有如下几个方面。

#### 1. 保护作用

暴露于环境中的物体受到多种因素的侵蚀，如：水、气体、紫外线、电解质、酸雨、微生物等。涂料固化以后形成的膜状涂层可以隔离和屏蔽腐蚀介质，防止材料磨损，起到保护底材的作用，是延长其使用期的基本方法。

#### 2. 装饰作用

涂层可以改变底材的外观，赋予其绚丽的色彩、明亮的光泽、丰富的质感，产生很强的装饰效果，是建筑、汽车、家具、皮革等行业产品附加值的重要组成部分。

#### 3. 色彩标志

目前，用涂层色彩作为标志应用广泛，并已逐渐标准化。例如各种化学品、危险品的容器用颜色标示种类；道路、交通运输用不同色彩来提示停止、前进、警告等信号。

#### 4. 特殊功能

如建筑涂料中的防水、隔热涂层，防虫、防霉涂层；舰船上的防火涂层、甲板防滑涂层；航空航天领域可产生电磁屏蔽、吸收雷达波、反射红外线的隐形和伪装涂层等。

### 二、涂料的组成

涂料是由多种化学物质组成的复杂的多相分散体系。经适当的工艺涂装后，有些涂料是由于液体组分的蒸发而干燥成膜，在此过程中不发生化学反应，称为物理干燥；而多数涂料是由于组分之间，或某种组分与空气中的氧发生化学反应（聚合、交联）而固化成膜，称为化学干燥。依据涂料中各种组分在形成涂层的过程中所起的作用，可将其划分为成膜物质、颜料（及填料）、分散介质（溶剂）、助剂四种成分。

### 1. 成膜物质

成膜物质也称为树脂或基料，它把所有涂料组分结合在一起形成整体的涂层，并对底材产生一定的附着力，涂层的基本性能也主要来源于成膜物，因此它是涂料的基础成分。成膜物质大多是天然或合成的高分子聚合物，按其化学结构和来源，可分为 17 大类：油脂、天然树脂、酚醛树脂、沥青、醇酸树脂、氨基树脂、硝基纤维素、纤维素酯和纤维素醚、过氯乙烯树脂、烯类树脂、丙烯酸树脂、聚酯树脂、环氧树脂、聚氨酯树脂、元素有机聚合物、橡胶和其他，详见表 7-1。这种分类方法我国涂料行业长期采用，并写入国家标准。

**表 7-1 涂料成膜物分类**

| 序号 | 类别代号 | 成膜物质类别 | 主要成膜物质 |
|---|---|---|---|
| 1 | Y | 油脂 | 天然植物油、动物油脂、合成油等 |
| 2 | T | 天然树脂 | 松香及其衍生物、虫胶、乳酪素、动物胶、大漆及其衍生物等 |
| 3 | F | 酚醛树脂 | 酚醛树脂、改性酚醛树脂等 |
| 4 | L | 沥青 | 天然沥青、煤焦油沥青、石油沥青等 |
| 5 | C | 醇酸树脂 | 甘油醇酸树脂、改性醇酸树脂、季戊四醇及其他醇酸类树脂等 |
| 6 | A | 氨基树脂 | 脲醛树脂、三聚氰胺甲醛树脂等 |
| 7 | Q | 硝基纤维素 | 硝基纤维素、改性硝基纤维素 |
| 8 | M | 纤维素酯、纤维素醚 | 乙酸纤维素（酯）、苄基纤维素（酯）、乙基纤维素等 |
| 9 | G | 过氯乙烯树脂 | 过氯乙烯树脂、改性过氯乙烯树脂 |
| 10 | X | 烯类树脂 | 聚二乙烯基乙炔树脂、聚多烯树脂、聚醋酸乙烯及其共聚物、聚乙烯醇缩醛树脂、含氟树脂、氯化聚丙烯树脂、石油树脂等 |
| 11 | B | 丙烯酸树脂 | 丙烯酸树脂、丙烯酸共聚树脂及其改性树脂等 |
| 12 | Z | 聚酯树脂 | 饱和聚酯树脂、不饱和聚酯树脂等 |
| 13 | H | 环氧树脂 | 环氧树脂、改性环氧树脂、环氧酯等 |
| 14 | S | 聚氨酯树脂 | 聚氨（基甲酸）酯树脂等 |
| 15 | W | 元素有机聚合物 | 有机硅树脂、有机钛树脂、有机铝树脂等 |
| 16 | J | 橡胶 | 天然橡胶及其衍生物、合成橡胶及其衍生物 |
| 17 | E | 其他 | 以上 16 类包括不了的成膜物质，如无机高分子材料、聚酰亚胺树脂等 |

### 2. 颜料（及填料）

颜料是不溶于介质的有色固体成分，一般以粉末状分散在成膜物中。颜料赋予涂层色彩、遮盖力，增加其机械强度，具有耐介质、耐光、耐候、耐热等性能，是有色涂料的必需组分。

颜料的种类很多，大致可分为以下几种。

（1）着色颜料　如钛白粉、炭黑、氧化铁黑等无机颜料，酞菁蓝等有机颜料。

（2）体质颜料（填料）　如滑石粉、高岭土、云母粉、碳酸钙、硫酸钡等，其着色力和遮盖力较差，主要起填充和补强作用，同时也可降低成本。有的分类方法把它单独划为一类，称为填料。

（3）功能颜料　它们除了具有着色、填充等基本性能外，还能赋予涂层特种功能，如防腐、防锈颜料，导电颜料，阻燃填料，闪光颜料等。

### 3. 分散介质

涂料是液-固或液-液分散体系，分散介质的作用是保证分散体系的稳定性、流变性，并在施工和成膜过程中起重要作用。

溶剂型液体涂料中的分散介质一般称为溶剂，主要是小分子量的挥发性有机液体，它能将成膜物溶解成符合配方要求的溶液，又称为稀料或稀释剂。涂料成膜后溶剂挥发到大气中成为一种污染物。随着环保法规的日益严格，对涂料中溶剂用量和种类的限制已成为涂料行业面临的巨大挑战。

分散型涂料以水或溶解力较弱的脂肪烃作为分散介质，成膜物借助乳化剂和分散剂的作用以超细液滴分散在其中。虽然它在成膜后挥发的分散介质是环境友好的，但是水性涂料的干燥过程受环境条件（温度、湿度、通风等）的影响更大，因此对涂装工艺要求更高。

### 4. 助剂

助剂又称为涂料辅助材料，其种类繁多，按功能可分为增塑剂、成膜助剂、防冻剂、防霉剂、乳化剂、消泡剂、流平剂、催干剂、增稠剂、阻燃剂等。它们虽然用量很少，但对涂料的制备、贮运、涂装和性能有着重要的作用。

## 三、涂料的分类及命名

### 1. 涂料的分类

经过多年的发展，涂料的种类极为庞杂，由于各地习惯和文化的差异，其专业用语和命名一直难以统一。我国国标 GB 2705—92 采用以涂料中主要成膜物为基础的分类方法，将涂料分为 17 大类。各类成膜物的名称及代号见表 7-1。为适应与国际接轨和市场经济的需要，新颁布的 GB 2705—2003 标准主要采用以涂料市场和用途为基础的分类法，把涂料产品分为建筑涂料、工业涂料、其他涂料和辅助材料四大类，每一类又按主要成膜体系细分。

此外，还可按成膜机理将涂料分为：挥发型涂料、热熔型涂料、热塑性涂料和热固性涂料；按配套要求分为：腻子、着色剂、底漆、中间层、面漆；按涂层光泽分为高光、有光、半光、亚光、无光等。

### 2. 涂料的命名

GB 2705—92 规定的涂料命名原则是：

涂料全名＝颜色或颜料名称＋成膜物质名称＋基本名称

例如：白硝基磁漆，绿环氧电容器烘漆。

其中，基本名称仍采用我国习惯名称，如清漆、磁漆、调和漆等，如表 7-2 所示。凡需烘烤干燥的漆，名称中都有"烘干"或"烘"字样，否则表明该漆常温干燥或烘烤干燥均可。必要时还可在成膜物质和基本名称之间标明专业用途、特性等。

为了区别同一类型的各种涂料，在其名称之前还要有型号。涂料的型号由一个汉语拼音字母和几个数字组成，如：A 04-85。其中字母表示涂料的类别，见表 7-1；第 1、2 位数字是基本名称代号，见表 7-2；第 3、4 位数字表示涂料产品序号，见表 7-3。

完整的涂料型号及名称示例：

Y53-31　红丹油性防锈漆；C04-2　白醇酸磁漆。

需要注意的是，因为涂料品种极多，按国标分类命名时，会有大量重复和雷同现象，不利于厂家品牌的推广。因此，很多厂商依据产品的性能特点有各自的命名，以致某些涂料产品有多个不同的名称。选用涂料时，应仔细阅读说明书，全面了解产品的组成和性能。

**表 7-2 涂料基本名称及代号**

| 代号 | 基本名称 | 代号 | 基本名称 | 代号 | 基本名称 |
|---|---|---|---|---|---|
| 00 | 清油 | 30 | (浸渍)绝缘漆 | 63 | 涂布漆 |
| 01 | 清漆 | 31 | (覆盖)绝缘漆 | 64 | 可剥漆 |
| 02 | 厚漆 | 32 | 抗弧(磁)漆、互感器漆 | 65 | 卷材涂料 |
| 03 | 调和漆 | 33 | (黏合)绝缘漆 | 66 | 光固化涂料 |
| 04 | 磁漆 | 34 | 漆包线漆 | 67 | 隔热涂料 |
| 05 | 粉末涂料 | 35 | 硅钢片漆 | 72 | 农机用漆 |
| 06 | 底漆 | 36 | 电容器漆 | 73 | 发电、输配电设备用漆 |
| 07 | 腻子 | 37 | 电阻漆、电位器漆 | 77 | 内墙涂料 |
| 08 | 水性涂料 | 38 | 半导体漆 | 78 | 外墙涂料 |
| 09 | 大漆 | 39 | 电缆漆、其他电工漆 | 79 | 屋面防水涂料 |
| 11 | 电泳漆 | 40 | 防污漆 | 80 | 地板漆、地坪漆 |
| 12 | 乳胶漆 | 41 | 水线漆 | 82 | 锅炉漆 |
| 13 | 水溶(性)漆 | 42 | 甲板漆、甲板防滑漆 | 83 | 烟囱漆 |
| 14 | 透明漆 | 43 | 船壳漆 | 84 | 黑板漆 |
| 15 | 斑纹漆、裂纹漆、橘纹漆 | 44 | 船底漆 | 85 | 调色漆 |
| 16 | 锤纹漆 | 45 | 饮水舱漆 | 86 | 标志漆、马路划线漆 |
| 17 | 皱纹漆 | 46 | 油舱漆 | 87 | 汽车漆(车身) |
| 18 | 金属(效应)漆、闪光漆 | 47 | 车间(预涂)底漆 | 88 | 汽车漆(底盘) |
| 19 | 晶纹漆 | 50 | 耐酸漆、耐碱漆 | 89 | 其他汽车漆 |
| 20 | 铅笔漆 | 52 | 防腐漆 | 90 | 汽车修补漆 |
| 22 | 木器漆 | 53 | 防锈漆 | 93 | 集装箱漆 |
| 23 | 罐头漆 | 54 | 耐油漆 | 94 | 铁路车辆用漆 |
| 24 | 家电用漆 | 55 | 耐水漆 | 95 | 桥梁漆、输电塔漆及其他大型露天钢结构漆 |
| 26 | 自行车漆 | 60 | 防火漆 | 96 | 航空、航天用漆 |
| 27 | 玩具漆 | 61 | 耐热漆 | 98 | 胶液 |
| 28 | 塑料用漆 | 62 | 示温漆 | 99 | 其他 |

**表 7-3 涂料产品序号**

| 涂料产品种类 | | | 序　号 | |
|---|---|---|---|---|
| | | | 自　干 | 烘　干 |
| 清漆、底漆、腻子 | | | 1~29 | 30 以上 |
| 磁漆 | | 有光 | 1~49 | 50~59 |
| | | 半光 | 60~69 | 60~70 |
| | | 无光 | 80~89 | 90~99 |
| 专业用漆 | | 清漆 | 1~9 | 10~29 |
| | | 有光磁漆 | 30~49 | 50~59 |
| | | 半光磁漆 | 60~64 | 65~69 |
| | | 无光磁漆 | 70~74 | 75~79 |
| | | 底漆 | 80~89 | 90~99 |

**【阅读材料 7-1】**

### 涂料基本术语

（1）涂料　涂于物体表面能形成具有保护、装饰或特殊性能固态膜的一类液体或固体材料的总称。在具体的涂料产品名称中常用"漆"字表示"涂料"，如磁漆、调和漆等。

（2）色漆　含有颜料的一类涂料，涂于底材后，形成不透明的漆膜。

（3）厚漆　颜料含量很高的浆状色漆，使用前需加适量的清油调稀。曾称铅油。

（4）磁漆（瓷漆）　涂布后，形成的漆膜平整、光滑、坚硬，外观类似于搪瓷的一种色漆。

（5）调和漆　不需调配即可直接使用的色漆。

（6）腻子　涂漆前用于消除较小表面缺陷的厚浆状涂料，一般含有较多的填充料。

（7）溶剂型涂料　完全以有机物为溶剂的涂料。

（8）水性涂料　完全或主要以水为分散介质的涂料。

（9）粉末涂料　不含液体的粉末状涂料。

（10）双组分涂料　两种组分分别包装，按规定比例调和后方可使用的涂料。

（11）漆料　一般指色漆中的液相成分。

（12）漆基（基料）　漆料中的不挥发组分，它能形成漆膜并黏结颜料。

（13）成膜物质　漆基中能单独形成漆膜的物质。

（14）（真）溶剂　在通常干燥条件下可挥发的，能完全溶解漆基的有机物液体。

（15）助溶剂　在通常干燥条件下可挥发的液体。它本身不能溶解成膜物质，但能增强溶剂的溶解能力。

（16）颜料　涂料中不溶于介质的有色物质。

（17）体质颜料、填充料　通常是白色或稍带颜色的，折射率小于 1.7 的一类颜料，主要起填充作用。

（18）稀释剂　单组分或多组分的挥发性液体，加入涂料中能降低其黏度。

（19）底漆　多层涂装时，直接涂到底材上的涂料。

（20）二道底漆（二道浆）　多层涂装时，介于底漆与面漆之间，用来修整不平整表面的色漆。

（21）面漆　多层涂装时，涂于最外层的色漆或清漆。

（22）清漆　不含着色物质的涂料，涂布后形成透明的漆膜。

摘自肖保谦主编．涂料分析检验工．北京：化学工业出版社，2006.

# 第二节　涂料的出厂检测

### 一、涂料产品质量检测标准

按我国现行的管理体制，涂料的质量检测标准有国家标准、行业标准和企业标准三种。国家标准（GB）是由原化工部提出草案，经国家标准总局审查批准颁布的。行业标准有原化工部、轻工业部等颁布的有关标准。企业标准是生产企业自行为产品制定的技术要求和质量标准。如有争议，应以国家标准为准。现有《涂料与颜料标准汇编》上、下册，由国家标准出版社出版，目前最新的是 2003 年版。该书汇集了截至 2002 年 12 月底批准发布的全部现行涂料与颜料基础标准、通用方法标准和产品标准共 328 项，其中国家标准 220 项、行业或专业标准 108 项。

比较常用的涂料质量检测方法标准有：

GB 3186—89 涂料产品的取样；

GB 6750—86 色漆和清漆密度的测定；

GB 6753.3—86 涂料储存稳定性试验方法；

GB/T 9281—88 色漆和清漆　用漆基加氏颜色等级评定透明液体的颜色；

GB/T 9282—88 透明液体以铂-钴等级评定颜色；

GB 1720—89 漆膜附着力测定法；

GB 1721—93 清漆、清油及稀释剂　外观和透明度测定法；

GB 1722—92 清漆、清油及稀释剂　颜色测定法；

GB 1723—93 涂料黏度测定法；

GB 1724—89 涂料细度测定法；

GB 1725—89 涂料固体含量测定法；

GB 1726—89 涂料遮盖力测定法；

GB 1727—92 漆膜一般制备法；

GB 1728—89 漆膜、腻子膜干燥时间测定法；

GB/T 1730—93 漆膜硬度测定法　摆杆阻尼试验；

GB/T 1731—93 漆膜柔韧性测定法；

GB/T 1732—93 漆膜耐冲击测定法；

GB/T 1733—93 漆膜耐水性测定法；

GB/T 1734—93 漆膜耐汽油性测定法；

GB 1735—89 漆膜耐热性测定法；

GB 1738—89 绝缘漆漆膜吸水率测定法；

GB 1739—89 绝缘漆漆膜耐油性测定法；

GB 1740—89 漆膜耐湿热测定法；

GB 1741—89 漆膜耐霉菌测定法；

GB 1743—89 漆膜光泽测定法；

GB 1746—89 涂料水分测定法；

GB 1747—89 涂料灰分测定法；

GB 1750—89 涂料流平性测定法；

GB 1762—89 漆膜回粘性测定法；

GB 1763—89 漆膜耐化学试剂性测定法；

GB 1764—89 涂料厚度测定法；

GB/T 1766—1995 色漆和清漆　涂层老化的评级方法；

GB 1768—2006 色漆和清漆　耐磨性的测定；

GB 1769—89 漆膜磨光性测定法；

GB/T 1771—91 色漆和清漆　耐中性盐雾性能的测定；

GB 1865—89 漆膜老化（人工加速）测定法；

GB 5210—85 涂层附着力测定法　拉开法；

GB/T 6739—1996 涂膜硬度铅笔测定法；

GB 9264—88 色漆流挂性的测定；

GB/T 9286—1998 色漆和清漆　漆膜的划格试验。

## 二、涂料产品的取样

涂料产品的检测结果与取样的方法正确与否有密切关系。要保证样品的代表性，应按照国家标准 GB 3186—82 规定的方法取样。其基本要求如下。

### 1. 取样数

产品交货时，应记录产品的桶数，按随机取样方法，对同一生产厂生产的相同包装的产品进行取样，取样数应不低于 $\sqrt{n/2}$（$n$ 是交货产品桶数），建议采用表 7-4 规定的数字。

表 7-4　建议取样数

| 交货产品桶数 | 取样数 | 交货产品桶数 | 取样数 |
| --- | --- | --- | --- |
| 2～10 | 2 | 71～90 | 7 |
| 11～20 | 3 | 91～125 | 8 |
| 21～35 | 4 | 126～160 | 9 |
| 36～50 | 5 | 161～200 | 10 |
| 51～70 | 6 | | |

注：此后每增加 50 桶取样数增加 1。

### 2. 取样器械

应采用不和样品发生化学反应的搅拌和取样器械，并且取样器械应便于使用和清洗（无深凹的沟槽、尖锐的内角、难于清洗及检查其清洗程度的部位）。取样器械可以自制，有条件时可选用系列专用取样器，如图 7-1 所示。

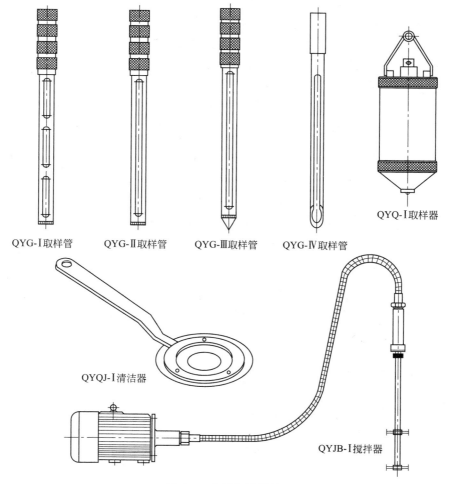

图 7-1　专用取样器械

样品应盛装在大小合适、清洁干燥、密封性好的容器内（如内部不涂漆的金属罐或可密封的磨口玻璃瓶），不要装满，留 5% 以上的空隙，盖严，贴上标签，存放于阴凉干燥处。

**3. 目测初检**

将桶盖打开后，对桶内涂料产品目测观察，记录稠度，是否有结皮、杂物、沉淀、分层、胶凝等现象，并编写初检报告。

**4. 取样**

将桶内涂料搅拌均匀，每桶取样不少于 0.5kg。所取试样分为两份，一份密封贮存备查，另一份（数量应足够规定的试验项目）立即进行检测。对生产线取样，应以适当的时间间隔，从放料口取相同量的样品进行再混合。搅拌均匀后，取两份各为 0.2～0.4L 的样品按前法进行操作。

**5. 安全注意事项**

（1）取样者必须熟悉被取产品的特性和安全操作的有关知识及处理方法。

（2）取样者必须遵守安全操作规定，必要时应采用防护装置。

**三、涂料产品质量检测**

**1. 涂料密度的测定**

（1）含义　测定密度的目的主要是控制产品包装容器的质量；发现配料有无差错；在检测产品遮盖力时，了解单位容积能涂覆的面积等。

（2）方法原理　国家标准 GB 6750—86 推荐使用密度瓶法测定。

**2. 涂料透明度的测定**

（1）含义　透明度是物质透过光线的能力，它表明清漆、清油及稀释剂等是否含有杂质和悬浮物。涂料产品浑浊而不透明，将影响成膜后的光泽和颜色，并使附着力和对化学介质的抵抗力下降。

（2）方法原理　在比色管中用试样与标准液比较，目测观察样品的浑浊程度，以最接近标准液的等级表示样品的透明度。

（3）仪器设备　25mL 具塞比色管、比色架、光电分光光度计、木制暗箱（见图 7-2，内涂无光黑漆）。

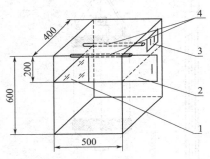

图 7-2　暗箱　单位：mm
1—磨砂玻璃；2—挡光板；3—电源开关；
4—15W 日光灯

（4）检测步骤　按 GB 1721—93《清漆、清油及稀释剂　外观和透明度测定法》规定的试剂和程序，配制 3 个等级的标准溶液，用分光光度计校正，分别装于比色管中，加塞盖紧，排列于架上，妥善保管，防止光照。标准液的有效使用期为 6 个月。将试样倒入干燥洁净的比色管中，调整到温度（25±1）℃，于暗箱的透射光下与标准液（无色的则用无色部分，有色的用有色部分）比较，选出与试样最接近的标准液。以透明、微浑、浑浊 3 个等级表示，即标准中的 1、2、3 级。

**3. 涂料颜色的测定**

（1）含义　颜色的深浅可以反映产品的成分和纯度，也会影响其成膜性能及使用范围。通常要求清漆、清油及稀释剂等透明液体的颜色越浅越好。

（2）方法原理　试样装入无色试管，放入暗箱或比色计中，在人工光源透射光下，以目视法与系列标准色阶溶液比较，以最接近标准液的色号表示样品的颜色。

（3）检测步骤　参照 GB/T 9281—88《色漆和清漆　用漆基加氏颜色等级评定透明液体的颜色》、GB/T 9282—88《透明液体以铂-钴等级评定颜色》、GB 1722—92《清漆、清油及稀释剂颜色测定法》之规定。

**4. 涂料黏度的测定**

（1）含义　黏度是指流体内部的流层之间存在的阻碍其相对流动的黏滞力的大小。这项指标实际上也反映了涂料的稠度，它直接影响涂料的施工性能，如漆膜的流平性、流挂性。

（2）方法原理　GB 1723—93《涂料黏度测定法》规定了涂-1 黏度杯、涂-4 黏度杯及落球黏度计 3 种测定方法，其中最常用的是涂-4 黏度杯测定法。其原理是：在规定温度下，以 100mL 漆液，从 $\phi 4$mm 孔径中流出，记录流尽的时间（s）来表示样品的黏度。

（3）仪器设备　涂-4 黏度杯，如图 7-3 所示。

（4）检测步骤　测定时的温度应在 21～25℃之间（按产品标准的规定），否则会有较大偏差。先用手指或器具堵住黏度杯的小孔，加入 100mL 试样。用玻璃棒将气泡和多余试样导入凹槽，防止其体积不到或超过 100mL。迅速移开手指，同时启动秒表，待流束中断时立即停表，计时。

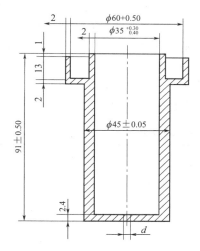

图 7-3　涂-4 黏度杯 [$d$=（6.35±0.003）mm]　单位：mm

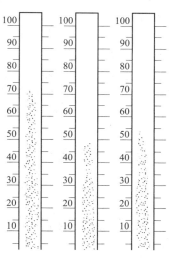

图 7-4　刮板细度计

**5. 涂料细度的测定**

（1）含义　细度是指涂料中所含颜料的颗粒大小及均匀程度，以微米（$\mu$m）表示。涂料的细度直接影响漆膜的光泽、透水性和贮存稳定性。

（2）方法原理　见 GB 1724—89《涂料细度测定法》，其测定原理是将涂料铺展为厚度不同的薄膜，观察在何种厚度下显现出颗粒。

（3）仪器设备　刮刀；刮板细度计（如图 7-4 所示，为一磨光的合金钢平板，板上有一道沟槽，槽边有刻度线，量程有 0～50$\mu$m、0～100$\mu$m、0～150$\mu$m 几种规格）。

（4）检测步骤

① 刮板细度计在使用前用细软揩布蘸溶剂仔细洗净擦干。

② 将试样充分搅匀，然后在刮板细度计的沟槽最深部分滴入试样 1～2g，以能充满沟槽而略有多余为宜。

③ 双手持刮刀，横置在平板上端试样边缘处，使刮刀与平板表面垂直接触。在 3s 内，将刮刀由沟槽深的部位向浅的部位拉过，使漆样充满沟槽而平板上不留有余漆。

④ 立即（不超过 5s）使视线与沟槽平面成 15°～30°角，对光观察，找到沟槽中有三个以上颗粒均匀显露处，记下读数（精确到最小分度值）。

（5）检测结果　平行试验三次，试验结果取两次相近读数的算术平均值，以 $\mu$m 表示。两次读数的误差不应大于仪器的最小分度值。

### 6. 涂料固体含量的测定

（1）含义　也称涂料的固体分，指涂料中不挥发组分的含量。固体分越高，涂装时成膜厚度就越大，可减少涂装道数，节约稀释剂用量。

（2）方法原理　按 GB 1725—89《涂料固体含量测定法》，以涂料在一定温度下加热焙烘、干燥后剩余物的质量与试样质量的比值（质量分数）来表示。

（3）仪器设备　玻璃培养皿、表面皿、天平（感量为 0.01g）、烘箱或红外灯、温度计等。

（4）检测步骤　先将洁净的培养皿在 (105±2)℃烘箱内干燥、恒重。用磨口滴瓶取样，以减量法称取 1.5～2g 试样（黏度较低的试样可取 4～5g），置于已称重的培养皿中，使试样均匀地流布于容器的底部。放入已调节到规定温度（详见表 7-5）的鼓风恒温烘箱内，焙烘一定时间后，取出，放入干燥器中冷却至室温后，称重，然后再放入烘箱内焙烘 30min，取出，放入干燥器中冷却至室温后，称重，直至恒重（质量差不大于 0.01g）。

对于不适合用培养皿测定的高黏度涂料，如腻子、乳液和硝基电缆漆等，可用两块干燥至恒重的表面皿代替。将试样放在一块表面皿上，另一块盖在上面（凸面向上），在天平上准确称取 1.5～2g，然后将盖的表面皿反过来，使两块皿互相吻合，轻轻压下，再将皿分开，使试样面朝上，放入规定温度的恒温鼓风烘箱内烘干，其他操作同上。

**表 7-5　各种涂料焙烘温度规定**

| 涂　料　名　称 | 焙烘温度/℃ |
| --- | --- |
| 硝基漆、过氯乙烯漆、丙烯酸漆、虫胶漆类 | 80±2 |
| 缩醛胶类 | 100±2 |
| 油性漆、酯胶漆、沥青漆、酚醛漆、氨基漆、醇酸漆、环氧漆、乳胶漆、聚氨酯漆类 | 120±2 |
| 聚酯漆、大漆 | 150±2 |
| 水性漆 | 160±2 |
| 聚酰亚胺漆 | 180±2 |
| 有机硅涂料 | 在 1～2h 内，由 120 升温到 180，再于 180±2 保温 |
| 聚酯漆包线漆 | 200±2 |

（5）检测结果　固体含量的质量分数 $w$ 按下式计算：

$$w = \frac{m_2 - m_1}{m}$$

式中　　$m_1$——容器（表面皿或培养皿）的质量，g；

　　　　$m_2$——焙烘后试样和容器的质量，g；

　　　　$m$——试样的质量，g。

平行测定两次，两次平行试验的相对误差不大于 3%。

### 7. 挥发性有机物（VOC）含量的测定

（1）含义　挥发性有机化合物（Volatile Organic Compounds）包括碳氢化合物、有机卤化物、有机硫化物、羰基化合物和有机过氧化物等，在阳光作用下能与大气中的氮氧化物、硫化物发生光化学反应，生成毒性更大的二次污染物，对环境和人类健康有很大危害。涂料中的溶剂成分大都属于此类，因此，我国环保法规对涂料中挥发性有机物的限制越来越严格。其含量以涂料中总挥发物含量减去水分含量来表示。

（2）方法步骤　参照 GB/T 6751—86《色漆和清漆　挥发物和不挥发物的测定》，将涂料样品在（105±2）℃下保持 3h，测定总挥发物含量。水分含量可用共沸蒸馏法或卡尔·费休法测定。

（3）检测结果　涂料中 VOC 含量用下式计算：

$$VOC = (w - w_{H_2O})\rho \times 10^3$$

式中　VOC——挥发性有机物的含量，g/L；

　　　　$w$——涂料中总挥发物的质量分数；

　　　$w_{H_2O}$——涂料中水分的质量分数；

　　　　$\rho$——涂料在（23±2）℃时的密度，g/mL。

**8. 涂料遮盖力的测定**

（1）含义　涂料的遮盖力是指把涂料均匀地涂刷在物体表面上，使其不再呈现底色时的最小用量，以 g/m² 表示。遮盖力好的涂料在相同施工条件下可涂装更大的面积。

（2）方法原理　GB 1726—89《涂料遮盖力测定法》规定了刷涂法和喷涂法两种测定方法。

（3）仪器设备　黑白格板（图 7-5）、漆刷、喷枪、天平（感量为 0.01g）、暗箱等。

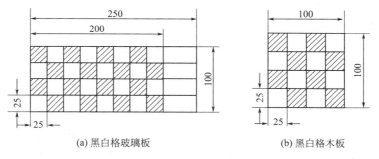

(a) 黑白格玻璃板　　　　　(b) 黑白格木板

图 7-5　黑白格板　单位：mm

（4）检测步骤

① 刷涂法　按产品标准规定的黏度（如黏度大无法涂刷，可将试样适当稀释，但稀释剂用量在计算遮盖力时应扣除），在感量为 0.01g 天平上称出盛有涂料的杯子和漆刷的总质量。用漆刷将涂料均匀涂刷于黑白格玻璃板上，放在暗箱内，距离磨砂玻璃片 15～20cm，有黑白格的一端与平面倾斜 30°～45°，分别在 1 支和 2 支日光灯下进行观察，以都刚好看不见黑白格为终点。然后将盛有剩余涂料的杯子和漆刷称重，求出所用涂料的质量。

② 喷涂法　将涂料试样调至适于喷涂的黏度［（23±2）℃条件下，用涂-4 黏度杯的测定值，油基涂料应为 20～30s；挥发性涂料为 15～25s］。先在天平上分别称重两块 100mm×100mm 的玻璃板，用喷枪薄薄地分层喷涂试样，每次喷涂后放在黑白格木板上，置于暗箱内，同上法观察。至终点后，把玻璃板背面和边缘的涂料擦净，按表 7-5 中规定的焙烘温度烘至恒重。

（5）结果计算　刷涂法中涂料遮盖力 $X$（g/m²）按下式计算（以湿膜计）：

$$X = \frac{m_1 - m_2}{S}$$

式中　$m_1$——未涂刷前盛有涂料的杯子和漆刷的总质量，g；

　　　$m_2$——涂刷后盛有剩余涂料的杯子和漆刷的总质量，g；

　　　$S$——黑白格玻璃板的面积，$S=0.02m^2$。

喷涂法中涂料遮盖力 $X(g/m^2)$ 按下式计算（以干膜计）：

$$X=\frac{m_2-m_1}{S}$$

式中　$m_1$——未喷涂前玻璃板的质量，g；

　　　$m_2$——喷涂恒重后玻璃板的质量，g；

　　　$S$——黑白格木板的面积，$S=0.01m^2$。

平行测定两次，相对误差不得大于平均值的 5%，否则必须重新试验。

### 9. 涂料流平性的测定

（1）含义　流平性是指涂料形成平整光滑漆膜的能力，又称展平性或匀饰性，是衡量涂料装饰性能的一项重要指标。一般黏度大的涂料流平性不如低黏度涂料。

（2）检测方法　见 GB 1750—89《涂料流平性测定法》。先将涂料按 GB 1727—92《漆膜一般制备法》（详见本章第三节）刷涂或喷涂于表面平整的底板上，喷涂完毕或刷子离开样板的同时，按下秒表，测定刷痕消失和形成均匀平滑漆膜所需的时间，以 min 计。

### 10. 涂料流挂性的测定

（1）含义　由于涂布在垂直表面上的涂料不规则地流动，使漆膜产生不均匀的条纹和流痕，就称为流挂现象。流挂性能实际上就是涂料一次可成的最大均匀湿膜厚度，它是测定厚浆（厚膜型）涂料最重要的指标。

（2）方法原理　按 GB 9264—88《色漆流挂性的测定》。

（3）仪器设备　刮涂器：见图 7-6，刮涂器有 $50\sim275\mu m$、$250\sim475\mu m$、$450\sim675\mu m$ 三种规格，每个刮涂器有 10 个凹槽，能把待测涂料刮涂成 10 条不同厚度的平行湿膜，每条湿膜宽 6mm，间距 1.5mm，相邻条膜间的厚度差为 $25\mu m$。

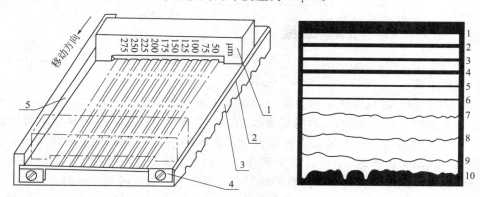

图 7-6　刮涂器及试验效果评定示意图

1—刮涂器；2—玻璃试板；3—底座；4—玻璃试板挡块；5—导边

（4）检测步骤

① 将试板（玻璃板）安放在底座上。

② 将刮涂器安放于试板上端，刻度朝向操作者。

③ 将充分搅拌过的样品均匀倒在刮涂器前面凹槽开口处。

④ 手握刮涂器两端，从上到下平稳地刮涂成膜，$2\sim3s$ 内完成。

⑤ 立即将试板垂直放置，使条膜呈横向，且较薄（刻度小）的条膜在上。

⑥ 观察流挂情况（距涂膜两端各 20mm 的区域不计，因为此区域刮涂不匀），按不流到下一条膜分界线清晰的最大条膜厚度为不流挂的湿膜厚度，以 μm 计。

**11. 涂料干燥时间的测定**

（1）含义　涂料以一定厚度涂装在物体表面上，由于溶剂挥发或化学氧化聚合作用而固化成膜，这个过程所需要的时间就称为干燥时间，以 h 或 min 表示。干燥时间不仅取决于涂料的物理化学性能，和温度、湿度等环境条件也有密切关系。在一定的干燥条件下，涂层表面成膜的时间为表面干燥时间；全部形成固体涂膜的时间称为实际干燥时间。

（2）方法原理　按 GB 1728—89《漆膜、腻子膜干燥时间测定法》，在规定的底材上制备涂膜，然后按产品标准规定的干燥条件进行干燥，到规定时间时检测涂膜的干燥状况。

（3）仪器材料　马口铁板；脱脂棉球（$1cm^3$ 疏松棉球）；定性滤纸（标重 $75g/m^2$，$15cm \times 15cm$）；保险刀片；秒表（分度为 0.2s）；天平（感量为 0.01g）；电热鼓风烘箱；干燥试验器。

（4）检测步骤　按前述的涂膜制备法在马口铁板或产品标准规定的底材上制备涂膜，然后在一定的干燥条件下进行干燥（烘干的涂膜从电热鼓风箱中取出后，应在恒温恒湿条件下放置 30min 后测试）。每隔若干时间或到达规定的时间时，在距涂膜边缘不小于 1cm 的范围内，选用下列方法检测涂膜干燥情况。

① 吹棉球法　在涂膜表面上轻轻放上一个脱脂棉球，用嘴距棉球 10～15cm，沿水平方向轻吹棉球，如能吹走，膜面不留有棉丝，即认为表面干燥。

② 指触法　以手指轻触涂膜表面，如感到有些发黏，但无涂料粘在手指上，即认为表面干燥。

③ 压滤纸法　在涂膜上放一片定性滤纸（光滑面接触涂膜），滤纸上再轻轻放置干燥试验器，同时开动秒表，经 30s，移去干燥试验器，将样板翻转（涂膜向下），滤纸若能自由落下，或在背面用握板之手的食指轻敲几下，滤纸能自由落下而滤纸纤维不被粘在涂膜上，即认为涂膜实际干燥。

对于产品标准中规定涂膜允许稍有黏性的涂料，如样板翻转经食指轻敲后，滤纸仍不能自由落下时，将样板放在玻璃板上，用镊子夹住预先折起的滤纸的一角，沿水平方向轻拉滤纸，当样板不动，滤纸已被拉下，即使涂膜上粘有滤纸纤维，亦认为涂膜实际干燥，但应标明涂膜稍有黏性。

④ 压棉球法　在涂膜表面上放一个脱脂棉球，于棉球上再轻轻放置干燥试验器，同时开动秒表，经 30s，将干燥试验器和棉球拿掉，放置 5min，观察涂膜应无棉球的痕迹及失光现象，涂膜上若留有 1～2 根棉丝，用棉球能轻轻掸掉，均认为涂膜实际干燥。

⑤ 刀片法　用保险刀片在样板上切刮涂膜，并观察其底层及膜内有无黏着现象。若无黏着现象，即认为涂膜实际干燥。

除上述方法外，还可以采用自动漆膜干燥时间试验仪，连续监控和测定漆膜的干燥过程，测定结果更为准确。

**【阅读材料 7-2】**

### 中华人民共和国化工行业标准（HG/T 2005—91）电冰箱用磁漆

1. 主题内容与适用范围

本标准规定了电冰箱用磁漆的技术要求、试验方法、检验规则、标志、包装、贮存和运输等。

本标准适用于涂覆电冰箱的冷冻室门、冷藏室门及箱体部位的磁漆。

2. 引用标准

GB 1727　漆膜一般制备法

GB 1728　漆膜、腻子膜干燥时间测定法

GB 1729　漆膜颜色及外观测定法

GB 1740　漆膜耐湿热测定法

GB 1764　漆膜厚度测定法

GB 1765　测定耐湿性、耐盐雾、耐候性（人工加速）的漆膜制备法

GB 1771　漆膜耐盐雾测定法

GB 3186　涂料产品的取样

GB 5208　涂料闪点测定法　快速平衡法

GB 6682　实验室用水规格

GB 6739　涂膜硬度铅笔测定法

GB 6741　均匀漆膜制备法（旋转涂漆法）

GB 6751　色漆和清漆　挥发物和不挥发物的测定

GB 6753.1　涂料研磨细度的测定

GB 6753.4　涂料流出时间的测定　ISO 流量杯法

GB 9271　色漆和清漆标准试板

GB 9274　色漆和清漆　耐液体介质的测定

GB 9278　涂料试样状态调节和试验的温湿度

GB 9286　色漆和清漆　漆膜的划格试验

GB 9750　涂料产品包装标志

GB 9753　色漆和清漆　杯突试验

GB 9754　色漆和清漆　不含金属颜料的色漆　漆膜之 20°、60°和 85°镜面光泽的测定

3. 产品型号

ⅰ型为一般电冰箱磁漆。

ⅱ型为高固体分电冰箱磁漆。

4. 技术要求

产品应符合表 1 中列出的技术要求。

表 1　产品技术要求

| 项　　目 | | 指　　标 | |
|---|---|---|---|
| | | ⅰ 型 | ⅱ 型 |
| 漆膜颜色及外观 | | 漆膜平整、光滑,符合标准样板及色差范围 | |
| 黏度（6 号杯）/s | 不小于 | 35 | |
| 细度/μm | 不大于 | 20 | |
| 不挥发物/% | | 50 | 65 |
| 烘干温度、时间 | | 按品种而定 | |
| 光泽/单位值 | 不小于 | 80 | |
| 硬度 | 不小于 | 2H | |
| 附着力/级 | 不大于 | 1 | |
| 杯突/mm | 不小于 | 5 | |
| 耐水性(100h) | | 不起泡,允许轻微变色 | |

续表

| 项　目 | | 指　标 | |
|---|---|---|---|
| | | ⅰ 型 | ⅱ 型 |
| 耐碱性[(38±1)℃,10g/LNaOH,20h] | | 不起泡 | |
| 耐盐雾性(168h)/级 | 不大于 | 2 | 1 |
| 耐湿热性(240h)/级 | 不大于 | 3 | 1 |
| 防食物侵蚀性 | | | |
| 　西红柿酱(24h) | | 允许出现轻微色斑 | |
| 　咖啡(24h) | | 允许出现轻微色斑 | |
| 耐乙醇性 | | 漆膜不得出现软化现象、磨损迹象和永久性脱色现象 | |
| 闪点/℃ | 不低于 | 25 | |

5. 试验方法

5.1　试验样板的制备

5.1.1　试板的选材及表面处理

使用规定的钢板，经磷化工艺处理（磷化膜厚 4~8μm），于 24h 内进行涂漆。

5.1.2　漆膜制备

将试样用规定的稀释剂稀释至 192s（涂 4 杯），在试板上喷涂均匀的漆膜，于室温下放置 15~20h，移入恒温干燥箱中，烘干温度、时间按品种而定。干膜厚度为 30~50μm。

5.2　试验的一般条件

5.2.1　取样

按 GB 3186 规定进行。

5.2.2　制板方法

按 GB 1727 规定进行。

5.2.3　标准试板

按 GB 9271 规定。

5.2.4　状态调节和试验的环境

按 GB 9278 规定。

5.2.5　漆膜厚度测定。

按 GB 1764 规定进行。

5.3　漆膜颜色及外观。

按 GB 1729 中甲法规定进行。

5.4　黏度

按 GB 6753.4 规定，用 6 号杯进行测试。

5.5　细度

按 GB 6753.1 规定，用 0~50μm 细度计进行测试。

5.6　不挥发物

按 GB 6751 规定进行。

5.7　烘干温度、时间

按 GB 1728 规定测定实干（甲法）来计。

5.8　光泽

按 GB 9754 规定，以 60°角进行测试。

5.9　硬度

按 GB 6739 规定进行。

### 5.10 附着力

按 GB 9286 规定进行，其刀具间隔为 1mm，胶带应符合 GB 2771 规定。

### 5.11 杯突

按 GB 9753 规定进行。

### 5.12 耐水性

按 GB 9274 中第 5 章规定进行。

### 5.13 耐碱性

按 GB 9274 中第 5 章规定进行。

### 5.14 耐盐雾性

按 GB 1765 规定制板，按 GB 1771 规定进行测定，按 GB 1740 规定进行评定。

### 5.15 耐湿热性

按 GB 1765 规定制板，按 GB 1740 规定进行测定、评定。

### 5.16 防食物侵蚀性

用西红柿酱、咖啡与漆膜接触，用玻璃罩盖上，在（23±2）℃下试验 24h，进行检查。

### 5.17 耐乙醇性

用浸透乙醇的脱脂棉在样板的涂漆面上来回摩擦 20 次后进行检查。

### 5.18 闪点

按 GB 5208 规定进行。

## 6. 检验规则

6.1 本标准中所列的全部技术要求项目为型式检验项目。其中，漆液的黏度、细度、不挥发物、烘干温度和时间、漆膜颜色及外观、光泽、硬度、附着力、杯突九项列为出厂检验项目。正常生产时，每年进行一次型式检验。

6.2 产品由生产厂的检验部门按本标准规定进行检验，并生产厂应保证所有出厂产品都符合本标准的技术要求。产品应有合格证，必要时另附使用说明及注意事项。

6.3 接收部门有权按本标准的规定对产品进行检验。如发现质量不符合本标准技术要求规定时，供需双方共同按重新取样进行复验，如仍不符合本标准技术要求规定时，产品即为不合格，接收部门有权退货。

6.4 产品按规定取样，样品应分成两份，一份密封贮存备查，另一份作检验用样品。

6.5 供需双方应对产品包装、数量及标志检查核对，如发现包装有损漏、数量有出入、标志不符合规定等现象时，应及时通知有关部门进行处理。

6.6 供需双方在产品质量上发生争议时，由产品质量监督检验机构执行仲裁检验。

## 7. 标志

按规定进行。

## 8. 包装、贮存和运输

8.1 产品应贮存于清洁、干燥、密封的容器中，装量不大于容积的 95%。产品在存放时，应保持通风、干燥，防止日光直接照射，并应隔绝火源、远离热源，夏季温度高时应设法降温。

8.2 产品在运输时应能防止雨淋、日光曝晒，并应符合有关规定。

8.3 产品在符合条件的贮运条件下，自生产之日起，有效贮存期为一年。超过贮存期可按本标准规定项目进行检验，如结果符合要求，仍可使用。

## 9. 安全、卫生、环保规定

该产品含有二甲苯、丁醇、乙二醇丁醚等有机溶剂，属易燃液体，并具有一定的毒害性。施工现场应注意通风，采取防火、防静电、预防中毒等措施，遵守涂装作业安全操作规程和有关规定。

# 附录 A
## 施工参考（略）

附加说明：

本标准由中华人民共和国化学工业部科技司提出。

本标准由全国涂料和颜料标准化技术委员会归口。

本标准由天津油漆厂负责起草。

本标准主要起草人陆秀敏。

# 第三节　涂层性能检测

从某种意义上说，涂料只是一种中间产品，只有在施工涂刷转化为涂层以后，才能发挥保护、装饰作用。因此，涂层的性能如何具有更重要的实际意义。涂层的性能包括光学性能、力学性能、耐物理因素、耐化学介质、耐候性能等多个方面数十个指标，本节仅介绍一些典型和常用的检测项目。

## 一、漆膜的制备

要进行涂层性能的检测，首先要制作符合试验要求的标准涂层试板。GB 1727—92《漆膜一般制备法》规定了制备漆膜使用的材料、底板的表面处理、制板方法、漆膜的干燥条件及漆膜的厚度等，主要内容如下。

### 1. 样板底材及表面处理

（1）马口铁板　厚度为 0.2～0.3mm，尺寸为 25mm×120mm、50mm×120mm 或 70mm×150mm 的试板。用 500 号水砂纸横向、纵向交替均匀打磨，去除镀锡层，再以直径约 80～100mm 的圆周运动打磨，直至板面形成的圆圈重叠。然后用无水乙醇擦去浮尘，晾干备用。耐热性试验用的马口铁板需先在 400～500℃烘烤 0.5h，使镀锡层氧化，取出冷却后，再打磨处理。

（2）玻璃板　尺寸为 90mm×120mm×（2～3）mm。先用热皂水洗涤，清水洗净擦干，再用溶剂擦净，晾干备用。

（3）铝板　尺寸为 50mm×150mm×（1～2）mm。用脱脂棉蘸溶剂擦净，晾干备用。

（4）木板　表面用 1 号氧化铝砂布磨光，擦净晾干备用。

（5）石棉水泥板　符合建标 25 规定的要求，厚度为 3～6mm 的试板。用砂布打磨，擦净，浸水数小时，至 pH 值接近 10 为止，取出晾干备用。

（6）钢板　普通碳素钢，尺寸为 50mm×120mm×（0.45～0.55）mm 或 65mm×150mm×（0.45～0.55）mm 的试板。按 GB/T 9271—88 规定进行表面处理。

### 2. 制板方法

将试样搅拌均匀，稀释至适当黏度或产品标准黏度后，按规定选用下列方法制备涂膜。

（1）刷涂法　用漆刷在规定的试板上，快速均匀地沿纵、横方向涂刷，使其形成均匀的涂膜，不允许有空白或溢流现象。

（2）喷涂法　喷枪与被涂面之间的距离不小于 200mm，喷涂方向要与被涂面成适当的角度，空气压力为 0.2～0.4MPa（空气应过滤去油、水及污物），喷枪移动速度要均匀，不得有空白或溢流现象。

（3）浸涂法　以缓慢均匀的速度将试板或钢棒垂直浸入涂料液中，停留 30s 后，以同样速度从涂料中取出，置洁净处滴干 10～30min，垂直悬挂于恒温恒湿处或电热鼓风恒温干燥箱中按产品标准规定条件干燥。控制第一次涂膜的干燥程度，以保证制成的涂膜不致因第二次浸涂后发生流挂、咬底或起皱等现象。将试样倒转 180°，按上述方法进行第二次浸涂、滴干，然后按规定进行干燥。

（4）刮涂法 将试板放在平台上，固定。按产品规定的湿膜厚度，选用适宜的涂膜制备器，将其放在试板的一端。在制备器的前面均匀地放上适量试样，握住制备器，用一定的向下压力，约150mm/s的速度匀速滑过试板，即涂布成需要厚度的湿膜。

（5）旋转涂漆器 把底板固定在样板架上，在旋转涂漆器上选定旋转时间及转速，并使涂料产品的温度与测定黏度时的温度一致。将涂料试样沿底板纵向的中心线成带状地注入，数量约占底板的一半面积，迅速盖上盖子，启动电机，待仪器自动停止转动后，打开盖子，取出样板，立即检查，选取涂膜均匀平整且覆盖完全的样板，按规定条件干燥。

（6）浇涂（淋涂）法 把试样均匀浇注在水平放置的样板上，以45°角倾斜放置在洁净无灰处10～30min，使样板上多余的涂料流尽。以同样的角度置于干燥箱或烘箱内，按规定条件干燥。然后，将样板倒转180°，按同样方法进行第二次浇涂、干燥。

注意：在上述各种方法的制板过程中，均不允许手指与试板表面或涂膜表面直接接触，以免留下指印影响涂膜性能的测试。

### 3. 涂膜的干燥和状态调节

在涂层性能试验前应将样板置于规定的温度和湿度条件下，并保持一定时间。除另有规定外，恒温恒湿条件是指标准环境条件：温度（23±2）℃，相对湿度（50±5）％。

对于自干涂料，制备的涂膜应平放在恒温恒湿条件下，按产品标准规定的时间进行干燥。一般自干涂料进行状态调节48h；挥发性涂料状态调节24h（均包括干燥时间在内）。

对于烘干涂料，制备的涂膜应先在室温下放置15～30min，再平放入电热鼓风恒温干燥箱中按产品标准规定的温度和时间进行干燥，干燥后的涂膜在恒温恒湿条件下状态调节0.5～1h。

### 4. 涂膜厚度

除另有规定外，各种涂膜干燥后的厚度应符合表7-6中的规定，才能进行各种性能的测定。

**表 7-6 各种涂料试验时的涂膜厚度**

| 名　　　称 | 厚度/μm |
|---|---|
| 清油、丙烯酸清漆 | 13±3 |
| 酯胶、酚醛、醇酸等清漆 | 15±3 |
| 沥青、环氧、氨基、过氯乙烯、硝基、有机硅等清漆 | 20±3 |
| 多品种磁漆、底漆、调和漆 | 23±3 |
| 丙烯酸磁漆、底漆 | 18±3 |
| 乙烯磷化底漆 | 10±3 |
| 厚漆 | 35±5 |
| 腻子 | 500±20 |
| 防腐漆单一漆膜的耐酸、耐碱性及防锈漆的耐盐水性、耐磨性（均涂两道） | 45±5 |
| 单一漆膜的耐湿热性 | 23±3 |
| 防腐漆配套漆膜的耐酸、耐碱性 | 70±10 |
| 磨光性 | 30±5 |

## 二、涂层性能的检测

### 1. 涂膜光泽度的测定

（1）含义 也称光亮度，指涂膜表面把入射光线向一个方向反射的能力。光泽是鉴别涂层外观质量的主要指标，不同种类和用途的涂料对光泽的要求也不一样。

（2）方法原理 采用固定角度的光电光泽计，在同样条件下，分别测定涂膜表面的正反射光量和标准板表面的正反射光量，以两者之比的百分数表示涂膜的光泽度。

（3）仪器设备 多角度光泽仪。

（4）检测步骤 在玻璃板上制备涂膜（清漆需涂在预先涂有同类型黑色无光漆的底板上）。接通光泽仪电源，选择 60° 入射角，以配备的高光泽度标准板的光泽为 100%，按操作说明测定样板的光泽度。

（5）检测结果 在样板的三个不同位置进行测量，取三点读数的算术平均值。各测量点读数与平均值之差不大于平均值的 5%。

### 2. 涂膜附着力的测定

（1）含义 附着力指漆膜与底材表面结合的牢固程度。漆膜的附着力不仅取决于涂料成分，还与底材的表面处理、施工方式及干燥环境等有着密切的关系。

（2）方法原理 国家标准 GB 1720—89 规定了划圈法测定漆膜附着力；GB 5210—85 规定了拉开法测定涂层附着力；GB 9286—88 规定了划格法测定漆膜附着力。以下仅介绍划圈法。其原理是：在样板上划出规定尺寸的圈痕，按划痕范围内漆膜的完整程度评定附着力，以"级"表示。

（3）仪器设备 附着力测定仪（见图 7-7）、四倍放大镜。

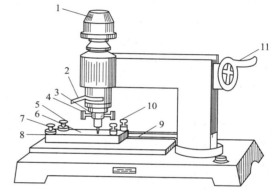

图 7-7 附着力测定仪

1—荷重盘；2—升降棒；3—卡针盘；4—回转半径调整螺栓；5、8—固定样板调整螺栓；6—试验台；7—半截螺帽；9—试验台丝杠；10—调整螺栓；11—摇柄

（4）检测步骤 按标准规定的方法制备马口铁样板 3 块，待涂膜实干后，于恒温恒湿的条件下测定。首先检查附着力测定仪的针头是否锋利，并调整回转半径至与标准回转半径 5.25mm 的圆滚线相同。然后将样板固定在试验台上，调整螺栓，使转针的尖端接触到涂膜，试划几圈。如划痕未露底板，应酌加砝码，至划痕刚好划透漆膜。按顺时针方向均匀摇动摇柄，以圆滚线划痕，转速以 80～100r/min 为宜，圆滚线划痕标准长度为 (7.5±0.5)cm。最后取出样板，用漆刷小心刷去漆屑，用放大镜观察划痕并评级。

（5）检测结果 参照标准圆滚线评级图（见图 7-8），以样板上划痕的上侧为检查目标，依次标出 1、2、3、4、5、6、7 七个部位。按顺序检查各部位的涂膜完整

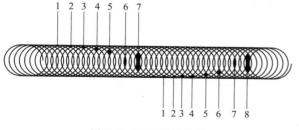

图 7-8 圆滚线评级图

程度，如某一部位的格子有 70% 以上漆膜完好，则认为该部位是完好的，否则应认为坏损。例如，部位 1 涂膜完好，定为一级（附着力最佳）；部位 1 涂膜坏损而部位 2 完好，则定为二级，依次类推。七级附着力为最差。结果以至少有两块样板的级别一致为准。

### 3. 涂膜硬度的测定

（1）含义 硬度是指漆膜干燥后的坚硬程度，即漆膜表面对另一硬度较大物体的挤压、

碰撞、擦划等机械力的抵抗能力。它是表示涂膜机械强度的重要指标。

（2）方法原理　GB/T 1730—93 规定了摆杆阻尼试验法，采用双摆、科尼格摆或珀萨兹摆测定摆杆在涂层上摆动的阻尼来表示涂层的硬度。如国内常用的双摆硬度计，就是分别测定摆杆在样板和玻璃板上摆幅由 5°降低到 2°所需的时间，以二者的比值为涂膜的硬度。

GB/T 6739—1996 规定了涂膜硬度铅笔测定法，它是用已知硬度的铅笔刮划涂膜，以铅笔的硬度标号来表示涂膜的硬度，有试验机法和手动法。以下主要介绍此法。

（3）仪器设备　中华牌高级绘图铅笔一套：9H、8H、7H、6H、5H、4H、3H、2H、H、F、HB、B、2B、3B、4B、5B、6B，其中 9H 最硬，6B 最软。

（4）检测步骤　用削笔刀削去铅笔木杆部分，使铅芯呈圆柱状露出约 3mm，将铅芯垂直靠在砂纸上慢慢研磨，直至铅笔尖端磨成平面、边缘锐利为止。将样板（底材为马口铁板或薄钢板）固定在水平的台面上，手持铅笔约成 45°角，以铅笔芯不折断为度，在涂膜面上推压，向试验者前方以约 1cm/s 的速度均匀刮划约 1cm。每刮划一道，要对铅笔芯的尖端重新研磨，重复刮划五道。在五道刮划试验中，如果刮破（或擦伤）的涂膜不足两道时，则换用高一位硬度标号的铅笔进行同样试验，直至选出涂膜被刮破（或擦伤）两道或两道以上的铅笔。以比这个铅笔低一位的硬度标号作为涂膜的铅笔硬度。例如，用 4H 的铅笔能将涂膜刮破两道，则涂膜的铅笔硬度为 3H。

采用铅笔硬度试验仪时，铅笔和样板的准备同上。将样板水平放置，固定在试验仪平台上。试验仪的重物通过重心的垂直线与涂膜面的交点接触到铅笔芯的尖端，将铅笔固定在夹具上。调节平衡重锤，使样板上加载的铅笔荷重处于不正不负的状态，然后将固定螺丝拧紧，使铅笔离开涂膜面，固定好连杆。在重物放置台上加上（1.00±0.05)kg 的重物，放松固定螺丝，使铅笔芯的尖端接触到涂膜面，重物的荷重加到铅笔尖端上。恒速地摇动手轮，驱动样板向着铅笔芯反方向水平移动约 3mm，使笔芯刮划涂膜表面，移动的速度为0.5mm/s。调整样板位置，共刮划五道。每道刮划后，铅笔的尖端要重新磨平再用。评价方法同手动法。

#### 4. 涂膜柔韧性的测定

（1）含义　涂膜柔韧性是指涂膜随底材一起变形而不发生损坏的能力，也称弹性或弯曲性。环境温度剧变引起的热胀冷缩会使柔韧性差的涂层开裂甚至剥落，因此，柔韧性对保证涂装效果很重要。

（2）方法原理　GB/T 1731—93 规定了用柔韧性测定器测定漆膜柔韧性的方法，它是以不引起漆膜破坏的最小轴棒直径表示涂膜的柔韧性。

（3）仪器设备　柔韧性测定器（如图 7-9 所示，由直径不同的 7 个钢制轴棒固定在底座上组成的，各轴棒与安装平面的垂直度公差值不大于 0.1mm）；4 倍放大镜等。

（4）检测步骤　用马口铁板按标准方法制备涂膜样板，实干后测定涂膜厚度。在规定的恒温恒湿条件下，用双手将样板紧压于测定器的一根轴棒上（涂膜朝上），利用两个大拇指的力量在 2～3s 内，绕轴棒弯曲试板，弯曲后两大拇指应对称于轴棒中心线。然后用 4 倍放大镜检查涂膜是否产生网纹、裂纹及剥落等破坏现象，以不引起涂膜破坏的最小轴棒直径表示涂膜的柔韧性。

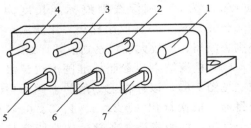

图 7-9　柔韧性测定器

### 5. 涂膜耐热性的测定

（1）含义 耐热性是指涂膜对高温的抵抗能力。对于在较高温度下使用的涂料产品，若涂层耐热性差，就会产生起泡、皱皮、开裂、变色等现象，起不到应有的作用。

（2）方法原理 按 GB 1735—89《漆膜耐热性测定法》，采用鼓风恒温烘箱或高温炉加热，达到规定的温度和时间后，检查涂膜的表面变化来判断其耐热性。

（3）仪器设备 鼓风恒温烘箱或高温炉。

（4）检测步骤 用马口铁板或薄钢板按标准方法制备涂膜样板，待涂膜实干后，将三块样板放入已调节到产品标准规定温度的鼓风恒温烘箱（或高温炉）内，另一块涂漆样板留作比较。达到规定时间后，将样板取出，冷至（25±2）℃。与预先留下的一块样板比较，检查其有无起层、皱皮、鼓泡、开裂、变色等现象，以不少于两块样板符合产品标准规定为合格。

### 6. 涂膜耐水性的测定

（1）含义 指涂膜对水的作用的抵抗能力。

（2）方法原理 按 GB/T 1733—93《漆膜耐水性测定法》，将试板在水中浸泡，达到规定的试验时间后，观察漆膜表面变化来判断其耐水性。

（3）仪器材料 玻璃水槽、蒸馏水或去离子水。

（4）检测步骤 在马口铁底板上制备涂膜，在规定状态下干燥后测定涂膜的厚度。然后用 1:1 的石蜡和松香混合物封边，封边宽度 2～3mm。在玻璃水槽中加入蒸馏水或去离子水，常温法保持水温为（23±2）℃，沸水法保持水的沸腾状态，将三块试板 2/3 的长度浸泡于水中。在产品标准规定的浸泡时间结束时，从槽中取出试板，用滤纸吸干，立即或按产品标准规定的时间进行状态调节。最后目视检查试板，并记录是否有失光、变色、起泡、起皱、脱落、生锈等现象和恢复时间，以三块试板中至少有两块试板符合产品标准规定为合格。

### 7. 涂膜耐化学试剂性的测定

（1）含义 是指涂膜对酸、碱、盐等化学介质的抵抗能力。

（2）方法原理 见 GB 1763—89《漆膜耐化学试剂性测定法》、GB/T 9265—88《建筑涂料涂层耐碱性的测定》等。其基本原理是：在规定条件下，将漆膜浸入化学介质中一定时间，观察其受侵蚀的程度。

（3）仪器材料 标本瓶、普通低碳钢棒（直径 10～12mm，长 120mm，一端为球面，另一端 5mm 处穿一小孔）、50mL 量筒等。

（4）检测步骤 将普通低碳钢棒用砂布打磨后，再用 200 号油漆溶剂油或工业汽油洗净，用绸布擦干。将黏度调节为（20±2）s（涂-4 黏度杯法）的试样倒入量筒中约 40mL，静置至无气泡。将钢棒带孔的一端在 2～3s 内垂直浸入试样中，取出，悬挂放置 24h。将钢棒倒转 180°，按上述方法浸入试样中，取出后放置七天，按产品标准规定的条件干燥，并测量漆膜厚度。

将三根试样棒浸入温度为（25±1）℃的介质中三分之二的长度，并加盖。每 24h 检查一次，每次检查试棒需用自来水冲洗，用滤纸将水珠吸干后，观察漆膜有无失光、变色、小泡、斑点、脱落等现象。评定合格与否按产品标准的规定，以至少两只试棒结果一致为准。

### 8. 涂膜耐大气曝晒性的测定

（1）含义 指涂膜抵抗阳光、雨、雪、风、氧气等气候条件的破坏老化作用而保持原性能的能力，也称耐候性或耐久性。

（2）方法原理　按 GB/T 9276—1996《涂层自然气候暴露试验方法》，将样板在一定条件下曝晒，按规定的检查周期对老化现象进行检查，并按规定的评级方法进行评级。

（3）仪器设备　样板曝晒架、光泽计、四倍放大镜、涂膜柔韧性试验器、涂膜附着力试验器、涂膜冲击试验器、涂膜硬度测定仪、涂膜拉力机等。

（4）检测步骤　按照各种涂料产品标准中规定的方法制备涂膜曝晒样板，样板的反面必须涂漆保护，底漆和面漆宜采用喷涂法施工。每一个涂料品种用同样的方法制备两块曝晒样板和一块标准样板，并妥善地保存在室内阴凉、通风、干燥的地方。样板投试前，先检查涂膜外观状态和物理力学性能并记录。

投试以后的前三个月，每半个月检查一次；第四个月起，每月检查一次；一年以后，每三个月检查一次。检查项目包括失光、变色、粉化、龟裂、长霉、起泡、生锈及脱落等。样板检查前，下半部用毛巾或棉纱在清水中洗净晾干，作检查失光、变色等现象用；上半部不洗，用作检查粉化、长霉等现象。

样板的曝晒期限可以提出预计时间，但终止指标应根据各种涂膜老化破坏的程度及具体要求而定。一般涂膜破坏情况达到综合评级（见 GB/T 1766—1995）的"差级"中的任何一项即可停止试验。

最后还需指出，涂层的性能不仅取决于涂料本身的质量，还与底材的表面处理、施工方式及干燥过程等有着密切的关系。在实际应用中，必须按正确的方法施涂，才能最大限度地发挥涂料的作用。

 **【阅读材料 7-3】**

## 一些常用的涂料词汇

| | |
|---|---|
| Accelerate 促进剂 | Accelerator 接触剂 |
| Acid Stain 丙烯酸树脂 | Active Agent 活性剂 |
| Alkyd Resin 醇酸树脂 | Alligatoring 漆膜龟裂 |
| Anticorrosive Paint 防锈涂料 | Base Boat 底漆 |
| Brushing 刷涂 | Brushing Mark/Streak 刷痕 |
| Bubbling 气泡 | Chalking 粉化 |
| Chipping 剥落 | Chromaticity 色度 |
| Coating 涂料 | Cold Water Paint 水性涂料 |
| Consistency 稠厚度 | Covering Power 遮盖力 |
| Cresol Resin Adhesive 甲酚树脂胶 | Crimping 皱纹 |
| Diluent 稀释剂，冲淡剂 | Discoloring 变色 |
| Drying Time 干燥时间 | Dulling 失光 |
| Dusting 粉化 | Emulsion Paint 乳化涂料 |
| Enamel 色漆，磁漆 | Filler 填料，填充剂 |
| Flaking 剥落 | Hardener 硬化剂 |
| Latex 乳胶 | Latex Paint 合成树脂乳化型涂料 |
| Make Up Paint 调和漆 | Natural Clear Lacquer 清漆 |
| Nitro-lacquer 硝基漆 | Oil Paint 油性漆 |
| Opacity 不透明度 | Paint 涂料，油漆 |
| Paint Film 涂膜 | Putty 腻子 |
| Quick Drying Paint 速干漆 | Rimer 底漆 |
| Ready Mixed Paint 调和漆 | Sample Board 样板 |

摘自周木励编. 英汉涂料技术词汇. 北京: 化学工业出版社, 1997.

# 第四节 颜料的检测

颜料是一种具有装饰和保护作用的有色物质。它不溶于水、油、树脂等介质，通常以分散状态应用于油墨、涂料、化纤、陶瓷、化妆品等产品中，使其呈现各种色彩。颜料可分为无机颜料和有机颜料。无机颜料主要包括炭黑及铁、钡、锌、铅和钛等金属的氧化物和盐，其稳定性、耐热性好，遮盖力强，但色谱不齐全，着色力低，鲜艳度差，部分金属盐和氧化物毒性较大。有机颜料有单偶氮、双偶氮、色淀、酞菁、喹吖啶酮及稠环颜料等多种结构类型，色谱齐全，鲜艳纯正，着色力强，但耐光、耐气候性和化学稳定性较差，价格也较贵。

颜料产品的共性指标有颜色、遮盖力、着色力、吸油量、细度、水悬浮液 pH 值、挥发物、水溶物、筛余物、分散性、耐光性、耐油性、耐热性、耐酸性、耐碱性、水萃取液电阻率等，此外，不同用途的颜料还有其特定的功能指标，这些技术指标综合起来作为生产和使用双方验收质量监督的依据，称为颜料产品标准。对上述指标的测定，国家均制定有标准检测方法。以下以国家标准为基础简要介绍常用指标的检测。

## 一、颜料的颜色

### 1. 含义

颜色即颜料的色彩，是颜料对白光选择性吸收的结果。

### 2. 测定原理

见 GB/T 1864—89《颜料颜色的比较》，按规定方法将试样和标准样品制成色浆，目测比较二者的颜色差异。

### 3. 仪器材料

（1）调墨刀。

（2）底材 无色透明玻璃板，最小面积 150mm×150mm。

（3）吸管。

（4）天平 精确至 1mg 或更高的精确度。

（5）自动研磨机。

（6）湿膜制备器 适用于并排地涂上一个或三个膜，湿膜厚度 100$\mu$m。

（7）精制亚麻仁油。

### 4. 检测步骤

（1）色浆的制备 称取试验颜料 0.5～2.0g（准确至 1mg），放在自动研磨机清洁的下层玻璃板上，用吸管滴加一定量的精制亚麻仁油，用调刀将其充分混合。把浆状物铺展成约 50mm 宽的条带，该条带大约在下层玻璃板边缘到中心的中间处。合上研磨机板，施加约 1kN 的力进行研磨，每遍 50 转，研磨四遍。每研磨一遍后用调刀将两板上的浆状物收集在一起，再铺展成宽 50mm 的条带。研磨结束后，再加入少量精制亚麻仁油，用调刀调和以得到合适的稠度。合上研磨机板，再研磨 25 转，从板上取下浆状物，贮存于合适的容器中备用。取相同量的标准样品，同样方法制备浆状物。如果发现研磨机施加的力和研磨转数不合适，可适当调整，但试样和标准样品必须在相同条件下进行。

（2）颜色的比较 将制得的试样及标准样品的色浆以同一方向铺展在底材上，用湿膜制备器制成宽不小于 25mm、接触边长不小于 40mm 的不透明条带，涂后立即在散射日光或标准光源下观察不透明条带的颜色。经有关双方商定，也可通过玻璃比较两种浆的颜色。

### 5. 检测结果

试验结果以试样与标准样品的颜色差异程度来表示。颜色差异的评级分为：近似、微、稍、较四级。其中，微、稍、较之后需列入色相及鲜、暗的评语。白色颜料以优于、等于或差于标准样品及加上色相进行评定。

## 二、颜料的遮盖力

### 1. 含义

颜料的遮盖力是指含有颜料的成膜物遮蔽底材表面的能力。

### 2. 测定原理

见 GB/T 1709—79《颜料遮盖力测定法》，将试样和调墨油制成色浆，均匀涂刷于黑白格玻璃板上，测定使黑白格恰好被遮盖的最小颜料用量，以 $g/m^2$ 表示。

### 3. 仪器材料

调墨刀、平磨机、调墨油（用纯亚麻仁油）、暗箱、黑白格玻璃板（如图 7-5）、天平等。

### 4. 检测步骤

称取试样 3～5g（准确至 0.2g），参照表 7-7 的用量称取调墨油，取其总量的 1/2～1/3 置于平磨机下层的磨砂玻璃面上，用调墨刀调匀，加 5.0MPa 压力，进行研磨，每 25 转或 50 转调和一次，调和四次共 100 转或 200 转，加入剩余的调墨油，用调墨刀调匀，放入容器内备用。

在天平上称准黑白格板的质量后，用漆刷蘸取颜料色浆均匀涂刷，注意不要把色浆粘到板的侧边。在暗箱中距磨砂玻璃 150～200mm，两支 15W 日光灯照射下观察，视线与板面成 30°角，至黑白格板恰好被遮盖为终点。称量涂有色浆的黑白格板。

表 7-7　测定颜料遮盖力时调墨油的用量

| 颜料吸油量/(mL/100g) | 颜料：油（质量比） | 颜料吸油量/(mL/100g) | 颜料：油（质量比） |
| --- | --- | --- | --- |
| 10～20 | 1:1.2 | 30～40 | 1:4 |
| 20～30 | 1:2.5 | 40 以上 | 1:5 |

### 5. 检测结果

颜料遮盖力 $X(g/m^2)$ 按下式计算：

$$X = \frac{50m(m_1 - m_2)}{m + m_3}$$

式中　$m$——试样的质量，g；

$m_1$——刷涂色浆后黑白格板的质量，g；

$m_2$——刷涂前黑白格板的质量，g；

$m_3$——用去调墨油的质量，g。

平行测定的相对误差不大于 10% 时，取其平均值作为测定结果。

## 三、水溶物的含量

### 1. 含义

水溶物含量是指颜料中可溶于水的物质的质量分数。在颜料生产过程中会有一定量的可溶性杂质（如硫酸盐、氯化物等）混入颜料成品中，这些水溶物会破坏涂膜对底材的保护作用，甚至对底材造成腐蚀。

2. **测定方法**

GB/T 5211.1—2003、GB/T 5211.2—2003 分别规定了冷萃取法和热萃取法用于测定颜料产品在冷水及热水中可溶性物质的含量。

3. **仪器材料**

蒸馏水（pH 值为 6～7 的二次蒸馏水）、250mL 容量瓶、蒸发皿、慢速滤纸或玻璃滤器、烘箱、干燥器、分析天平、移液管等。

4. **检测步骤**

（1）冷萃取法　称取 2～20g 样品（数量根据颜料类型和水溶物含量决定），准确至 0.01g，置于一烧杯中。将烧杯中的试样用几毫升水润湿（如颜料在水中难以分散，可滴加少许水调浆润湿；如颜料不溶于乙醇，可加几毫升乙醇进行润湿）。加 200mL 刚煮沸并冷却的二次蒸馏水，在室温下连续搅拌 1h，移入容量瓶中，用水稀释至刻度，充分摇匀。用滤纸或玻璃滤器反复过滤，直至滤液清澈。在水浴上用预先称量过的蒸发皿蒸发 100mL 清澈滤液至干，移入（105±2）℃烘箱中烘干，在干燥器中冷却后称量，准确至 1mg。再次加热、冷却，直到两次称量之差不大于最终值（最终水溶物的质量）的 10%。

（2）热萃取法　同上法称取 2～20g 样品，在烧杯中润湿。加 200mL 刚煮沸过的二次蒸馏水后搅拌，煮沸 5min，如颜料高度分散，则可根据颜料品种选用合适的絮凝剂（按产品标准规定），迅速冷却到室温，移入容量瓶中。以下操作同冷萃取法。

5. **检测结果**

样品中水溶物含量（%）按下式计算：

$$w = 250 \times \frac{m_1}{m_0}$$

式中　$m_0$——试样的质量，g；

　　　$m_1$——水溶物的质量，g。

取两次平行测定的平均值，报告试验结果到一位小数。

**四、筛余物的含量**

1. **含义**

筛余物是指颜料中不能通过一定孔径筛子的大粒子和机械杂质。筛余物对颜料分散过程产生影响且破坏研磨设备，所以其含量是颜料生产中必须控制的重要指标。筛余物含量以颜料通过一定孔径的筛子后，剩余物质量与试样质量的百分比表示。

2. **测定方法**

GB/T 5211.14—88、GB/T 5211.18—88 分别规定了机械冲洗法和水法，GB/T 1715—79 规定了湿筛法和干筛法。本节介绍简便易行的湿筛法和干筛法。

3. **仪器材料**

筛子（内径 65～70mm，高 35～40mm，或内径 75～80mm，高 50～55mm）；中楷羊毛笔；天平；电热鼓风烘箱；95%乙醇（化学纯）。

4. **检测步骤**

（1）湿筛法　称取试样 10g（有机颜料称取 2～3g），准确至 0.01g。按产品标准规定的孔径选取筛子，恒重后用乙醇润湿。将试样放入筛内，用乙醇将试样润湿，手持筛子的上端将筛浸入水中，用中楷羊毛笔轻轻刷洗，直至在水中无颜料颗粒。再用蒸馏水冲洗两次、用乙醇冲洗一次，最后放入（105±2）℃的恒温烘箱中烘干至恒重。

（2）干筛法　称取试样 10g，准确至 0.01g，放入产品标准规定孔径的已知质量的筛内。

手持筛子的上端轻轻摇动，用中楷羊毛笔将颜料轻轻刷下，直至在白纸上无色粉为止。然后将剩余物连同筛子一起称量（准确至 0.0002g）。

### 5. 检测结果

筛余物的质量 $R$（％）按下式计算：

$$R = \frac{m_1 - m_2}{m} \times 100\%$$

式中　$m$——试样的质量，g；

　　　$m_1$——空筛和剩余物的质量，g；

　　　$m_2$——空筛的质量，g。

平行测定两次，湿筛法中相对误差不大于 10％，干筛法中不大于 15％，则取平均值为测定结果。

### 五、颜料的吸油量

#### 1. 含义

在定量的粉状颜料中逐步将油滴入，使其均匀调入颜料，直至滴加的油恰能使全部颜料浸润，并不碎、不裂、粘在一起的最低用油量，称为颜料的吸油量。吸油量是颜料用于涂料中时的重要指标，因为在保持涂料同样稠度时吸油量大的颜料比吸油量小的颜料耗费的涂料多。

#### 2. 测定原理

按 GB/T 5211.15—488《颜料吸油量的测定》的规定，用颜料样品在规定条件下吸收的精制亚麻仁油量作为吸油量指标，用体积/质量或质量/质量表示。

#### 3. 仪器材料

（1）平板　磨砂玻璃或大理石制，尺寸不小于 300mm×400mm。

（2）调刀　钢制，锥形刀身，长约 140～150mm，最宽处为 20～25mm，最窄处不小于 12.5mm。

（3）滴定管　容量 10mL，分度值 0.05mL。

（4）精制亚麻仁油　酸值为 5.0～7.0mgKOH/g。

#### 4. 检测步骤

根据不同颜料吸油量的范围，建议按表 7-8 的规定称取适量的试样。

**表 7-8　试样量与吸油量的关系**

| 吸油量/(mL/100g) | 试样质量/g | 吸油量/(mL/100g) | 试样质量/g |
|---|---|---|---|
| ≤10 | 20 | 50～80 | 2 |
| 10～30 | 10 | >80 | 1 |
| 30～50 | 5 | | |

将试样置于平板上，用滴定管滴加精制亚麻仁油，每次滴加不超过 10 滴，用调刀压研，使油渗入受试样品，继续滴加至油和试样形成团块为止。从此时起，每加一滴后需用调刀充分研磨，当形成稠度均匀的膏状物，恰好不裂不碎，又能黏附在平板上时，即为终点。记录耗油量，全部操作应在 20～25min 内完成。

平行测定两份样品。

#### 5. 检测结果

吸油量 $A$ 以每 100g 产品所需油的体积或质量表示，分别用下式计算：

$$A = 100 \times \frac{V}{m}$$

$$A = 93 \times \frac{V}{m}$$

式中　$V$——试验中所耗油的体积，mL；

　　　$m$——试样的质量，g；

　　　93——精制亚麻仁油的密度乘以100。

报告结果准确到每100g颜料所需油的体积或质量。

### 六、颜料的耐光性

#### 1. 含义

耐光性是指颜料在日光下暴露一定时间后抵抗颜色变化的能力。以颜料样品和参照物在相同光源下暴露相同时间后，比较二者的颜色变化来评定。

#### 2. 测定原理

见 GB 1710—79《颜料耐光性测定法》，将颜料研磨于一定的介质中，制成样板，与日晒牢度蓝色标准同时在规定的光源下曝晒一定时间后，比较其变色程度，以"级"表示。

#### 3. 仪器材料

（1）仪器及工具　电热鼓风箱、调墨刀、漆刷或喷枪、马口铁板、铜丝布（100目）、黑厚卡纸、书写纸、刮板细度计（0～100μm）、氙灯日晒机（1.5kW）；天平、小砂磨机（电机转速2800r/min；容器内径65mm，高115mm；玻璃珠直径2～3mm）、日晒牢度蓝色标准（GB 730—65）；染色牢度褪色样卡（GB 250—64）；天然日晒玻璃框（以厚约3mm均匀无色的窗玻璃和木框构成，木框四周有小孔，使空气流通，并不受雨水和灰尘的影响，曝晒试样与玻璃间距为20～50mm）。

（2）试剂

① 椰子油改性醇酸树脂　颜色：不大于8（铁-钴比色计）；黏度：25℃时20～60s（涂-4黏度计）；酸值：不大于7.5mgKOH/g；固体含量：48%～52%。

② 三聚氰胺甲醛树脂　颜色：不大于1（铁-钴比色计）；黏度：25℃时60～90s（涂-4黏度计）；酸值：不大于2mgKOH/g；固体含量：58%～62%。

③ 涂料用金红石型二氧化钛。

④ 铅锰钴催干剂。

⑤ 二甲苯（YB301）。

#### 4. 检测步骤

（1）试样的制备　参照表7-9和表7-10，根据颜料品种和所需冲淡倍数，按次序称取椰子油改性醇酸树脂、颜料、冲淡剂和玻璃珠，放入容器内，加入适量二甲苯，搅拌均匀并砂磨至细度30μm以下，再加入所需的三聚氰胺甲醛树脂及树脂质量0.2%的铅锰钴催干剂，搅拌均匀，用100目铜丝布过滤，以二甲苯调节至适宜制板黏度。

表 7-9　有机颜料试样配比

| 冲淡倍数 | 颜料/g | 冲淡剂/g | 椰子油改性醇酸树脂/g | 三聚氰胺甲醛树脂/g | 玻璃珠/g |
|---|---|---|---|---|---|
| 本色 | 10 | — | 60 | 30 | 120 |
| 1倍 | 5 | 5 | 60 | 30 | 120 |
| 20倍 | 1.2 | 23.8 | 50 | 25 | 120 |
| 100倍 | 0.25 | 24.75 | 50 | 25 | 120 |

表 7-10　无机颜料试样配比

| 冲淡倍数 | 颜料/g | 冲淡剂/g | 椰子油改性醇酸树脂/g | 三聚氰胺甲醛树脂/g | 玻璃珠/g |
|---|---|---|---|---|---|
| 本色 | 25 | — | 50 | 25 | 120 |
| 1 倍 | 12.5 | 12.5 | 50 | 25 | 120 |
| 20 倍 | 1.2 | 23.8 | 50 | 25 | 120 |

(2) 制板　将马口铁板用 0 号砂纸打磨，用二甲苯清洗并用绸布擦干。将试样刷涂或喷涂在已处理好的马口铁板上，置于无灰尘处，使其流平 0.5h，放入 100℃ 的烘箱中烘干 0.5h，取出冷却至室温备用。

(3) 耐光试验

① 日晒牢度机法　把制备好的样板和《日晒牢度蓝色标准》样卡用黑厚卡纸内衬书写纸遮盖一半，放入日晒机，晒至《日晒牢度蓝色标准》中的 7 级褪色到相当于《染色牢度褪色样卡》的 3 级时即为终点，将其取出，放于暗处 0.5h 后评级。

② 天然日光曝晒法　按日晒牢度机法将样板和《日晒牢度蓝色标准》样卡同时置于天然日晒玻璃框中，晒架与水平面呈当地地理纬度角朝南曝晒，注意框边阴影不落于样板或蓝色标准样卡上，并经常擦除玻璃上的灰尘，阴雨停止曝晒，日晒终点同日晒牢度机法。

5. 检测结果

在散射光线下观察试样变色程度，与蓝色标准样卡的变色程度对比，如果试样和蓝色标准样卡的某一级相当，则其耐光等级为该级；如果变色程度介于二级之间，则其耐光等级为二者之间，如 3～4 级、5～6 级。耐光性评语以 8 级最好、1 级最差。色光的变化可加注深、红、黄、蓝、棕、暗等。颜料的耐光性评级以本色的样板为主，冲淡样板为参考。

### 七、颜料的耐酸性

1. 含义

颜料和酸溶液接触后，由于颜料和酸作用，会造成酸溶液的沾色和颜料本身的变色，颜料的耐酸性即是指颜料对抗酸的作用而造成酸溶液的沾色和颜料变色的性能。

2. 测定原理

按 GB/T 5211.6—85《颜料耐酸性测定法》，使颜料与酸液接触一定时间后过滤，将滤液和滤饼与标准色卡比较，评定其沾色和变色程度，以"级"表示。

3. 仪器材料

(1) 天平　感量 0.001g。

(2) 试管　容量 25mL，带磨口塞。

(3) 电动振荡器　振荡频率 (280±5)次/min，振荡幅度 (40±2)mm。

(4) 细孔坩埚　容量 25mL。

(5) 抽滤瓶　容量 125mL。

(6) 慢速滤纸。

(7) 比色皿　厚度 0.5cm，高度 6.4cm。

(8) 比色架　有两个孔，恰好插入两支比色皿，背景为白色。

(9) 沾色灰色分级卡　GB 251—84。

(10) 褪色灰色分级卡　GB 250—84。

(11) 盐酸　化学纯，质量分数为 2%。

4. 检测步骤

(1) 试液和滤饼的制备　称取两份颜料样品，每份 0.5g，称准至 0.001g，分别放入两支试管中，其中一支加入 20mL 蒸馏水，另一支加入 20mL 盐酸溶液。放置 5min 后，盖紧磨口塞，水平固定在电动振荡器上，振荡 5min，取下，分别倒入铺设 3 层滤纸的细孔坩埚中，真空抽滤直至得到清澈滤液。留在坩埚中的即为滤饼。

（2）沾色和变色级别的评定　将制得的清澈盐酸滤液和 2% 盐酸溶液分别注满比色皿，将两比色皿置于比色架孔中，在朝北自然光照下，入射光与被观察物成 45°角，观察方向垂直于被观察物表面，对照沾色灰色分级卡，以目视评定滤液的沾色级别。

分别取出过滤后两坩埚中的滤饼，放在白瓷板上，压上无色玻璃，用上述观察方法对照褪色灰色分级卡，以目视评定颜料的变色级别。

**5. 检测结果**

颜料的耐酸性用滤液的沾色级别或滤饼的变色级别或同时用二者表示。5 级为最好，1 级为最差。滤液的沾色程度介于两级之间时可用 4～5、3～4、2～3、1～2 表示。滤饼的变色程度介于两级之间时，则用 4/5、3/4、2/3、1/2 表示。如同时表示滤液的沾色程度和滤饼变色程度的级别时，则表示为 A [B]，其中 A 表示滤液的沾色级别，B 表示滤饼的变色级别。例如某颜料滤液沾色为 5 级，变色为 4/5，则表示为 5 [4/5]。

平行试验两次，所测得级别应相同。

此外，颜料的耐碱性、耐油性、耐水性、耐溶剂性等，其含义及测定方法均与耐酸性类似，读者可参阅国家标准 GB/T 5211.5～5211.9—85 的有关规定。

**八、颜料在烘干型漆料中的热稳定性**

**1. 含义**

耐热性是指颜料抵抗一定温度烘烤后颜色变化的性能。有几种不同的表示和测定方法，如颜料干粉的耐热性、颜料在介质中的耐热性、颜料在烘干型漆料中的热稳定性等。

**2. 测定原理**

见 GB 1711—89《颜料在烘干型漆料中热稳定性的比较》，将试样与标准样品制成样板，在规定温度和时间下烘烤，通过比较二者的颜色变化评定热稳定性。

**3. 仪器材料**

（1）样板　任何一种合适的轻型金属板或产品标准规定的其他合适样板，规格 150mm×100mm×(0.2～0.3)mm。

（2）漆料　烘干型，在产品标准中规定。

（3）烘箱　有良好通风，并能保持在规定温度。

**4. 检测步骤**

用产品标准规定的方法及漆料制备试验颜料（单独的或者冲淡到规定的颜色）的分散体，包括进一步添加规定漆料或溶剂，使分散体冲稀至适宜的稠度。以同样方法、相同的漆料制备标准样品的分散体。用规定的方法将试验颜料的分散体施涂于试验样板的整个表面，以得到厚度为 75～120μm 的湿膜。用相同的方法将标准样品的分散体施涂在另一样板的整个表面。

让涂覆的样板在 (23±2)℃及 (50±5)% 相对湿度下保持 30min（也可在室温无灰尘处放置 30min）。然后将样板放入烘箱内，在 (100±1)℃下烘烤 30min，取出冷却至室温，切割成宽度不小于 30mm 的窄条。留出一窄条作为对比用的标准样板。将涂过试验样品及标准样品的样板窄条在规定的较高温度与时间里进行烘烤，冷却至室温。

按 GB 9761 的规定，在散射日光下，把在较高温度下烘烤的试验颜料和标准样品的样板同相应的在低温下烘烤的标准样板作比较。如果不能利用日光，则在标准光源下进行比较。

如果需要，48h后再进行比较。

5. 检测结果

试验颜料的热稳定性（以颜料的变色程度表示）：是小于、等于、还是大于标准样品的变色程度，并记录各块样板的烘烤温度和时间。如有需要，可商定用适宜的色度计来测定色差。

# 第五节　涂料和颜料的检测实训

## 实训一　合成树脂乳液外墙涂料的检测

### 一、产品简介

一般将用于建筑物内墙、外墙、顶棚及地面的涂料称为建筑涂料，又称墙漆，是涂料中用量很大的一个重要类别。随着建筑涂料消费量的不断增长以及对不同用途的特殊需求，我国建筑涂料近年来迅速向高档化、多功能化方向发展，不但注重其保护性能，对其装饰性能的要求也越来越高。

外墙涂料的功能是装饰和保护建筑物的外墙面，使建筑物外貌整洁美观。一般要求具有装饰性好、耐候性好、耐沾污性能好、耐水性好的特点。合成树脂乳液类涂料是以乳液为主要成膜物，加入助剂、填料等混合而制成，可通过喷涂、滚涂、抹涂等方法进行施工，做成多种图案花纹状用于室内、外装修。一般外墙用的乳液有苯丙乳液、纯丙乳液等，填料可以是碳酸钙、滑石粉、硅灰石粉等，增稠剂是聚丙烯酸盐类、羟乙基纤维素等，初期干燥抗龟裂材料为纸筋纤维、云母粉等。合成树脂乳液涂料安全、无毒、无味、不燃，施工简便，不污染环境，不易产生龟裂，不泛白，是外墙主层涂料使用最多的品种。

### 二、实训要求

（1）了解合成树脂乳液外墙涂料的用途、成分及技术要求。

（2）理解掌握合成树脂乳液外墙涂料主要性能指标的检测方法。

### 三、项目检测

（一）执行标准

GB/T 9755—2001《合成树脂乳液外墙涂料》。技术要求见表7-11。

表 7-11　合成树脂乳液外墙涂料技术要求

| 项　目 | 优等品 | 一等品 | 合格品 |
|---|---|---|---|
| 容器中状态 | 无硬块，搅拌后呈均匀状态 | | |
| 施工性 | 刷涂两道无障碍 | | |
| 低温稳定性 | 不变质 | | |
| 干燥时间（表干）/h　　　　≤ | 2 | | |
| 涂膜外观 | 正常 | | |
| 对比率（白色和浅色） | 0.93 | 0.90 | 0.87 |
| 耐水性 | 96h 无异常 | | |
| 耐碱性 | 48h 无异常 | | |
| 耐洗刷性/次 | 2000 | 1000 | 500 |

续表

| 项　目 | | 优等品 | 一等品 | 合格品 |
|---|---|---|---|---|
| 耐人工气候老化性 | | 600h | 400h | 250h |
| | | 不起泡、不剥落、无裂纹 | | |
| 粉化/级 | ≥ | 1 | | |
| 变色/级 | ≥ | 2 | | |
| 耐沾污性/% | ≤ | 15 | 15 | 20 |
| 涂层耐温变性 | | 5 次循环无异常 | | |

（二）试样制备

**1. 取样**

产品按 GB 3186 的规定进行取样。取样量根据检测需要而定。

**2. 试验条件**

试板的状态调节和试验的温、湿度应符合 GB 9278 的规定。详见本章第三节。

**3. 试验样板的制备**

（1）所检产品未明示稀释比例时，搅拌均匀后制板。

（2）所检产品明示了稀释比例时，除对比率外，其余需要制板进行检测的项目，均应按规定的稀释比例加水搅匀后制板，若所检产品规定了稀释比例的范围时，应取其中间值。

（3）检测用试板的底材除对比率使用聚酯膜（或卡片纸）外，其余均为符合 JC/T 412—1991 表 2 中 1 类板（加压板，厚度为 4～6mm）技术要求的石棉水泥平板，其表面处理按 GB/T 9271—88 中 7.3 的规定进行。

（4）本标准规定采用由不锈钢进行制成的线棒涂布器制板。线棒涂布器是由几种不同直径的不锈钢丝分别紧密缠绕在不锈钢棒上制成，其规格为 80、100、120 三种，缠绕钢丝直径依次为 0.80mm、1.00mm、1.20mm。

（5）各检测项目的试板尺寸、采用的涂布器规格、涂布道数和养护时间应符合表 7-12 的规定。涂布两道时，两道间隔 6h。

表 7-12　试板制备

| 检 测 项 目 | 制 板 要 求 | | | |
|---|---|---|---|---|
| | 尺寸/mm×mm×mm | 线棒涂布器规格 | | 养护期/d |
| | | 第一道 | 第二道 | |
| 干燥时间 | 150×70×(4～6) | 100 | | |
| 耐水性、耐碱性、耐人工气候老化性、耐沾污性、涂层耐温变性 | 150×70×(4～6) | 120 | 80 | |
| 耐洗刷性 | 430×150×(4～6) | 120 | 80 | |
| 施工性、涂膜外观 | 430×150×(4～6) | . | | |
| 对比率 | | 100 | | 11 |

（三）检测项目

**1. 容器中状态**

打开包装容器，用搅棒搅拌时无硬块，易于混合均匀，即可视为合格。

**2. 施工性**

用刷子在试板平滑面上刷涂试样，涂布量为湿膜厚约 $100\mu m$。使试板的长边呈水平方向，短边与水平面成约85°角竖放。放置6h后再用同样方法涂刷第二道试样，在第二道涂刷时，刷子运行无困难，则可视为"刷涂两道无障碍"。

### 3. 低温稳定性

将试样装入约1L的塑料或玻璃容器（高约130mm，直径约112mm，壁厚约0.23～0.27mm）内，大致装满，密封，放入（−5±2）℃的低温箱中，18h后取出容器，再于产品标准规定的条件下放置6h。如此反复三次后，打开容器，搅拌试样，观察有无硬块、凝聚及分离现象，如无，则认为"不变质"。

### 4. 干燥时间

表干干燥时间的测定见本章第二节干燥时间测定法中的指触法。

### 5. 涂膜外观的检测

将施工性试验结束后的试板放置24h。目视观察涂膜，若无针孔和流挂，涂膜均匀，则认为"正常"。

### 6. 对比率（白色和浅色）的测定

在无色透明聚酯薄膜（厚度为30～50$\mu$m）上，或者在底色黑白各半的卡片纸上按规定均匀地涂布被测涂料，在产品标准规定的条件下至少放置24h。

用反射率仪测定涂膜在黑白底面上的反射率。（1）如用聚酯薄膜为底材制备涂膜，则将涂漆聚酯膜贴在滴有几滴200号溶剂油（或其他适合的溶剂）的仪器所附的黑白工作板上，使之保证无气隙，然后在至少四个位置上测量每张涂漆聚酯膜的反射率，并分别计算平均反射率$R_B$（黑板上）和$R_W$（白板上）。（2）如用底色为黑白各半的卡片纸制备涂膜，则直接在黑白底色涂膜上至少四个位置测量反射率，并分别计算平均反射率$R_B$（黑纸上）和$R_W$（白纸上）。

对比率计算：对比率＝$R_B/R_W$。

平行测定两次，如两次测定结果之差不大于0.02，则取两次测定结果的平均值。

注：黑白工作板和卡片纸的反射率为黑色不大于1%，白色为（80±2）%。

### 7. 耐水性

按本章第三节涂膜耐水性的测定方法进行。试板投试前除封边外，还需封背。将三块试板浸入GB/T 6682规定的三级水中，如三块试板中有两块未出现起泡、掉粉、明显变色等涂膜病态现象，可评定为"无异常"。如出现以上涂膜病态现象，按GB/T 1766—1995的规定进行描述。

### 8. 耐碱性

耐碱性的检测方法见本章中耐化学试剂性检测有关内容。如三块试板中有两块未出现起泡、掉粉、明显变色等涂膜病态现象，可评定为"无异常"。如出现以上涂膜病态现象，按GB/T 1766—1995进行描述。

### 9. 耐洗刷性

建筑涂料的涂层常会被污染，经常需要用含洗涤剂的抹布洗擦，以去除污渍。耐洗刷性就是指在规定条件下，建筑涂料的涂膜抵抗蘸有洗涤剂的刷子反复刷洗而不损坏的能力。本产品耐洗刷性的测定方法步骤如下。

在洁净、干燥的玻璃板或商定的其他材质的底板上，单面喷涂一道C06-1铁红醇酸底漆，并于（105±2）℃下烘烤30min，干涂膜厚度为（30±3）$\mu$m。深色涂料则可用C04-83白色醇酸无光磁漆作为底漆。然后在涂有底漆的板上，按各类涂料产品技术的要求施涂。要求涂膜总厚度为（45±5）$\mu$m。

将试验样板涂漆面向上，水平地固定在洗刷试验机的试验台板上。将预处理过的刷子置于试验样板的涂漆面上，试板承受约450g的负荷（刷子及夹具的总重），往复摩擦涂膜，同时滴加（速度约为每秒滴加0.04g）洗刷介质（pH9.5～10.0的0.5%洗衣粉溶液），使洗刷面保持润湿。洗刷至规定次数（或洗刷至样板长度的中间100mm区域露出底漆颜色）后，从试验机上取下试验样板，用自来水清洗。在散射日光下检查试验样板被洗刷过的中间长度100mm区域的涂膜。观察其是否破损露出底漆颜色。同一试样制备两块试板进行平行试验，有一块未露出底材，则认为其耐洗刷性合格。

### 10. 人工气候老化性

检测原理是：用经滤光器滤光的氙弧灯对涂层进行人工气候老化或人工辐射暴露，观察涂层在实验室内模拟自然气候作用下所发生的老化过程，并将经暴露的涂层在实际应用时最重要的性能与未经暴露的涂层（对比试样）相比较，或与同时在暴露设备中试验的其老化状态是已知的暴露涂层（参照试样）相比较。

试验时先按规定制备一定数量的样板。然后把辐射量测定仪、黑标准温度计装在试验箱框架上，试板和参照试样放在试板架上一起暴露。通常的试验黑标准温度控制在（65±2）℃，当选测颜色变化项目进行试验时，则使用（55±2）℃。按操作程式A和B的规定周期润湿样板，或按操作程式C和D的规定使试验箱中的相对湿度保持恒定（见表7-13）。润湿过程中，辐射暴露不应中断。

**表7-13　试板润湿操作程式**

| 项　　目 | 人工气候老化 | | 人工辐射老化 | |
|---|---|---|---|---|
| 操作程式 | A | B | C | D |
| 操作方式 | 连续光照 | 非连续光照 | 连续光照 | 非连续光照 |
| 润湿时间/min | 18 | 18 | — | — |
| 干燥周期/min | 102 | 102 | 持久 | 持久 |
| 干燥期间的相对湿度/% | 60～80 | 60～80 | 40～60 | 40～60 |

试验一直进行到试板表面已经受到商定的辐射暴露或者试板表面符合商定或规定的老化指标。对于后一种情况，应于试验期间不同阶段取出试板进行检查，并通过绘制老化曲线来决定终点。一般每次评定取两块试板。按GB/T 1766—1995的规定评定结果。

### 11. 耐沾污性

耐沾污性是指建筑外墙涂料的涂层抵抗空气中灰尘、煤烟粒子等污物污染而不变色的能力。其检测原理：采用粉煤灰作为污染介质，将其与水掺和在一起涂刷在涂层样板上。干后用水冲洗，经规定的循环后，测定涂层反射系数的下降率，以此表示涂层的耐沾污性。

试验时称取适量粉煤灰于容器中，与水以1:1（质量比）比例混合均匀。在至少三个位置上测定经养护后的涂层试板的原始反射系数，取其平均值，记为$A$。用软毛刷将（0.7±0.1）g粉煤灰水横向、纵向交错均匀地涂刷在涂层表面上，在（23±2）℃、相对湿度（50±5）%条件下干燥2h后，放在样板架上。用冲洗装置冲洗1min，然后将样板在规定条件下干燥至第二天，此为一个循环，约24h。按上述方法继续试验至循环5次后，在至少三个位置上测定涂层样板的反射系数，取其平均值，记为$B$。

涂层的耐沾污性由反射系数下降率$X$（%）表示，按下式计算。

$$X = \frac{A-B}{A} \times 100\%$$

结果取三块样板的算术平均值，平行测定之相对误差应不大于 10%。

### 12. 涂层耐温变性

按 JG/T 25 的规定进行，做 5 次循环，每次循环的条件为：$(23\pm2)$℃水中浸泡 18h，$(-20\pm2)$℃冷冻 3h，$(50\pm2)$℃热烘 3h。三块试板中至少应有两块未出现粉化、开裂、起泡、剥落、明显变色等涂膜病态现象，可评定为"无异常"。如出现以上涂膜病态现象，按 GB/T 1766 的规定进行描述。

## 实训二　钛白粉的检测

### 一、产品简介

钛白粉（二氧化钛 $TiO_2$）化学性质稳定，在一般情况下与大部分物质不发生反应。在自然界中二氧化钛有三种结晶：板钛型、锐钛型和金红石型。板钛型是不稳定的晶型，无工业利用价值，锐钛型（Anatase）简称 A 型，和金红石型（Rutile，简称 R 型）都具有稳定的晶格，是重要的白色颜料和瓷器釉料。与其他白色颜料相比，钛白粉有优越的白度、着色力、遮盖力、耐候性、耐热性和化学稳定性，特别是没有毒性，因此广泛用于涂料、塑料、橡胶、油墨、纸张、化纤、陶瓷、日化、医药、食品等行业。涂料行业是钛白粉的最大用户，特别是金红石型钛白粉，大部分被涂料工业所消耗。用钛白粉制造的涂料色彩鲜艳，遮盖力高，着色力强，用量省，品种多，对介质的稳定性可起到保护作用，并能增强漆膜的机械强度和附着力，防止裂纹，防止紫外线和水分透过，延长漆膜寿命。

为了更好地参与钛白粉全球化市场竞争，2008 年 2 月 1 日起我国取消了具有强制性指标规定的 GB 1706—93 标准，推荐性新标准 GB/T 1706—2006 正式实施。该标准取消了产品等级和标样，指标设置与现行国际标准 ISO 591—2000(E) 全面接轨，关键指标颜色、散射力等全部不作具体规定，而是由供需双方商定，并鼓励企业制定自己的企业标准。不过，其各主要技术指标的检测方法基本未变，故本章仍以 GB 1706—93 标准为基础来介绍。

### 二、实训要求

(1) 了解钛白粉的用途、成分及技术要求。

(2) 理解掌握钛白粉主要性能指标的检测方法。

### 三、项目检测

（一）执行标准

GB 1706—93《二氧化钛颜料》，该标准将二氧化钛颜料分为锐钛型和金红石型两类，每类又分为下列品种和等级。

锐钛型二氧化钛 BA01-01　优等品、一等品和合格品；

锐钛型二氧化钛 BA01-02　优等品、一等品和合格品；

金红石型二氧化钛 BA01-03　优等品、一等品和合格品。

以 BA01-03 为例，该产品的技术要求见表 7-14。

（二）检测项目

### 1. 二氧化钛的含量

(1) 方法提要　用硫酸和硫酸铵溶解试样后加水和盐酸，再加金属铝片还原四价钛，冷却后，以硫酸氰铵溶液作指示剂，用 0.1mol/L 硫酸铁铵标准溶液滴定。

(2) 测定步骤　称取干燥试样 0.2g（准至 0.0002g）放入 500mL 锥形瓶中，加硫酸铵 10g、硫酸 20mL，振动使之充分混合。开始徐徐加热，再强热至试样全部溶解成澄清溶液，冷却后加水 50mL、盐酸 25mL，摇匀，再加金属铝片 2.5g，装上液封管，塞紧胶塞，并在

表 7-14 金红石型二氧化钛产品的技术要求

| 项 目 | | 优等品 | 一等品 | 合格品 |
|---|---|---|---|---|
| TiO₂ 含量(质量分数)/% | ≥ | 90 | | |
| 颜色(与标样比) | | 近似 | 不低于 | 微差于 |
| 消色力(与标样比) | ≥ | 100 | 100 | 90 |
| 105℃挥发物(质量分数)/% | ≤ | 1.0 | | |
| 经(23±2)℃及相对湿度(50±5)%预处理24h后,105℃挥发物(质量分数)/% | ≤ | 1.0 | | |
| 水溶物(质量分数)/% | ≤ | 0.3 | 0.3 | 0.5 |
| 水悬浮液 pH 值 | | 6.5~8.0 | 6.5~8.0 | 6.0~8.5 |
| 吸油量/(g/100g) | ≤ | 20 | 23 | 26 |
| 45μm 筛余物(质量分数)/% | ≤ | 0.05 | 0.1 | 0.3 |
| 水萃取液电阻率/Ω·m | ≥ | 100 | 50 | 50 |

该管中加入碳酸氢钠饱和溶液至该管体积的 2/3 左右,小心加热,充分除去反应物中的氢气,直至溶液变为透明清晰的紫色为止。在流水中冷却至室温,在这个过程中应随时补充碳酸氢钠饱和溶液(注意不能让其吸入空气)。冷却后移去锥形瓶上的液封管,将其中的碳酸氢钠饱和溶液倒入锥形瓶中,迅速用 0.1mol/L 硫酸铁铵标准溶液滴定,接近终点时加入 10%硫氰酸铵溶液 5mL,继续滴定至淡橙色为终点。

(3)结果表示 二氧化钛含量按下式计算:

$$w_{TiO_2} = \frac{79.9cV}{1000m} \times 100\%$$

式中 c——硫酸铁铵标准溶液之物质的量浓度,mol/L;

$\quad\quad$ V——滴定所消耗硫酸铁铵标准溶液的体积,mL;

$\quad\quad$ m——试样的质量,g;

$\quad\quad$ 79.9——二氧化钛的摩尔质量,g/mol。

**2. 颜色 (白度)**

按本章第四节介绍的方法测定,与标准样品对比,以试样的颜色不低于、微差于或低于标样的颜色表示。

**3. 消色力**

(1)定义 消色力是白色颜料的重要光学性能之一,是指在一定试验条件下,白色颜料使有色颜料颜色变浅的能力。

(2)方法提要 按 GB 5211.16—88《白色颜料消色力的比较》,制备试样和标样色浆,分别与标准蓝浆混合,比较二者的颜色强度,确定试样的相对消色力。

(3)测定步骤

① 蓝浆的制备 将 20g 改性膨润土置于烧杯中,与 500g 药用蓖麻油混合搅拌均匀,加热至 50℃,保温 15min,然后在搅拌下分批加入 5g 群青和 475g 沉淀硫酸钙,用砂磨机充分地分散,搅匀,存放于密闭容器中。

② 样品及标样浆状物的制备 称取 5g 蓝浆,准至 1mg,置于研磨机下层板的中间,按表 7-15 所示称取一定量(准至 0.1mg)的标准颜料样品放在蓝浆中,用调刀将其调匀,将此浆状物做成约 50mm 直径的圆,合上玻璃板,施加 1kN 力,研磨四遍,每遍 25 转,研磨完毕

后将浆状物保存备用。称取 5g 蓝浆和 0.1g 试样（准至 0.1mg）以同样的步骤制成浆状物。

表 7-15　标准色浆配比及消色力对应表

| 蓝浆量/g | 5 | 5 | 5 | 5 | 5 |
|---|---|---|---|---|---|
| 标准样品称量/g | 0.080 | 0.090 | 0.100 | 0.110 | 0.120 |
| 相对消色力/% | 80 | 90 | 100 | 110 | 120 |

③ 比色　在一系列标准样品的浆状物中选择与试验样品浆状物颜色强度最接近的两个。把试验样品插入所选择的两个标准样品浆状物中间，以同一方向用湿膜制备器刮在玻璃板上使成不透明条带，其宽度不小于 25mm，接触边长不少于 40mm，刮后立即在散射日光下通过玻璃板，检查其表面的颜色强度，若无法利用良好的日光，则可在人造日光下进行比较。

（4）结果表示　以标准样品为 100，试样的相对消色力为：

$$\frac{100m_0}{m_1}$$

式中　$m_0$——标准样品的质量，g；

$\quad\quad m_1$——试验样品的质量，g。

### 4. 105℃挥发物

（1）方法提要　105℃挥发物是指颜料中在 105℃下可挥发物的质量与试样质量的比值，以百分数表示。用重量分析法测定。

（2）测定步骤　打开扁形称量瓶的盖子，放在（105±2）℃烘箱中，加热 2h，放入干燥器中冷却，盖上盖子，称准到 1mg。在称量瓶的底部放（10±1）g 的样品层，盖上盖子，称准到 1mg。移去盖子，将称量瓶和样品在（105±2）℃烘箱中至少烘 1h，在干燥器中冷却至室温，盖上盖子，称准至 1mg。再加热 30min，在干燥器中冷却至室温后称重。直到两次连续称量值不超过 5mg，记录较低的称量值。

（3）结果表示　挥发物质量分数（$X$）按下式计算：

$$X=\frac{m_0-m_1}{m_0}\times100\%$$

式中　$m_0$——试样的质量，g；

$\quad\quad m_1$——残留物的质量，g。

平行测定两次，两份样品测定差值不得超过较高值的 10%。取两次测定的平均值，报告试验结果到一位小数。

### 5. 经（23±2）℃及相对湿度（50±5）%预处理 24h 后，105℃挥发物

将样品在（23±2）℃、相对湿度（50±5）%环境下预处理 24h 后，同 105℃挥发物的测定。

### 6. 水可溶物

按本章第四节介绍的热萃取法测定。

### 7. 水悬浮液 pH 值

（1）方法提要　水悬浮液 pH 值指将颜料分散成水的悬浮液的酸碱度。按 GB/T 1717—86，用电位分析法测定，测量装置（酸度计等）应能测量到 0.1 单位。

（2）测定步骤　先选择一种 pH 值与待测试样相近的标准溶液对玻璃电极进行校正，准确到 0.1 单位。然后称取试样 3g（准至 0.01g），置于容积为 50mL 的洁净玻璃容器中，加 27mL 新鲜蒸馏水制备成 10% 颜料悬浮液。用塞子塞住容器，激烈地振荡 1min，然后静置 5min，移去塞子，测定悬浮液的 pH 值，准确到 0.1 单位。平行测定两份试样，差值不得大

于 0.3 单位。

### 8. 吸油量

按本章第四节介绍的方法测定。

### 9. 筛余物的测定

按本章第四节的介绍，用湿筛法或干筛法测定。也可用机械冲洗法测定。

### 10. 水萃取液电阻率

（1）方法提要　按 GB/T 5211.12—86《颜料水萃取液电阻率的测定》，用电导率仪或电桥进行测量。

（2）试剂　纯水：电阻率不低于 2500Ω·m（电导率不高于 $4\mu S/cm$）。

（3）测定步骤　称取（20±0.01）g 样品，移入 400mL 烧杯中，用 4～16g 煮沸的纯水润湿，加 180g 煮沸的热纯水，在不断搅拌下缓慢煮沸 5min，冷却到约 60℃，补加水至净重约为 200g。直接用滤纸过滤（慢速定量滤纸，经纯水洗至滤出液电阻率大于 2000Ω·m，电导率不高于 $5\mu S/cm$），弃去最初的 10mL 滤液，其他滤入清洁干燥烧杯中。

先用纯水后用滤液淋洗电导电极，将其放入滤液中，上下移动电导电极来驱除空气泡，将滤液温度调至（23±0.5）℃，把电导电极浸入液面下约 10mm 处，其位置是直立在烧杯正中部，用电桥或电导仪读出电阻或电导值，至少要测定 5 个值。

（4）结果表示　试样水萃取液的电阻率 $\rho_t$（Ω·m）按下式计算：

$$\rho_t = \frac{R_t}{K}$$

式中　$R_t$——所测电阻值的平均值，Ω；

$K$——电导池常数，1/m。

如果是使用电导率仪测量，电阻率 $\rho_t$（Ω·m）按下式计算：

$$\rho_t = \frac{1}{L_t} \times 10^4$$

式中　$L_t$——被测滤液的电导率，$\mu S/cm$。

平行测定两份样品，取两次测定的平均值，结果精确到 1%。

## 习　题

1. 涂料中有哪些成分？在形成涂层的过程中各起什么作用？
2. 按涂料市场和用途可把涂料产品分为哪几类？
3. 涂料名称"A04-81 黑氨基无光烘干磁漆"是什么含义？
4. 涂料产品取样使用的器械和容器有什么要求？如何确定取样数量？
5. 测定涂料的透明度有什么意义？如何测定和评价？
6. 什么是涂料的细度？如何测定和读数？
7. VOC 是什么意思？涂料产品为什么要测定 VOC？
8. 什么是涂料的流平性？如何测定？
9. 什么是涂料的流挂性？如何测定和读数？单位是什么？
10. 涂膜的干燥时间分为哪两种？分别有哪些测定方法？
11. 测定涂料固体含量时，采用什么方法称量样品？为什么？
12. 测定涂料遮盖力的两种方法——刷涂法和喷涂法在操作和计算上有哪些不同之处？
13. 涂膜附着力的检测有哪些方法？划圈法是如何操作和评价的？
14. 如何测定涂层的柔韧性？检测结果怎么表示？
15. 铅笔法测定涂层的硬度有哪些注意事项？检测结果怎么表示？

16. 试比较涂层耐热性、耐水性、耐化学试剂测定方法的异同。

17. 涂层的耐大气曝晒性是什么含义？检测周期如何确定？

18. 测定涂层的性能时，为什么要限制样板的涂膜厚度？

19. 测定颜料水溶物含量时，计算式中为什么有一个系数"250"？

20. 颜料耐光性和耐酸性的评价方法有何异同？

21. 测定、计算颜料的遮盖力和涂料的遮盖力有哪些不同之处？

22. 筛余物对颜料质量有何影响？颜料筛余物含量如何测定？

23. 测定颜料吸油量时，为什么要求在 20～25min 内完成全部操作？

24. 测定涂层耐洗刷性时，样板的制备有什么特点？

25. 什么是涂料的耐沾污性？如何表示？

26. 测定涂膜耐水性时，试板为什么要封边？

27. 测定合成树脂乳液外墙涂料的低温稳定性时，为什么要限制容器的尺寸和壁厚？

28. 什么是颜料的消色力？测定结果怎么表示？

29. 测定二氧化钛的含量时，为什么要把液封管中的碳酸氢钠溶液倒入锥形瓶中？如果不这样做，对测定结果有什么影响？

30. 某种清漆的密度为 0.95kg/L（23℃），称取其样品 1.87g，在 105℃ 烘箱中烘干，恒重至 0.93g。另取一份样品测得其含水量为 1.5%。试计算其有机挥发物含量。（参考答案：463g/L）

31. 用喷涂法测定某种涂料的遮盖力。在天平上分别称得两块 100mm×100mm 的玻璃板质量为 28.89g、29.55g，用喷枪分层喷涂试样，每次喷涂后放在黑白格木板上观察，至恰好看不见黑白格为止。把两块玻璃板按规定的温度烘至恒重，其质量分别是 29.33g、29.97g。试计算该涂料的遮盖力。（参考答案：以干膜计 $X=43g/m^2$）

32. 检测某种涂料的耐沾污性时，测得其涂层试板的原始反射系数为 0.38。用粉煤灰水在试板上涂刷、冲洗、干燥，循环 5 次后，测得平均反射系数为 0.33。试计算其耐沾污性。（参考答案：反射系数下降率 13%）

33. 称取红丹颜料试样 4.2g、纯亚麻籽油 10.5g，调匀。用漆刷均匀涂刷到黑白格板（质量为 55.16g）上，至恰好被遮盖为止。称量涂有色浆的黑白格板为 58.25g。试计算该颜料的遮盖力。（参考答案：44.1g/m²）

34. 称取钛黄颜料样品 12.52g，置于烧杯中，加 200mL 蒸馏水连续搅拌 1h，移入 250mL 容量瓶中，定容。过滤至滤液清澈。称量一只蒸发皿质量为 20.361g，加入 100mL 清澈滤液蒸发至干，移入烘箱中烘干至恒重，质量为 20.384g。试计算该颜料中水溶物含量。（参考答案：0.46%）

35. 称取钛白粉试样 0.2016g，放入 500mL 锥形瓶中，加硫酸铵 10g、硫酸 20mL，加热至试样全部溶解。冷却后加水 50mL、盐酸 25mL，摇匀，再加金属铝片 2.5g，装上液封管，管中加入碳酸氢钠饱和溶液。小心加热，直至溶液变为透明清晰的紫色为止。在流水中冷却至室温，移去液封管，将其中的碳酸氢钠饱和溶液倒入锥形瓶中，迅速用 0.1052mol/L 硫酸铁铵标准溶液滴定，接近终点时加入 10% 硫氰酸铵溶液 5mL，继续滴定至淡橙色，共消耗硫酸铁铵标准溶液 21.85mL。请计算该产品的二氧化钛含量。（参考答案：91.1%）

## 参 考 文 献

[1] 龚盛昭主编. 精细化学品检验技术 [M]. 北京：科学出版社，2006.

[2] 中华人民共和国国家标准. GB/T 9755—1995 [S].

[3] 肖保谦主编. 涂料分析检验工 [M]. 北京：化学工业出版社，2006.

[4] 张小康，张正兢编著. 工业分析 [M]. 北京：化学工业出版社，2004.

[5] 中华人民共和国国家标准. GB 1706—93 [S].

[6] 张振宇主编. 化工产品检验技术 [M]. 北京：化学工业出版社，2005.

[7] 中华人民共和国国家标准. GB/T 5211—85 [S].

# 第八章　胶黏剂的检测

**【学习目标】**

1. 了解胶黏剂的定义及分类等基本常识、基本概念。
2. 了解胶黏剂的标准化管理情况。
3. 掌握胶黏剂主要性能指标的检测方法。

## 第一节　胶黏剂基础知识

胶黏剂是具有黏合作用能使被粘物结合在一起的物质，也称为黏合剂，日用品常简称为"胶"。

早在几千年前，人类已经使用黏土、松香、淀粉、动物血等作胶黏剂。我国古籍也多有记载，如北魏贾思勰的《齐民要术》、明代宋应星的《天工开物》就讲述了制作动物胶的方法及其坚固的性能。不过，在漫长的时间里，人类一直只能用有限的天然原料制胶，其用途也不多。20 世纪 30 年代以后，由于合成高分子材料的出现，胶黏剂开始了以合成树脂原料为主的发展道路，陆续开发了不饱和聚酯胶黏剂、橡胶-树脂胶黏剂、厌氧胶黏剂、热熔胶等各种具有特殊优异性能的品种，其产量和用途几十年来有了飞速的发展。截至 2007 年，世界胶黏剂年产量约为 1000 万吨，数千个品种，其中合成胶黏剂约占 80％。

胶黏剂几乎可用来黏结金属、塑料、木材、玻璃、橡胶、纤维、纸张等所有已知材料。同铆接、焊接、螺栓、钉子等常用机械连接方法相比，具有方便快速、应力分布广、电绝缘、可用于异种材料、成本低等很多独特的优势，其应用遍及木材加工、建筑、包装、纺织、汽车、航空航天、玩具等众多工业部门，家庭用品也相当多。与被粘接对象相比，胶黏剂的用量虽然很少，但其重要性却如同人体的维生素、激素一样是不可或缺的。随着现代科技的发展，胶黏剂的性能会更趋完善，用途也必将更加广泛。

### 一、胶黏剂的组成

胶黏剂通常是一种混合料，由基料、固化剂、填料、增韧剂、稀释剂以及其他辅料按配比组成。

#### 1. 基料

亦称黏料，是胶黏剂的主要成分，在被粘物的结合中起主要作用。常用的基料有天然高分子化合物（如蛋白质、松香等）、合成高分子聚合物（如环氧树脂、聚氨酯等）、无机化合物（如磷酸盐、硅酸盐等）三大类。

#### 2. 固化剂

亦称硬化剂，其作用是使低聚物或单体发生化学反应生成高分子化合物，或使线型高分子化合物交联成体型高分子化合物，从而使粘接具有一定的机械强度和稳定性。固化剂随基料的品种不同而异。

#### 3. 填料

填料是为了改善胶黏剂某些方面的性能或降低成本而加入的固态成分，常用的有金属粉末、金属氧化物、矿物质、纤维等。例如，加入石棉纤维、玻璃纤维可提高胶黏剂的耐冲击强度；石英粉可增加硬度和抗压能力；铝粉、铜粉可提高导热性；氧化铝、钛白粉可提高粘接力等。填料的用量比例较大，有时甚至高达基料的 $200\% \sim 300\%$。

### 4. 增韧剂

增韧剂是一种能够降低胶黏剂的脆性提高其韧性的物质。它含有的官能团能与基料反应，成为固化体系的一部分。增韧剂是结构胶黏剂的重要组分之一。

### 5. 稀释剂

稀释剂是用来降低胶黏剂黏度和固体成分浓度的易流动液体，如丙酮、甲苯、丁醇等。加入稀释剂可以使胶黏剂的涂布更容易，并提高其浸透力。稀释剂可分为活性稀释剂和非活性稀释剂两大类。活性稀释剂还参与固化反应，多用于环氧型胶黏剂中；非活性稀释剂是单纯的溶剂，只起稀释作用。

除上述成分外，根据用途不同，胶黏剂中有时还加入引发剂、促进剂、阻燃剂、偶联剂、乳化剂、稳定剂等辅助成分。

## 二、胶黏剂的分类

胶黏剂品种繁多，其常用的分类方法有以下几种。

### 1. 按基料种类

按基料的不同可将胶黏剂分为无机胶黏剂和有机胶黏剂两大类。有机胶黏剂又可分为天然胶黏剂与合成胶黏剂。

### 2. 按物理状态

按胶黏剂产品的外观和物理状态可分为溶液型、水基型（乳液型）、膏糊型、固体型（粉状、粒状、块状）、薄膜型（如：胶带、胶布）等。

### 3. 按固化方式

按胶黏剂在胶结过程中的固化方式可分为溶剂（挥发）型、反应型、热熔型、厌氧型、光敏型、压敏型等。

### 4. 按受力情况

按胶结后材料的强度和允许受力情况，可分为结构胶黏剂和非结构胶黏剂两类。其中结构胶黏剂能传递较大的应力，甚至可用于飞机、火箭等受力结构件的连接。

此外，还可以根据被粘物种类及用途把胶黏剂分为用于金属、塑料、木材、橡胶、建筑、电子元件等的通用型胶，以及导电胶、导磁胶、耐高温胶、牙科胶等特种胶。

 【阅读材料 8-1】

### 胶黏剂常用术语

（1）Accelerated Ageing Test（加速老化试验） 将胶接试样置于比天然条件更为苛刻的条件下，进行短时间试验后检测其性能变化的试验。

（2）Adhesive（胶黏剂） 通过黏合作用，能使被粘物结合在一起的物质。

（3）Adhesive Tape（胶黏带） 在纸、布、薄膜等基材的一面或两面涂胶的带状制品。

（4）Ageing（老化） 胶接件的性能随时间变化的现象。

（5）Anaerobic Adhesive（厌氧胶黏剂） 氧气存在时起抑制固化作用，隔绝氧气时就自行固化的胶黏剂。

（6）Bending Strength（弯曲强度） 胶接试样在弯曲负荷作用下破坏或达到规定挠度时，单位胶接面所承受的最大载荷。用 MPa 表示。

（7）Binder（黏料） 胶黏剂配方中主要起黏合作用的物质。

（8）Bond（胶接） 用胶黏剂将被粘物表面连接在一起。同义词：粘接。

（9）Bonding Strength（胶接强度） 使胶接中的胶黏剂与被粘物界面或其邻近处发生破坏所需的应力。

（10）Butt Joint（对接接头） 被胶接的两个端面或一个端面与被粘物主表面垂直的胶接接头。

（11）Chemical Resistance（耐化学性） 胶接试样经酸、碱、盐类等化学品作用后仍能保持其胶接性能的能力。

（12）Contact Adhesive（接触型胶黏剂） 涂于两个被粘物表面，经晾干叠合在一起，无需保持压力即可形成具有胶接强度的胶黏剂。

（13）Cure；Curing（固化） 胶黏剂通过化学反应（聚合、交联等）获得并提高胶接强度等性能的过程。

（14）Curing Agent；Hardening Agent（固化剂） 直接参与化学反应使胶黏剂发生固化的物质。

（15）Destructive Test（破坏试验） 通过破坏胶接件以检测其胶接质量的试验。

（16）Diluent（稀释剂） 用来降低胶黏剂黏度和固体成分浓度的液体物质。

（17）Dry Strength（干强度） 在规定的条件下，胶接试样干燥后测得的胶接强度。

（18）Fatigue Life（疲劳寿命） 在规定的载荷、频率等条件下，胶接试样破坏时的交变应力或应变循环次数。

（19）Filler（填料） 为了改善胶黏剂的性能或降低成本等而加入的一种非胶黏性固体物质。

（20）Flexibilizer（增韧剂） 配方中改善胶黏剂的脆性，提高其韧性的物质。

（21）Hot-melt Adhesive（热熔胶黏剂） 在熔融下进行涂布，冷却成固态就完成胶接的一种胶黏剂。

（22）Hot-setting Adhesive（热硬化胶黏剂） 一种需加热才能硬化的胶黏剂。

（23）Impact Strength（冲击强度） 胶接试样随冲击负荷而破坏时，单位胶接面所消耗的最大功。用 J 表示。

（24）Impregnation（浸胶） 把被粘物浸入胶黏剂溶液或分散液中进行涂布的一种工艺。

（25）Joint（胶接接头） 用胶黏剂把两个相邻的被粘物胶接在一起的部位。

（26）Lap Joint（单搭接接头） 两个被粘物主表面部分地叠合、胶接在一起所形成的接头。

（27）Non-destructive Test（非破坏性试验） 在不破坏胶接件的条件下进行的胶接质量的检测试验（如X 射线分析，超声波探伤等）。

（28）Peel Strength（剥离强度） 在规定的剥离条件下，使胶接试样分离时单位宽度所能承受的载荷。用 kN/m 表示。

（29）Permanence；Durability（耐久性） 在使用条件下，胶接件长期保持其性能的能力。

（30）Photosensitive Adhesive（光敏胶黏剂） 依靠光能引发固化的胶黏剂。

（31）Pot Life；Working Life（适用期） 配制后的胶黏剂能维持其可用性能的时间。同义词：使用期。

（32）Pressure-sensitive Adhesive（压敏胶黏剂） 以无溶剂状态存在时，具有持久黏性的黏弹性材料。该材料经轻微压力，即可瞬间与大部分固体表面黏合。

（33）Primer（底胶） 为了改善胶接性能，涂胶前的被粘物表面涂布的一种胶黏剂。

（34）Persistent Strength（持久强度） 在一定条件下，在规定时间内单位胶接面所能承受的最大静载荷。用 MPa 表示。

（35）Reactive Diluent（活性稀释剂） 分子中含有活性基团的能参与固化反应的稀释剂。

（36）Sealing Adhesive（密封胶黏剂） 起密封作用的胶黏剂。

（37）Separate Application（分开涂胶法） 双组分胶黏剂涂胶时，两组分分别涂于两个被粘物上，将两者叠合在一起即可形成胶接的方法。

（38）Setting；Set（硬化） 胶黏剂通过化学反应或物理作用（如聚合反应、氧化反应、凝胶化作用等），获得并提高胶接强度、内聚强度等性能的过程。

（39）Shear Strength（剪切强度）　在平行于胶层的载荷作用下，胶接试样破坏时，单位胶接面所承受的剪切力。用 MPa 表示。

（40）Solids Content（固体含量）　在规定的测试条件下，测得的胶黏剂中不挥发性物质的质量分数。同义词：不挥发物含量。

（41）Solvent Adhesive（溶剂型胶黏剂）　含有挥发性有机溶剂的胶黏剂。它不包括以水为溶剂的胶黏剂。

（42）Solventless Adhesive（无溶剂胶黏剂）　不含溶剂的呈液状、糊状、固态的胶黏剂。

（43）Solvent Resistance（耐溶剂性）　胶接试样经溶剂作用后仍能保持其胶接性能的能力。

（44）Spread（涂胶量）　涂于被粘物单位胶接面积上的胶黏剂量。

（45）Stabilizer（稳定剂）　有助于胶黏剂在配制、贮存和使用期间保持其性能稳定的物质。

（46）Storage Life；Shelf Life（贮存期）　在规定条件下，胶黏剂仍能保持其操作性能和规定强度的最长存放时间。

（47）Structural Adhesive（结构型胶黏剂）　用于受力结构件胶接的，能长期承受许用应力、环境作用的胶黏剂。

（48）Tensile Shear Strength；Longitudinal Shear Strength（拉伸剪切强度）　在平行于胶接界面层的轴向拉伸载荷的作用下，使胶黏剂胶接接头破坏的应力。用 MPa 表示。

（49）Tensile Strength（拉伸强度）　在垂直于胶层的载荷作用下，胶接试样破坏时，单位胶接面所受的拉伸力。用 MPa 表示。

（50）Thickener（增稠剂）　为了增加胶黏剂的表观黏度而加入的物质。

（51）Torsional Shear Strength（扭转剪切强度）　在扭转力矩作用下，胶接试样破坏时，单位胶接面所能承受的最大切向剪切力。用 MPa 表示。

（52）Water-borne Adhesive（水基胶黏剂）　以水为溶剂或分散介质的胶黏剂。

（53）Water Resistance（耐水性）　胶接经水分或湿气作用后仍能保持其胶接性能的能力。

（54）Water-resistant Adhesive（耐水胶黏剂）　胶接件经常接触水分、湿气仍能保持其胶接性能（或使用性能）的胶黏剂。

（55）Weather Resistance（耐候性）　胶接抵抗日光、冷热、风雨、盐雾等气候条件的能力。

（56）Wet Strength（湿强度）　在规定的条件下，胶接试样在液体中浸泡后测得的胶接强度。

摘自中华人民共和国国家标准．GB/T 2943—94.

# 第二节　胶黏剂的理化检测

## 一、密度的测定

密度是计算胶黏剂涂布量的重要依据。实际应用中可根据胶黏剂的特点选用密度计、密度瓶、韦氏天平、重量杯等方法测定胶黏剂的密度。

## 二、黏度的测定

黏度是表征胶黏剂质量的重要指标之一，它直接影响胶黏剂的流动性和胶接强度，决定着施胶的工艺方法。不同的胶接制品和加工工艺对黏度有不同要求。如刨花板用胶要求黏度较小，以便于施胶，黏度太大，易造成施胶不匀，影响胶接质量；而细木板则要求黏度大一些，黏度太小，容易渗透造成表面缺胶。

胶黏剂黏度的测定常用的方法是旋转黏度计法和黏度杯法，详见 GB/T 2794—1995。其中旋转黏度计法适用于牛顿流体和近似于牛顿流体特性的胶黏剂；黏度杯法适用于 50mL 试样流出时间在 50～100s 的胶黏剂。在此不再详细介绍。

### 三、不挥发物含量的测定

不挥发物含量是指胶黏剂中非挥发性物质的含量，以质量分数表示。不挥发物含量是决定粘接强度的重要因素，也是胶黏剂的一项重要指标。测定不挥发物含量可以了解胶黏剂的配方是否正确，性能是否可靠。按 GB/T 2793—1995 的规定，采用烘干法进行测定，不同种类的胶黏剂试验条件如表 8-1 所示。具体操作步骤不再详述。

表 8-1　试样干燥条件

| 胶黏剂种类 | 取样量/g | 烘干温度/℃ | 烘干时间/min |
| --- | --- | --- | --- |
| 氨基系树脂胶黏剂 | 1.5 | 105±2 | 180±5 |
| 酚醛树脂胶黏剂 | 1.5 | 135±2 | 60±2 |
| 其他胶黏剂 | 1.0 | 105±2 | 180±5 |

### 四、适用期的测定

适用期是指配制后的胶黏剂能维持其可用性的时间，也称为使用期或可使用时间。化学反应型胶黏剂一般在混合后便开始放热，其黏度显著增长直至凝胶，这段时间即为适用期。适用期是双组分或多组分型胶黏剂的重要工艺指标，对于其配制量和施工限制时间很有指导意义。

**1. 测定方法与原理**

按 GB/T 7123.1—2002《胶黏剂适用期的测定》，以规定的时间间隔测定胶黏剂的黏度和（或）胶接强度，当黏度达到规定变化值和（或）胶接强度低于规定值的时间作为胶黏剂的适用期。

**2. 仪器材料**

（1）恒温水浴　温度波动不大于±1℃。

（2）旋转黏度计或其他合适的黏度计。

（3）天平　感量 0.1g。

（4）试验机　能保持规定的加载速度，并配有自动对中夹具的试验机。

**3. 检测步骤**

（1）把待测胶黏剂的各组分放置在（23±2）℃试验温度下至少 4h。

（2）在合适体积的烧杯中，按胶黏剂使用说明书配制约 250mL 的胶黏剂，在各组分充分混合后即计时，作为胶黏剂适用期的起始时刻。

（3）把配制好的胶黏剂尽快地均分成若干份（份数应足够以下测定次数），保存在 60mL 的带盖小容器内，至少充满容器体积的 3/4。每一容器中的胶黏剂试样供测定一个黏度值和制备一组胶接试样。胶接试样的制备按胶黏剂使用说明书规定进行。

（4）从适用期起始时刻起，按一定时间间隔重复测定黏度和胶接强度。黏度按 GB/T 2794 规定进行测定，胶接强度按 GB/T 2790、GB/T 7124、GB/T 2791、GB/T 17517 或其他相应的国家标准进行测定。

（5）若胶黏剂初始黏度或胶接强度有一项无法测定，允许只进行单项测定。

**4. 试验结果**

（1）按胶黏剂黏度确定适用期时，以试样黏度达到预先规定值或规定百分率的时间计。

（2）按胶黏剂胶接强度确定适用期时，以试样胶接强度小于预先规定值或规定百分率的时间计。

（3）按胶黏剂黏度和胶接强度确定适用期时，以上述二者较短的时间计；均以小时或分钟表示。

### 五、贮存期的测定

胶黏剂的贮存期是在一定条件下，胶黏剂能保持其操作性能和规定强度的最长存放时间。这是胶黏剂研制、生产和贮存时需要考虑的重要问题，是胶黏剂的一项重要质量指标。如果贮存期过短，使用前就已经报废，将造成很大的损失和浪费。

#### 1. 测定方法与原理

按 GB/T 7123.2—2002《胶黏剂储存期的测定》，通过测定胶黏剂贮存前后的黏度或胶接强度的变化，确定胶黏剂在规定条件下的贮存期。

#### 2. 仪器材料

同适用期的测定。容器用有盖的玻璃瓶或与胶黏剂不起反应的其他容器，也可由供需双方另行商定。

#### 3. 检测步骤

（1）从刚生产的胶黏剂中取出不少于 3kg 的样品，分装于 500mL 的有盖容器中，密闭待测（若试样包装小于 500mL，可不必分装）。

（2）将密闭待测的试样存放于（23±2）℃的恒温箱中，或按胶黏剂使用说明书中规定的条件存放。

（3）把其中一个已分装试样的容器在存放开始时立即置于试样试验条件下，至少停放 4h。

（4）同适用期测定中的方法测定胶黏剂的黏度和胶接强度。

（5）在存放期间，以一定时间间隔分别取已分装的试样进行操作（至少两次以上）。

#### 4. 试验结果

以胶黏剂保持其操作性能和规定强度的最长存放时间作为贮存期，以时间单位（年、月等）表示。

用上述方法测定胶黏剂的贮存期需要自然放置较长时间，很不经济，因此也可采用热老化加速方式进行测定。即在一定加热条件下，测量胶黏剂加热前后的黏度和胶接强度变化。如在规定时间内，黏度和胶接强度变化率小，则说明被测定的胶黏剂可达到预定的贮存期。

### 六、耐化学试剂性能的测定

胶黏剂的耐化学试剂性能是指胶接试样经酸、碱、盐类等化学品作用后仍能保持其胶接性能的能力。

#### 1. 测定方法与原理

按 GB/T 13353—92《胶黏剂耐化学试剂性能的测定》进行。其原理是：按 GB/T 2790—1995、GB/T 2791—1995、GB/T 6328—1999、GB/T 6329—1996、GB/T 7122—1996、GB/T 7124—86 和 GB/T 7749—87 等胶黏剂强度测定方法的规定制备一批试样，再将该批试样任意分为两组，一组试样在一定温度条件下浸泡在规定的试验液体里，浸泡一定时间后测定其强度；另一组试样在相同温度条件的空气中放置相同的时间后测定其强度。两组强度值之差与在空气中强度值的比值为胶黏剂耐化学试剂性能的强度变化率。

#### 2. 试验仪器

（1）使用所采用测定方法中规定的试验机和夹具。

（2）试验容器在试样浸泡期内应能密封，并能承受液体在试验温度时所产生的压力和不受所使用液体的腐蚀。

（3）使用的恒温箱应符合试验条件的要求。

**3. 试验液体**

（1）矿物油中的芳香烃含量是造成胶黏剂溶胀的主要原因，在不同产地、不同批次的同种牌号的商品油中，芳香烃含量可能不同，因此商品油不能直接用作试验液体。

（2）耐烃类润滑油的溶胀性能试验应在橡胶标准试验油 1 号、2 号、3 号中选择试验液体，所选用的标准试验油其苯胺点应最靠近商品油的苯胺点，橡胶标准试验油应符合表 8-2 的规定。

表 8-2　橡胶标准试验油理化性能

| 项　　　目 | 理化性能指标 | | |
|---|---|---|---|
| | 1 号 | 2 号 | 3 号 |
| 苯胺点/℃ | 124±1 | 93±3 | 70±1 |
| 运动黏度/m²/s(×10⁻⁶) | 20±1 | 20±2 | 33±1 |
| 闪点(开口杯法)/℃ | 243 | 240 | 163 |

注：1 号、2 号试验油运动黏度的测量温度为 99℃，3 号试验油为 37.8℃。

（3）橡胶标准试验油的理化性能测定按 GB/T 262—88、GB/T 265—88 及 GB/T 267—88 进行。

（4）耐化学试剂试验应采用产品使用时所接触的同样浓度的化学试剂。

**4. 试验条件**

（1）在下列的推荐温度中选择浸泡温度：（23±2）℃、（27±2）℃、（40±1）℃、（50±1）℃、（70±1）℃、（85±1）℃、（100±1）℃、（125±2）℃、（150±2）℃、（175±2）℃、（200±2）℃、（225±3）℃、（250±3）℃。

（2）在下列的推荐时间中选择浸泡时间：$24_{-0.25}$ h，$70^{+2}$h，（168±2）h，168h 的倍数。

（3）试验液体体积应不少于试样总体积的 10 倍，并确保试样始终浸泡在试验液体中。

（4）试验液体只限于使用 1 次。

（5）试样制备后的停放条件、试验环境、试验步骤、试验结果的计算均应按使用的强度测定方法标准的规定。

**5. 测定步骤**

（1）把试验液体倒入容器内，倒入的量应符合试验条件 4（3）的规定。

（2）把 1 组试样放入容器内，所有试样沿容器壁放置。

（3）合上容器盖至完全密闭，做高温试验要先调节恒温箱，使恒温箱温度达到试验条件 4（1）中选定的温度，将容器放入恒温箱内再开始计时。

（4）浸泡时间应符合试验条件 4（2）的规定。

（5）室温试验时，每隔 24h 轻轻晃动容器，使容器内各部分试验液体的浓度保持一致。

（6）达到规定时间后从容器中取出试样。高温试验时，应先从恒温箱内取出密闭容器，冷却至室温再取出试样。

（7）当试验液体是橡胶标准试验油时，用一合适的有机溶剂洗净试样上的介质。当试验液体是其他试剂时，用一合适的有机溶剂或蒸馏水洗净试样上的试剂，用滤纸擦干。

（8）测定试样的强度，并计算算术平均值。

（9）在相同温度下，把另一组试样在空气中放置相同的时间后，测定试样的强度，并计算算术平均值。

**6. 结果计算**

胶黏剂耐化学试剂强度变化率 Δδ（%）按下式计算，计算结果精确到 0.01。

$$\Delta\delta=\frac{\delta_0-\delta_1}{\delta_0}\times100\%$$

式中　$\Delta\delta$——胶黏剂耐化学试剂强度变化率，%；

　　　　$\delta_0$——在空气中放置后试样强度的算术平均值；

　　　　$\delta_1$——经化学试剂浸泡后试样强度的算术平均值。

# 第三节　胶接强度的检测

胶接强度是指在外力作用下，使胶黏件中的胶黏剂与被粘物界面或其邻近处发生破坏所需要的应力，又称为粘接强度。从胶黏剂的用途来说，评价其质量最基本的指标当然是胶接强度。胶接强度对于选用胶黏剂、研制新品种、进行接头设计、改进粘接工艺都具有重要的指导意义。

胶接强度的大小不仅取决于黏合力、胶黏剂的力学性能、被粘物的性质、粘接工艺，而且还与接头形式、受力情况（种类、大小、方向、频率）、环境因素（温度、湿度、压力、介质）和测试条件、试验技术等因素有关。因此，黏合力只是决定胶接强度的重要因素之一，粘接强度和黏合力是两个意义完全不同的概念，不能混为一谈。

粘接接头在外力作用下胶层所受到的力，可以归纳为 4 种形式。

（1）剪切　外力大小相等、方向相反，基本与粘接面平行，并均匀分布在整个粘接面上。

（2）拉伸　亦称均匀扯离，受到方向相反拉力的作用，垂直于粘接面，并均匀分布在整个粘接面上。

（3）不均匀扯离　也叫劈裂，外力作用的方向虽然也垂直于粘接面，但是分布不均匀。

（4）剥离　外力作用的方向与粘接面成一定角度，基本分布在粘接面的一条直线上。

实际工作中应注意合理设计接头形式，尽量使接头承受均匀拉伸力、剪切力，避免受剥离、不均匀扯离或劈裂力。在同一胶黏体系中很有可能有几种力同时存在，只是以何者为主的问题。

根据粘接接头受力情况不同，胶接强度具体可以分为剪切强度、拉伸强度、不均匀扯离强度、剥离强度、压缩强度、冲击强度、弯曲强度、扭转强度、疲劳强度、抗蠕变强度等。以下介绍几种典型强度指标的测定方法。

## 一、拉伸剪切强度的测定（金属与金属）

剪切强度是指粘接件破坏时，单位粘接面所能承受的剪切力，其单位用 MPa 表示。剪切强度按测试时的受力方式又分为拉伸剪切、压缩剪切、扭转剪切和弯曲剪切强度等。

一般情况下，韧性胶黏剂比柔性胶黏剂的剪切强度大。并且大量试验表明，胶层厚度越薄，剪切强度越高。

### 1. 测定方法与原理

按 GB 7124—86《胶黏剂拉伸剪切强度的测定（金属与金属）》，在单搭接结构标准试样的搭接面上施加纵向拉伸剪切力，测定试样能承受的最大负荷。搭接面上的平均剪应力即为胶黏剂的金属对金属搭接的拉伸剪切强度，单位为 MPa。

### 2. 试验仪器

（1）试验机　使用的试验机应使试样的破坏负荷在满标负荷的 15%～85% 之间。试验机的力值示值误差不应大于 1%。试验机应配备一副自动调心的试样夹持器，使力线与试样中心线保持一致。试验机应保证试样夹持器的移动速度在 (5±1)mm/min 内保持稳定。

（2）量具 测量试样搭接面长度和宽度的量具精度不低于 0.05mm。

（3）夹具 胶接试样的夹具应能保证试样符合下述的试验要求。在保证金属片不破坏的情况下，试样与试样夹持器也可用销、孔连接的方法，但不能用于仲裁试验。

### 3. 试样的制备

（1）除非另有规定，试样应符合图 8-1 的形状和尺寸。标准试样的搭接长度是（12.5±0.5）mm，金属片的厚度是（2.0±0.1）mm，试样的搭接长度或金属片的厚度不同对试验结果会有影响。

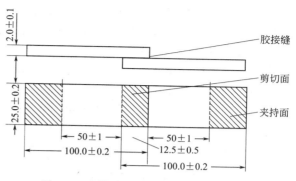

图 8-1 试样形状和尺寸 单位：mm

（2）测试时金属片所受的应力不要超过其屈服强度 $\sigma_s$。对于高强度胶黏剂，测试时如出现金属材料屈服或破坏的情况，则可适当增加金属片厚度或减少搭接长度。两者中选择前者较好。

（3）建议使用 LY12-CZ 铝合金、1Cr18Ni9Ti 不锈钢、45 碳钢、T2 铜等金属材料。

（4）常规试验试样数量不少于 5 个。仲裁试验试样数量不少于 10 个。

（5）试样可用不带槽（如图 8-2）或带槽（如图 8-3）的平板制备，也可单片制备。

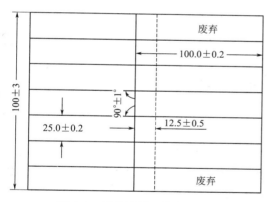

图 8-2 标准试板 单位：mm

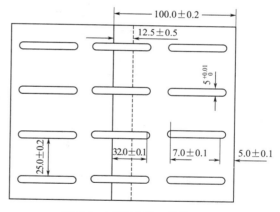

图 8-3 可选试板 单位：mm

（6）胶接用的金属片表面应平整，不应有弯曲、翘曲、歪斜等变形。金属片应无毛刺，边缘保持直角。

（7）胶接时，金属片的表面处理、胶黏剂的配比、涂胶量、涂胶次数、晾置时间等胶接工艺以及胶黏剂的固化温度、压力、时间等均按胶黏剂的使用要求进行。

（8）制备试样都应使用夹具，以保证试样正确地搭接和精确地定位。

（9）切割已胶接的平板时，要防止试样过热，应尽量避免损伤胶接缝。

### 4. 试验条件

试样的停放时间和试验环境应符合下列要求。

（1）试样制备后到试验的最短时间为 16h，最长时间为 30d。

（2）试验应在温度为（23±2）℃的环境中进行。仲裁试验或对温度、湿度敏感的胶黏剂应在温度为（23±2）℃、相对湿度为 45%～55% 的环境中进行。

（3）对仅有温度要求的测试，测试前试样在试验温度下停放时间不应少于 0.5h；对有温度、湿度要求的测试，测试前试样在试验温度下停放时间一般不应少于 16h。

### 5. 试验步骤

（1）用量具测量试样搭接面的长度和宽度，精确到 0.05mm。

（2）把试样对称地夹在上下夹持器中，夹持处到搭接端的距离为（50±1）mm。

（3）开动试验机，在（5±1）mm/min 内，以稳定速度加载。记录试样剪切破坏的最大负荷及胶接破坏的类型（内聚破坏、黏附破坏、金属破坏，见图 8-4）。

| 分类 | 破 坏 类 型 | 表 示 法 | |
|------|------------|----------|---|
| 基材 | 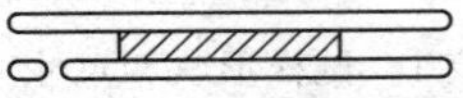 一种或两种被粘物的破坏 | 非胶接处基材破坏 | SF |
| | 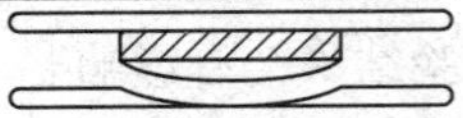 被粘物的破坏 | 胶接处基材内聚破坏 | CSF |
| | 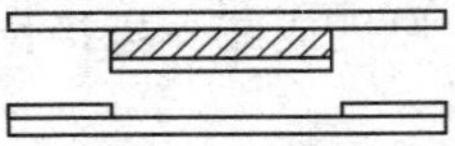 由分层产生破坏 | 基材分层破坏 | DF |
| 胶黏剂 | 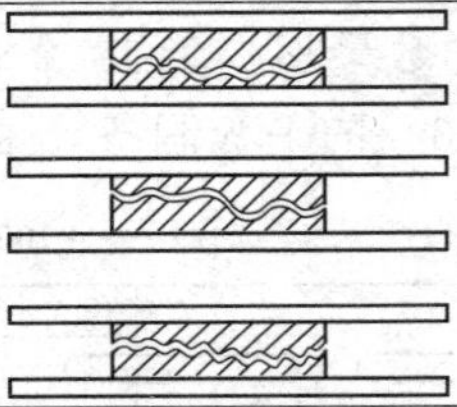 | 胶黏剂内聚破坏<br>胶黏剂特殊内聚破坏 | CF<br>SCF |
| | 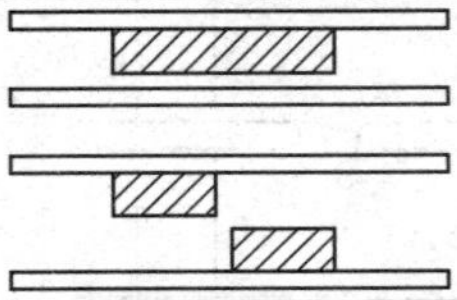 | 黏附破坏 | AF |
| | 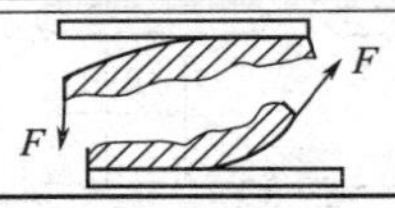 | 剥离方式的黏附和内聚破坏 | ACFP |

图 8-4　胶接破坏类型的表示法

### 6. 试验结果

对金属搭接的胶黏剂拉伸剪切强度 $\tau$ 按下式计算，单位为 MPa。

$$\tau = \frac{F}{BL}$$

式中　$F$——试样剪切破坏的最大负荷，N；

　　　$B$——试样搭接面宽度，mm；

　　　$L$——试样搭接面长度，mm。

试验结果以剪切强度的算术平均值、最高值、最低值表示。取 3 位有效数字。

在该项测试过程中影响最大的试验条件是环境温度和试验加载速度，随着温度升高，剪切强度下降，而随着加载速度的减慢，剪切强度降低。

## 二、金属粘接拉伸强度的测定

拉伸强度又称均匀扯离强度、正拉强度，是指粘接受力破坏时，单位面积所承受的拉伸力，单位用 MPa 表示。

### 1. 测定方法与原理

按 GB/T 6329—1996《胶黏剂对接接头拉伸强度的测定》，试样接头由两根方的或圆的棒状被粘物对接构成，其胶接面垂直于试样的纵轴，拉伸力通过试样纵轴传至胶接面直至试样破坏。以试样破坏时的载荷计算试验结果。

### 2. 试验仪器

（1）拉力机　应使试样破坏载荷在拉力机满量程的 10%～90%。拉力机的响应时间应短至不影响测量精度，应能测得试样断裂时的破坏载荷。拉力机的测量误差不大于 1%。拉力机应能恒速地增加载荷。拉力机备有能自动校直的夹持器，加载后，夹持器应能带着试样沿直线位移，试样的纵轴与通过夹持器中心线的载荷方向一致。若拉力机的加载速度没有恒载荷加载方式，也可以采用夹持器恒位移方式。

（2）胶接时为保证试棒准确定位，应使用夹具。夹具如图 8-5 所示。

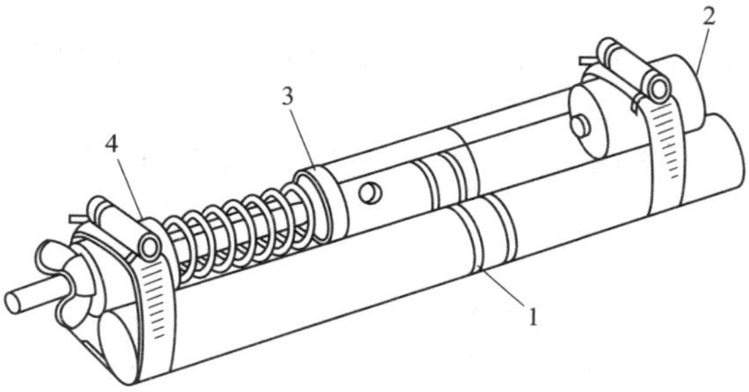

图 8-5　用于对接接头试样的夹具

1—槽；2—B 端；3—压力垫块；4—A 端
在图示的夹具上，按能使试棒中胶黏剂位于凹槽上方的定位要求固定 B 端；按使弹簧能对试棒产生需要的压力固定 A 端；用蝶形螺母松开压力垫块，放入试棒，旋转蝶形螺母让弹簧压力作用在接头上

### 3. 试样的制备

（1）试棒　在胶黏剂对比试验和实验室之间对比试验时，两个试棒应是同一种材料，且具有一定的强度，不产生明显的变形。用于其他目的试验时，两个试棒可以为不同材料。

（2）除非另有规定，试棒尺寸应符合以下规定：①圆试棒直径为 10mm、15mm、25mm 或 50mm，方试棒边长为 10mm、15mm、25mm 或 50mm，上述尺寸的误差范围均为 ±0.1mm；②直径或边长为 25mm、50mm 的试棒长度为 50mm；直径或边长为 10mm、15mm 的试棒长度为直径或边长的 3 倍。

（3）试棒的胶接面应为平面，并与试棒的纵轴垂直，试棒上与胶接面相对的另一端应有销孔，可与拉力机的夹持器连接。

（4）胶接前试棒的表面处理应按胶黏剂产品标准或有关双方协议规定进行。

（5）接头尺寸按以下要求选择：待测胶黏剂的强度；拉力机的满量程；试棒材料特性；试棒所处试验环境。

（6）胶接　按胶黏剂产品标准或有关双方协议，完成涂胶和胶接。若无规定，所采取的工艺条件应获得最佳胶接。在任何情况下，试样胶接都应使用夹具，使试棒准确定位。胶接接头应使用足量的胶黏剂，并使接头周围略有余胶，避免出现欠胶接头。溢胶通常不必清除。如果一定要清除时，也必须在硬化前进行。硬化时间结束后，试样应在没有压力的条件下，按"4. 试验条件"再停放一段时间。

（7）试样数量　如果没有特殊规定，试样个数不应少于五个，并足以提供五个有效试验结果。或按胶黏剂产品标准的规定。

### 4. 试验条件

在标准温度和标准湿度条件下，制备、贮存、胶接试棒，调节试样和进行试验。当没有特殊要求时，建议按 GB 2918 推荐的在 (23±2)℃ 和 (50±5)% 相对湿度下进行。

**5. 试验步骤**

(1) 把试样对称地固定在拉力机夹持器上,开动拉力机,以恒载荷加载或夹持器恒位移方式拉伸试样,试样均在 (60±20)s 内破坏。如果不能确定被测试样的加载速度,应做预先试验,以确定合适的加载速度。注意:在试验的开始和结束时,应力-应变曲线会表现出非线性,在试验过程中,拉力机应保持相同的工作状态。

(2) 记录破坏时的最大力值作为试样的破坏载荷。凡试样出现欠胶或试棒断裂,但破坏载荷达到了胶黏剂产品标准规定的最低值,试验结果有效,否则无效。

(3) 记录每个试样的破坏类型,如:胶黏剂的内聚破坏;胶黏剂与试棒界面之间的黏附破坏;靠近试棒和胶黏剂界面处的试棒内聚破坏。

**6. 试验结果**

拉伸强度 $\sigma$ 按下式计算,单位为 MPa。

$$\sigma = \frac{F}{A}$$

式中　$F$——试件破坏时的负荷,N;

$A$——试件粘接面积,mm$^2$。

除非胶黏剂产品标准中另有规定,应以五个有效试验结果的破坏载荷算术平均值表示。

由于拉伸比剪切受力均匀得多,所以一般胶黏剂的拉伸强度都比剪切强度高很多。在实际测定时,试件在外力作用下,由于胶黏剂的变形比被粘物大,加之外力作用的不同轴性,很可能产生剪切,也会有横向压缩,因此,在扯断时就可能同时出现剥离。若能增加试样的长度和减小粘接面积,便可降低扯断时剥离的影响,使应力作用分布更为均匀。弹性模量、胶层厚度、试验温度和加载速度对拉伸强度的影响基本与剪切强度相似。

### 三、挠性材料对刚性材料 180°剥离强度的测定

剥离强度是在规定的剥离条件下,使粘接件分离时单位宽度所能承受的最大载荷,其单位用 kN/m 表示。剥离强度受试件宽度和厚度、胶层厚度、剥离强度、剥离角度等因素影响。

根据剥离角的不同,剥离的形式一般可分为 L 型剥离、U 型剥离、T 型剥离和曲面剥离。当剥离角小于或等于 90°时为 L 型剥离,大于 90°或等于 180°时为 U 型剥离,这两种形式适合于刚性材料和挠性材料粘接的剥离。T 型剥离用于两种挠性材料粘接时的剥离。

**1. 测定方法与原理**

按 GB/T 2790—1995《胶黏剂 180°剥离强度试验方法(挠性材料对刚性材料)》进行测试。该标准适用于测定由两种被粘材料(一种是挠性材料,另一种是刚性材料)组成的胶接试样在规定条件下胶黏剂抗 180°剥离性能。两块被粘材料用胶黏剂制备成胶接试样,然后将胶接试样以规定的速率从胶接的开口处剥开,两块被粘物沿着被粘面长度的方向逐渐分离。通过测定挠性被粘物所施加的剥离力(基本上平行于胶接面)计算剥离强度。

**2. 试验仪器**

(1) 拉伸试验装置　具有适宜的负荷范围,夹头能以恒定的速率分离并施加拉伸力的装置。该装置应配备有力的测量系统和指示记录系统,力的示值误差不超过 2%。整个装置的响应时间应足够得短,以不影响测量的准确性为宜,即当胶接试样被破坏时,所施加的力能被测量到。试样的破坏负荷应处于满标负荷的 10%~80% 之间。

(2) 夹头　夹头之一能牢固地夹住刚性被粘物,并使胶接面平行于所施加的力。另一个夹头能牢固地夹住挠性被粘物,此夹头是自校准型号的,因此施加的力平行于胶接面,并与

拉伸试验装置的传感器相连。如图 8-6 所示。

### 3. 试样的制备

（1）被粘材料的厚度要以能经受住所预计的拉伸力为宜，其尺寸要精确地测量。被粘试片的厚度由胶黏剂供需方约定，推荐被粘试片的厚度是：金属 1.5mm；塑料 1.5mm；木材 3mm；硫化胶 2mm。挠性被粘试片的厚度与类型对试验结果影响较大，必须加以记录，当被粘试片厚度大于 1mm 时，厚度测量精确到 0.1mm；当被粘试片厚度小于 1mm 时，厚度精确到 0.001mm。

（2）刚性被粘试片 宽为 25.0mm±0.5mm，除非另有规定，长为 200mm 以上的长条。

（3）挠性被粘材料 能弯曲 180°而无严重的不可回复的变形，长度不小于 350mm。它的宽度为：边缘不磨损材料与刚性被粘试片的宽度相同；边缘易磨损材料，如棉帆布，试片两边比刚性被粘试片各宽 5mm。

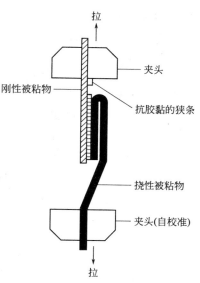

图 8-6 180°剥离试验示意图

（4）按胶黏剂的产品说明书进行试样的表面处理和使用胶黏剂。在每块被粘试片的整个宽度上涂胶，涂胶长度为 150mm。得到边缘清晰粘接面的适宜方法是在被粘材料将被分离的一端放一片薄条状材料（防粘带），使不需黏合的部分试片不被粘住。

（5）按胶黏剂制造者推荐的方法胶接试片并使胶黏剂固化。

（6）制备试样如需加压，应在整个胶接面上施加均匀的压力，推荐施加压力可达 1MPa。最好配备有定时撤压装置。为了在整个胶接面上得到均匀的压力分布，压机平板应是平行的。如做不到，就应当在压机平板上覆盖一块有弹性的垫片，此垫片厚度约为 10mm，硬度（邵尔 A）约为 45，此时建议施加压力可达 0.7MPa。

（7）试样制备的另一方法是将两块尺寸适宜的板材胶接成扩大试样件，然后将试样从扩大试样件上切下。切下时应尽可能减少切削热及机械力对胶接缝的影响。必须除去扩大试样件上平行于试样长边的最外面的 12mm 宽的狭条部分。

（8）测定试样胶黏剂层的平均厚度。

（9）每个批样的数目不少于 5 个。

### 4. 试验条件

试样应在 GB 2918 规定的标准环境中进行状态调节和试验［一般是温度为（23±2）℃、相对湿度为（50±10）％］。状态调节的时间不少于 2h。

### 5. 试验步骤

（1）将挠性被粘试片的未胶接的一端弯曲 180°，将刚性被粘试片夹紧在固定的夹头上，而将挠性试片夹紧在另一夹头上。注意使夹头间试样准确定位，以保证所施加的拉力均匀地分布在试样的宽度上（如图 8-6 所示）。

（2）开动机器，使上、下夹头以恒定的速率分离，分离速率为（100±10）mm/min，采用其他速率可由供需双方商定。记下夹头的分离速率和当夹头分离运行时所受到的力，最好是自动记录。

（3）继续试验，直到至少有 125mm 的胶接长度被剥离。注意胶接破坏的类型，即黏附破坏、内聚破坏或被粘物破坏。

（4）在剥离过程中，剥开的挠性部分有时会在胶接部分上蹭过去。为了减少摩擦，可使用适当的润滑剂，如甘油或肥皂水，只要它不影响被粘物。

### 6. 试验结果

对于每个试样，从剥离力和剥离长度的关系曲线上测定平均剥离力，以 N 为单位。计算剥离力的剥离长度至少要 100mm，但不包括最初的 25mm，可以用划一条估计的等高线（如图 8-7 所示）或用测面积法来得到平均剥离力。

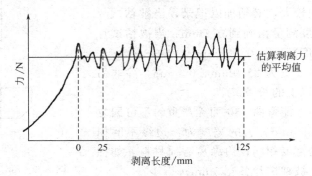

图 8-7　典型的剥离力曲线

记录下在这至少 100mm 剥离长度内剥离力的最大值和最小值，按下式计算相应的剥离强度值 $\sigma_{180°}$，单位为 kN/m。

$$\sigma_{180°} = \frac{F}{B}$$

式中　$F$——剥离力，N；

　　　$B$——试样宽度，mm。

计算所有试验的平均剥离强度、最小剥离强度和最大剥离强度，以及它们的算术平均值。

## 第四节　粘接质量的无损检测

目前测定粘接强度应用最普遍的还是上节所述的破坏性试验，由于是抽样检测，因此不能完全保证粘接质量的可靠性。随着胶黏技术在航空、航天等高新领域的应用越来越广泛，对粘接质量及可靠性的要求日益严格，迫切需要无损检测方法。研究粘接强度的无损检测已成为粘接工艺和实际使用的重要课题。

无损检测亦称非破坏性试验。它是应用物理学原理，通过对比完好的粘接部分和缺陷部分在物理性能上的差异来推断缺陷的形状、大小、所在位置，并寻求某一物理性质的变化或缺陷程度与粘接强度间的关系以断定粘接质量。目前无损伤检测已普遍应用于金属探伤及金属焊接质量的检测，但对于粘接件的无损检测还不是很完善，其原因是粘接件由不同种的材料粘接而成，这些材料（包括胶黏剂层）的密度、电性能、力学性能均不相同，因此给粘接件的无损检测带来了困难。20 世纪 60 年代，研究者开始利用粘接强度与被粘物某些物性之间的关系确定粘接强度，例如用超声波测定胶黏剂动态模量为基础的粘接强度测定方法。近些年来，由于新技术的运用和方法的不断改进，使粘接强度的无损检测由定性向定量、由人工数据处理向计算机智能化的方向发展。目前对粘接件的无损检测主要着重于胶层的界面缺陷与内聚强度。主要方法有声学检测如敲击法、声撞法、声阻抗法、声谐振法、超声波法、声发射法；热学检测如红外线法、液晶检测法；光学检测如目视检测、射线照相法、全息照相干涉法以及其他检测法等。以下作一些简要介绍。

## 一、声学检测法

### 1. 敲击法

敲击法是最早使用的一种检查方法。敲击用的工具有木棒、尼龙棒、小锤等。试验时，检测人员用一定质量的上述工具沿着胶线轻轻敲击工件，凭经验听敲击的声音来判别缺陷是否存在并确定缺陷的大致位置。敲击法简单易行，目前仍在国内外普遍使用，尤其在对产品作初步检查时具有一定的实用价值。但由于每次敲击力大小不同，辨别声音又完全依靠个人的经验，影响了判定的准确性。

### 2. 声撞法

声撞法是使用打击器以恒定的力敲击工件表面，接收器则监听打击产生的声音并被转为电信号，经电子仪器处理，例如频谱分析等，再将测得的结果和良好粘接或脱胶的频谱进行对比，从而判定粘接的质量。这种方法比敲击法的准确性大为提高，在国外已有多种声撞击检测仪投向市场。

### 3. 声阻抗法

各种材料均有其固有的机械阻抗，它同材料的尺寸、密度、弹性等性能及吸收弹性振动的程度等因素有关。当制件的厚度、密度和刚度增加，则机械阻抗也随之增大，一旦有了缺陷，机械阻抗就立刻下降。声阻抗法就是通过检测粘接件表面机械阻抗的变化来判断粘接件缺陷的一种方法。声阻抗法的优点是能对粘接件进行单面检查，而且换能器与被测件之间是点接触，接触的面积在 $0.01\sim0.5mm^2$ 的范围内。由于传感器是点接触，所以能检查各种形式的粘接接头和大曲率表面的粘接件。缺点是蒙皮的厚度和密度增加时检测灵敏度迅速降低，同时也不能用于由小弹性模量材料（例如泡沫塑料）制成的粘接件的检测。

### 4. 声谐振法

声谐振法的基本特点是用换能器来激励被粘件振动，并将这种局部谐振与标准试件比较，进而判断被测件各种类型的缺陷。在测定强度方面，该法所测量的超声响应是迄今最灵敏可靠的一种方法。属于声谐振法的检测仪很多，如阿汉（Arvin）声冲击仪、NAA 声谐振器、桑迪凯特（Sondicator）仪、福克（Forkker）粘接检测仪等，其中以福克粘接检测仪应用最广。福克仪的工作原理是借助超声波向粘接接头引入快速变化的剪切载荷或拉伸载荷，测出胶层对所加载的相应反应并测量此时所产生的应力。粘接强度性能的判断，就是将仪器指示的应力值与试样机械试验所测得的应力值进行比较。根据大量试样的试验结果绘制实测的和仪器指示的剪切强度和拉伸强度的关系曲线。福克仪亦可检测粘接件内的裂纹和胶层，以及蜂窝夹芯脱胶、裂纹、搭接不良和压瘪等。但这种仪器的缺点是对胶黏剂与被粘件之间的界面状态不敏感，故不能检测被粘件与胶黏剂之间由于界面黏附力不强所引起的粘接破坏。另外，对由于胶黏剂的配方不当、过固化、污染及固化不完全所引起的粘接强度下降的反应也不很灵敏；对多层粘接，不规则形状、锥形的、逐渐变薄和外形剧变的粘接体，以及对表面非常粗糙和形状复杂的接头进行定量检测也有困难。尽管如此。由于福克仪能给出定量的数据，而且又比其他设备易于操作，所以在国外应用很广，国内也根据福克仪研制出粘接强度检测仪。

### 5. 超声波法

频率超过 20kHz 的声波称为超声波，超声波几乎完全不能通过空气和金属接触的界面，即当超声波由空气传向金属或由金属传向空气时，差不多 $99\%$ 被这种界面反射回去。当超声波由发射探头传向金属而遇到缺陷时，就被缺陷处的空气与金属界面反射回去，结果超声波入射的一方就有声波反射回来，而在缺陷的另一方由于不能透过超声波，便会产生投射面积和缺陷相近似的"阴影"，利用这种现象可以发现缺陷。常用的有反射法与穿透法两种。反射法需采用脉冲电流，将超声波发射探头和接收探头合并在一起进行测定。当接合部位胶层内没有缺陷，超声波即从接合部位底面反射回来，在指示仪表上出现一个讯号。如果胶层内有缺陷，则一部分超声波先被反射回来，出现的讯号要比从接合部位底面反射回来的讯号早，从而可以判定缺陷的存在。反射法的优点是能检测多界面系统，较灵敏，并能快速检测和永久记录，且在被检件两侧探头很容易同步。缺点是需流体耦合剂，对被检件表面有光洁度要求。穿透法通常是将接合部位浸入水中进行测定。发射器连续发射超声波，当胶层没有缺陷，所发射的超声波全部可以被接收器接收；如果胶层存在缺陷，超声波就会被反射回去，而在缺陷的另一面，由于没有透过超声波，便会产生投影面积和缺陷相近的阴影，从而判定缺陷的存在。此方法的优点是对粘接结构缺陷检测的灵敏度较高，易于自动化和永久性记录。缺点是对多层结构的缺陷不能指出具体位于哪一层，且操作设备庞大，对于形状较复杂的粘接件操作困难。

### 6. 声发射法

声发射是国外 20 世纪 60 年代发展起来的新技术，60 年代后期开始用于粘接质量的检测。声发射现象是指材料在变形和破坏过程中往往伴有声响，通过对这种声响的监测，就能知道材料破坏的情况。声发射的工作特性是动态的，例如对粘接件施加只有破坏应力 40% 的低应力就会产生声发射，这说明声发射是工作破坏的前兆，因此可以利用电子技术接收和分析声发射信号对粘接破坏进行动态检测。美国在 1974 年已用于飞机粘接结构的动态监视。该方法的优点是操作简便、迅速，可以查出低的粘接强度，大工作面积可一次检查且设备小。缺点是需表面接触，传感器必须紧固在结构上，构件需加应力并难以辨别缺陷的性质，对蜂窝结构不易检测远侧的缺陷。

## 二、热学检测法

热学检测法是利用热传导、热扩散、热容量变化与胶层的厚度和密度相关的事实，通过对粘接件加热以检测其吸热或放热的温度变化判断粘接质量。热学检测的方法主要用来检测粘接结构近表面的缺陷，所以对面板的厚度有一定要求，面板太厚或面板的热导率太高均会影响检测的灵敏度。常用的热学检测法有红外线法、液晶法、发光涂层法等。

### 1. 红外线法

红外线法是利用红外线检测仪检测粘接件的温度分布，检测仪跟踪移动热源对被测件表面进行扫描，并将热效应记录下来（对于粘接件而言，脱胶部位与粘接完好处的温度是不同的）。红外线法不需直接接触被测件表面，灵敏度和自动化程度高，对温度的分辨能力至少达 0.2℃，缺陷较为直观，易得到永久性记录。试验表明对于石墨或硼纤维等非金属材料作蒙皮、铝作蜂窝夹芯的粘接结构，以及铁面板、铝夹芯的粘接结构的检测均能获得较好的结果，对于复合材料的检测也有好的适应能力，但对铝质蜂窝结构的检测较为困难。

### 2. 液晶检测法

液晶检测法是使用一个热源（如碘钨灯）对粘接件进行均匀加热，在粘接件表面预先涂有一层液晶，因此如果有粘接缺陷存在，则缺陷处的密度、比热容和导热性能与粘接完好处就不一样，从而导致热传导的不均匀，反映到粘接件的表面便产生表面温度的差异，依靠这种温度的微小变化便能判别粘接质量的好坏。液晶法的优点是操作简便迅速，检测缺陷直观可靠，也可在现场使用。缺点是价格较贵，不宜久藏，大面积粘接检测时间较长，同时检测时需与被测件表面接触，对检测表面也有一定的厚度要求，从而使其应用范围受到限制。

### 三、光学检测法

#### 1. 目视检测法

目视检测法是利用在可见光线下用眼或放大镜对粘接成品外表进行检查。检查时必须注意由固化压力所形成的余胶流痕的性质，整个粘接面沿胶线的余胶流痕是均匀的，则表明粘接良好，忽多忽少或有间断现象表明加压不均匀或粘接面配合不良，在无余胶处可能脱胶。在查看外表时，若沿胶线能见到接头的端面，则应能发现延伸到粘接接头端面的局部脱胶现象。它是一种早期的方法，可靠性差，采用此法只能发现一些表面的缺陷。

#### 2. 射线照相法

射线照相法是利用 X 射线和 γ 射线进行远视拍片的方法，通过胶层密度的变化判断粘接质量。也可利用中子射线照相技术，但价格昂贵。用 X 射线检查粘接件要比检测金属的伤痕困难，因为胶层的密度比金属低得多，当射线穿过它时强度减弱不明显。为提高检测效果，往往向胶黏剂中掺入一些金属氧化物粉末作填充剂（如氧化铅、氧化铝等，但加入此类填料不应影响胶黏剂的性能），以增强粘接良好处对 X 射线的吸收，便于粘接缺陷被检测出来。在此情况下，采用此法甚至能检查出很小的气泡。X 射线法主要用于各种蜂窝粘接结构的质量检查，如水的浸入、气泡及空穴等。

#### 3. 全息照相干涉法

如果把物体反射的光波同另一个与之相干的光波在照相底片上发生干涉，那么在照相底片上就会产生反映相位的干涉条纹（干涉条纹的形状和间距完全取决于相位），这样的照相便能记录光波的全部信息，故称为全息照相。应用全息照相技术对粘接结构进行无损检测是通过对被测件加热或施加应力及声振动等，使被测件表面发生至少 0.002mm 的位移，被测件由于内部缺陷产生表面变形造成全息干涉图形的畸变，观察干涉图形便能判断缺陷是否存在。试验证明全息干涉法检测薄蒙皮和轻质量蜂窝芯子之间的粘接是非常适用的。

### 【阅读材料 8-2】

### 我国胶黏剂市场状况

我国大陆地区胶黏剂工业保持快速发展，2006 年胶黏剂与密封剂总产量为 280.2 万吨、销售额 340.0 亿元，分别比 2005 年增长 11.3%、24.13%。虽然整个行业还存在若干问题，但在国内生产总值快速增长，及"中国制造"崛起的背景下，未来仍将实现持续快速增长。预计 2006～2009 年我国大陆胶黏剂与密封剂需求量平均将以每年 10% 的速度增长，其中热熔胶及反应型胶黏剂年增长率将超过 12%。到 2009 年产量可达 376.0 万吨、销售额可达 460.0 亿元。我国将真正成为国际胶黏剂市场大国和强国。

我国胶黏剂产业发展的一个重要特点是：销售额增长继续高于产量增长。2004 年产量 227.9 万吨、销售额 216.8 万元，分别增长 14.32%、26.71%；2005 年产量 251.7 万吨、销售额 273.9 万元，分别增长 10.44%、26.34%；2006 年产量 280.2 万吨、339.99 万元，分别增长 11.32%、24.13%（其中不包括脲醛、酚醛和三聚氰胺甲醛胶黏剂）。从 2006 年品种统计数据来看，热熔胶和反应型胶黏剂增长较快，而水性胶黏剂在各类胶黏剂中产量最大、市场占有率最高。具体为：水基型产量 179.2 万吨、增长 9.87%、市场占有 63.95%；溶剂型产量 31.2 万吨、增长 4.00%、市场占有 11.13%；热熔型产量 19.0 万吨、增长 21.02%、市场占有 6.78%；反应型产量 35.8 万吨、增长 19.57%、市场占有 12.78%；其他类型产量 15.0 万吨、增长 14.62%、市场占有 5.35%。合计产量 280.2 万吨、增长 11.32%。

海关统计数据表明，2006 年我国各类胶黏剂、密封剂及原辅材料，规模进口大于出口、增长出口大于进口。2006 年进口量 18.31 万吨，比 2005 年增长了 7.01%，进口金额 7.478 亿美元，比 2005 年增长了

21.23%；出口量 13.41 万吨，比 2005 年增长了 16.31%，金额 2.84 亿美元，比 2005 年增长了 24.6%。而 2006 年我国压敏胶制品产量为 80 亿平方米，销售额达 141 亿元，比 2005 年分别增长 9.5%、6.02%。这些数据都证实我国这一领域正在发展中，目前市场多数通用型产品供大于求的局面没有改变，市场竞争十分激烈；部分高性能高品质胶黏剂与密封剂以及压敏胶黏剂制品需求量增大，市场前景看好。这表明市场存在结构性矛盾，需要通过结构调整、技术进步解决。

2006 年我国胶黏剂及密封剂消耗量最大的是建筑建材及装修业，其次是包装行业，增长最快的是交通运输业和装配业。2006 年各类胶黏剂及密封剂消费量、市场占有率为：建筑及装修 83.5 万吨、29.80%；包装业 55.0 万吨、19.63%；木工 38.0 万吨、13.56%；纸加工与书本装订 26.9 万吨、9.60%；制鞋与皮革 26.7 万吨、9.53%；纤维与服装 20.0 万吨、7.14%；交通运输 13.2 万吨、4.71%；装配 7.5 万吨、2.68%；日用 3.8 万吨、1.36%；其他 5.6 万吨、2.00%。我国大陆胶黏剂及密封剂市场需求预期持续快速增长，"十一五"期间平均增长速度可达 10%，预计 2009 年产量 376.0 万吨、销售额 460.0 亿元。其中水基型、溶剂型、热熔型、反应型产品产量，2009 年预计分别为：241.8 万吨、35.6 万吨、29.3 万吨、48.5 万吨，2007～2009 年预计增长率分别为 10.5%、4.5%、14.3%、12.6%。

不过，实现这一目标必须采取相应措施。首先是大力发展环保节能和高新技术产品，环保节能产品主要包括：水基型、热熔型、生物降解型、光固化型、室温和低温固化型、无溶剂和高固含量型；高新技术产品主要包括：改性型、反应型、多功能型。其次要改善部分原材料供应状况，主要包括丙烯酸及酯类、醋酸乙烯乙酯类、VAE 乳液、氯丁橡胶类、EVA 树脂类。再次要提高产品质量和档次，具体要求包括参照国际标准、加快制定、修订和提高产品质量标准，加大对产品质量的监管力度，加快新产品开发等。最后要尽快解决影响发展的问题，如部分原料短缺、价格上涨幅度大、新产品开发和技术创新能力较低、生产分散、缺乏在国内外有势力有影响的名牌企业集团等。

摘自　中国化工网，2007. 10.

# 第五节　胶黏剂检测实训——
## α-氰基丙烯酸乙酯瞬间胶黏剂（502 胶）的检测

### 一、产品简介

α-氰基丙烯酸乙酯瞬间胶黏剂又名 SG-502 瞬间黏合剂、瞬间强力胶，是一种工业和民用都很常见的胶黏剂，英文名称：Ethyl Cyanoacrylate Adhesive，Super Glue。主要成分有：α-氰基丙烯酸乙酯、阻聚剂、增稠剂、增强剂、加速剂等。成品分为通用 I 型（普通型）、通用 T 型（增稠型）、速固 S 型（快固型）三种。

该产品使用温度范围为 −50～80℃，特点是：单组分，不需要加热，触压下瞬间粘接。主要用于钢铁、有色金属、橡胶、皮革、塑料、陶瓷、玻璃、木材等材料的自粘或互粘。但用于聚乙烯、聚丙烯、聚四氟乙烯制品时，材料表面需经过特殊处理。通用 T 型的中、高黏度系列产品还具有柔韧性和优良的抗水性，适用于表面间隙较大且多孔性材料的粘接。速固 S 型（俗称 3s 胶）还适用于增塑型聚氯乙烯和合成泡沫等难粘材料的粘接。

使用时，被粘材料表面应清洁干燥，粘接面平滑吻合，滴上胶液，稍加蠕动研磨，使胶分布均匀（通用 I 型、速固 S 型的胶层厚度应在 0.1mm 以下），施加接触压力，在室温下数秒钟至数分钟即可固化。24h 强度达最大值。该产品稍有刺鼻性气味但无毒，使用时注意通风。贮存于干燥、阴凉、避光处，贮存期为三个月至一年。

### 二、实训要求

（1）了解 α-氰基丙烯酸乙酯瞬间胶黏剂的用途、成分及技术要求。

（2）理解掌握胶黏剂基本性能指标的检测方法。

### 三、项目检测

（一）执行标准

该产品标准为 HG/T 2492—93《α-氰基丙烯酸乙酯瞬间胶黏剂》。以通用 I 型为例，其技术要求见表 8-3。

表 8-3　通用 I 型胶黏剂技术要求

| 项　　　目 | | 指　　标 |
| --- | --- | --- |
| 外观 | | 无色透明液体 |
| 固化时间/s | ≤ | 15 |
| 黏度(25℃)/mPa·s | | 2～5 |
| 拉伸剪切强度/MPa | ≥ | 10 |
| 贮存稳定性 | | |
| 外观 | | 无色透明液体 |
| 固化时间/s | ≤ | 20 |
| 黏度(25℃)/mPa·s | | 2～5 |
| 拉伸剪切强度/MPa | ≥ | 10 |

（二）检测项目

**1. 外观**

量取 5mL 试样于 10mL 比色管中。在扩散明光下进行目测，包括颜色、透明度、分层现象、机械杂质等。

**2. 黏度**

取 20mL 试样于 25℃恒温 1h，注入测试槽内，在温度（25±1）℃保持 1min，按 GB/T 2794 之规定测定。

**3. 固化时间**

（1）试片表面处理　将符合 GB/T7124 规定的金属试片（详见本章第三节"拉伸剪切强度的测定"），用 200～240 目油石对试片粘接面进行横向研磨（油石用水作润滑剂，不要用油），也可以用配备 200～240 目砂带的打磨机进行打磨，打磨面积不少于 12.5mm× 25mm。用洗衣粉或其他洗涤剂的水溶液对打磨面进行清洗，再用水进行清洗，最后用丙酮清洗，置于硅胶干燥器中备用。在一周内使用。

（2）点样棒的制备　选一个直径约为 2mm 的玻璃棒，在砂纸上将一端磨平。

（3）测定步骤　在温度为（23±2）℃、相对湿度 60%±10% 的试验条件下，将一试片放平，用点样棒插入试样液面约 10mm，取出，在一试片粘接部位点一滴试样（0.02～ 0.03mL），立即用另一试片的粘接部位压上，同时开始计时，用拇指和食指握住试片的粘接部位，同时将试片的一端通过销孔固定于一个架子上，然后在试片的下端挂一个 5kg 重的砝码，测定其加砝码后试片粘接部位不被破坏的最短时间。

**4. 拉伸剪切强度**

（1）取样管的制备　选一根 0.1mL 的移液管，吸口处加一个一端封死的胶管，通过调节排气量使取样量为 0.05mL 时将胶管固定。

（2）试样制备　同"3.固化时间"对试片进行表面处理，把试片放平，用取样管在粘接面上滴加约 0.05mL 试样，立即附上另一试片，并用夹具固定，在温度（23±2）℃、相对湿度60％±10％的试验条件下，放置24h。

（4）试验步骤　按GB 7124进行（详见本章第三节"拉伸剪切强度的测定"）。

（5）试验结果　测定次数不少于五次，然后按95％的置信度用Grubbs法对数据进行取舍，再取算术平均值。

### 5. 贮存稳定性试验

取带包装的40g试样，置于空气循环式恒温箱内，于（70±2）℃保温120h后取出，待试样温度降至室温后，按1～4条之规定检测外观、黏度、固化时间、拉伸剪切强度。

### 6. 检测结果

产品测试结果若有一项不合格，则应制备双倍试样对不合格项目复测，如仍有一个结果不合格，则该批产品为不合格品。

## 习　题

1. 胶黏剂中有哪些主要成分？各起什么作用？

2. 什么是结构胶黏剂？有哪些用途？

3. 试比较胶黏剂不挥发物含量的测定与香精、涂料有何异同。

4. 胶黏剂的适用期和贮存期各是什么含义？有何不同之处？

5. 胶黏剂的耐化学试剂性能如何测定和评价？试验条件怎么确定？

6. 影响胶接强度的因素有哪些？

7. 胶接破坏的形式有哪些？如何表示？

8. 什么是胶黏剂拉伸剪切强度？检测试样怎么制备？

9. 胶黏剂的拉伸剪切强度、拉伸强度及180°剥离强度的计算方法有何不同？

10. 什么是胶黏剂的无损检测？有哪些优点？

11. 超声波法和射线照相法的原理是什么？各适用于什么场合？

12. $\alpha$-氰基丙烯酸乙酯瞬间胶黏剂的主要特点和用途是什么？

13. $\alpha$-氰基丙烯酸乙酯瞬间胶黏剂的贮存稳定性试验属于常温法还是热老化加速法？

14. 测定$\alpha$-氰基丙烯酸乙酯瞬间胶黏剂的固化时间时，需用油石对试片研磨，此时为什么要用水作润滑剂，而不能用油？

15. 某厂化验室对一批胶黏剂产品抽样检测，测定其拉伸剪切强度时选取的5个有效检测结果如表8-4所示，试计算其拉伸剪切强度。

另一组试样在（23±2）℃条件下置于5％盐酸溶液中浸泡70h，取出洗净擦干后，在同样条件下测定拉伸剪切强度，5个有效检测结果如表8-5所示，试评价该产品的耐盐酸性能。

**表 8-4　拉伸剪切强度检测结果（一）**

| 项　　目 | 试样 1 | 试样 2 | 试样 3 | 试样 4 | 试样 5 |
|---|---|---|---|---|---|
| 破坏负荷/N | 3804 | 3820 | 3783 | 3775 | 3812 |
| 试样搭接面长度×宽度/mm | 12.80×25.15 | 12.75×25.10 | 12.85×25.10 | 12.55×25.20 | 12.85×25.05 |

**表 8-5　拉伸剪切强度检测结果（二）**

| 项　　目 | 试样 1 | 试样 2 | 试样 3 | 试样 4 | 试样 5 |
|---|---|---|---|---|---|
| 破坏负荷/N | 3742 | 3805 | 3777 | 3754 | 3746 |
| 试样搭接面长度×宽度/mm | 12.80×25.10 | 12.85×25.10 | 12.80×25.15 | 12.65×25.10 | 12.75×25.05 |

（参考答案：拉伸剪切强度11.85MPa；耐盐酸拉伸剪切强度变化率$\Delta\delta$＝0.85％）

16. 使用$\phi$15mm的圆形碳钢试棒测定某种环氧胶黏剂的拉伸强度，5个有效试验的破坏载荷分别是

5225N、5198N、5187N、5203N、5290N，试计算该样品的拉伸强度。(参考答案：29.63MPa)

17. 假如你是一家生产通用型聚酯聚氨酯胶黏剂企业的一名化验员，请问你应对哪些项目进行检测？并请简要指出检测方法。(提示：可查阅有关产品标准)

## 参 考 文 献

[1] 龚盛昭主编. 精细化学品检验技术 [M]. 北京：科学出版社，2006.

[2] 中华人民共和国国家标准. GB/T 2943—94 [S].

[3] 中华人民共和国国家标准. GB/T 16997—1997 [S].

[4] 张小康，张正娥编著. 工业分析 [M]. 北京：化学工业出版社，2004.

[5] 中华人民共和国化工行业标准. HG/T 2492—93 $\alpha$-氰基丙烯酸乙酯瞬间胶黏剂.

[6] 张振宇主编. 化工产品检验技术 [M]. 北京：化学工业出版社，2005.